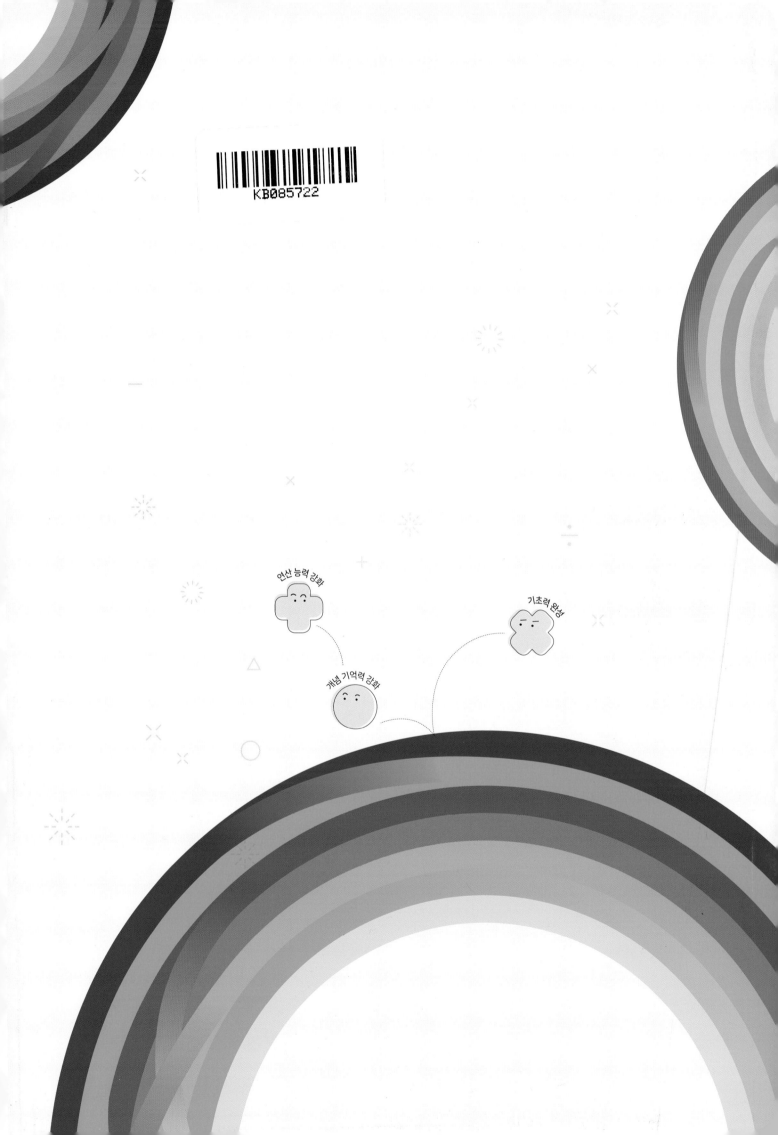

KB085722

연산 능력 강화

기초력 완성

개념 기억력 강화

세상이 변해도
배움의 즐거움은
변함없도록

시대는 빠르게 변해도
배움의 즐거움은
변함없어야 하기에

어제의 비상은
남다른 교재부터
결이 다른 콘텐츠
전에 없던 교육 플랫폼까지

변함없는 혁신으로
교육 문화 환경의 새로운 전형을
실현해왔습니다.

비상은 오늘, 다시 한번
새로운 교육 문화 환경을 실현하기 위한
또 하나의 혁신을 시작합니다.

오늘의 내가 어제의 나를 초월하고
오늘의 교육이 어제의 교육을 초월하여
배움의 즐거움을 지속하는 혁신,

바로, 메타인지 기반 완전 학습을.

상상을 실현하는 교육 문화 기업 비상

메타인지 기반 완전 학습

초월을 뜻하는 meta와 생각을 뜻하는 인지가 결합한 메타인지는
자신이 알고 모르는 것을 스스로 구분하고 학습계획을 세우도록 하는
궁극의 학습 능력입니다. 비상의 메타인지 기반 완전 학습 시스템은
잠들어 있는 메타인지를 깨워 공부를 100% 내 것으로 만들도록 합니다.

수와 연산

초등수학 영역별 계통도

1학년

수와 연산

1-1 9까지의 수
- 1부터 9까지의 수
- 수로 순서 나타내기
- 수의 순서
- 1만큼 더 큰 수, 1만큼 더 작은 수 / 0
- 수의 크기 비교

1-1 덧셈과 뺄셈
- 9까지의 수 모으기와 가르기
- 덧셈 알아보기, 덧셈하기
- 뺄셈 알아보기, 뺄셈하기
- 0이 있는 덧셈과 뺄셈

1-1 50까지의 수
- 10 / 십몇
- 19까지의 수 모으기와 가르기
- 10개씩 묶어 세기 / 50까지의 수 세기
- 수의 순서
- 수의 크기 비교

1-2 100까지의 수
- 60, 70, 80, 90
- 99까지의 수
- 수의 순서
- 수의 크기 비교
- 짝수와 홀수

1-2 덧셈과 뺄셈
- 계산 결과가 한 자리 수인 세 수의 덧셈과 뺄셈
- 100이 되는 더하기
- 10에서 빼기
- 두 수의 합이 10인 세 수의 덧셈

- 받아올림이 있는 (몇)+(몇)
- 받아내림이 있는 (십몇)−(몇)

- 받아올림이 없는 (몇십몇)+(몇), (몇십)+(몇십), (몇십몇)+(몇십몇)
- 받아내림이 없는 (몇십몇)−(몇), (몇십)−(몇십), (몇십몇)−(몇십몇)

2학년

2-1 세 자리 수
- 100 / 몇백
- 세 자리 수
- 각 자리의 숫자가 나타내는 값
- 뛰어 세기
- 수의 크기 비교

2-1 덧셈과 뺄셈
- 받아올림이 있는 (두 자리 수)+(한 자리 수), (두 자리 수)+(두 자리 수)
- 받아내림이 있는 (두 자리 수)−(한 자리 수), (몇십)−(몇십몇), (두 자리 수)−(두 자리 수)
- 세 수의 계산
- 덧셈과 뺄셈의 관계를 식으로 나타내기
- □가 사용된 덧셈식을 만들고 □의 값 구하기
- □가 사용된 뺄셈식을 만들고 □의 값 구하기

2-1 곱셈
- 여러 가지 방법으로 세어 보기
- 묶어 세기
- 몇의 몇 배
- 곱셈 알아보기
- 곱셈식

2-2 네 자리 수
- 1000 / 몇천
- 네 자리 수
- 각 자리의 숫자가 나타내는 값
- 뛰어 세기
- 수의 크기 비교

2-2 곱셈구구
- 2단 곱셈구구
- 5단 곱셈구구
- 3단, 6단 곱셈구구
- 4단, 8단 곱셈구구
- 7단 곱셈구구
- 9단 곱셈구구
- 1단 곱셈구구 / 0의 곱
- 곱셈표

3학년

3-1 덧셈과 뺄셈
- (세 자리 수)+(세 자리 수)
- (세 자리 수)−(세 자리 수)

3-1 나눗셈
- 똑같이 나누어 보기
- 곱셈과 나눗셈의 관계
- 나눗셈의 몫을 곱셈식으로 구하기
- 나눗셈의 몫을 곱셈구구로 구하기

3-1 곱셈
- (몇십)×(몇)
- (몇십몇)×(몇)

3-1 분수와 소수
- 똑같이 나누어 보기
- 분수
- 분모가 같은 분수의 크기 비교
- 단위분수의 크기 비교
- 소수
- 소수의 크기 비교

3-2 곱셈
- (세 자리 수)×(한 자리 수)
- (몇십)×(몇십), (몇십몇)×(몇십)
- (몇)×(몇십몇)
- (몇십몇)×(몇십몇)

3-2 나눗셈
- (몇십)÷(몇)
- (몇십몇)÷(몇)
- (세 자리 수)÷(한 자리 수)

3-2 분수
- 분수로 나타내기
- 분수만큼은 얼마인지 알아보기
- 진분수, 가분수, 자연수, 대분수
- 분모가 같은 분수의 크기 비교

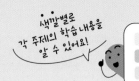

색깔별로 각 주제의 학습 내용을 알 수 있어요!

자연수	자연수의 혼합 계산	분수의 곱셈과 나눗셈
자연수의 덧셈과 뺄셈	분수의 덧셈과 뺄셈	소수의 곱셈과 나눗셈
자연수의 곱셈과 나눗셈	소수의 덧셈과 뺄셈	

4학년

4-1 큰 수
• 10000 / 다섯 자리 수
• 십만, 백만, 천만
• 억, 조
• 뛰어 세기
• 수의 크기 비교

4-1 곱셈과 나눗셈
• (세 자리 수)×(몇십)
• (세 자리 수)×(두 자리 수)
• (세 자리 수)÷(몇십)
• (두 자리 수)÷(두 자리 수),
  (세 자리 수)÷(두 자리 수)

4-2 분수의 덧셈과 뺄셈
• 두 진분수의 덧셈
• 두 진분수의 뺄셈, 1−(진분수)
• 대분수의 덧셈
• (자연수)−(분수)
• (대분수)−(대분수), (대분수)−(가분수)

4-2 소수의 덧셈과 뺄셈
• 소수 두 자리 수 / 소수 세 자리 수
• 소수의 크기 비교
• 소수 사이의 관계
• 소수 한 자리 수의 덧셈과 뺄셈
• 소수 두 자리 수의 덧셈과 뺄셈

5학년

5-1 자연수의 혼합 계산
• 덧셈과 뺄셈이 섞여 있는 식
• 곱셈과 나눗셈이 섞여 있는 식
• 덧셈, 뺄셈, 곱셈이 섞여 있는 식
• 덧셈, 뺄셈, 나눗셈이 섞여 있는 식
• 덧셈, 뺄셈, 곱셈, 나눗셈이 섞여 있는 식

5-1 약수와 배수
• 약수와 배수
• 약수와 배수의 관계
• 공약수와 최대공약수
• 공배수와 최소공배수

5-1 약분과 통분
• 크기가 같은 분수
• 약분
• 통분
• 분수의 크기 비교
• 분수와 소수의 크기 비교

5-1 분수의 덧셈과 뺄셈
• 진분수의 덧셈
• 대분수의 덧셈
• 진분수의 뺄셈
• 대분수의 뺄셈

5-2 수와 범위와 어림하기
• 이상, 이하, 초과, 미만
• 올림, 버림, 반올림

5-2 분수의 곱셈
• (분수)×(자연수)
• (자연수)×(분수)
• (진분수)×(진분수)
• (대분수)×(대분수)

5-2 소수의 곱셈
• (소수)×(자연수)
• (자연수)×(소수)
• (소수)×(소수)
• 곱의 소수점의 위치

6학년

6-1 분수의 나눗셈
• (자연수)÷(자연수)의 몫을 분수로 나타내기
• (분수)÷(자연수)
• (대분수)÷(자연수)

6-1 소수의 나눗셈
• (소수)÷(자연수)
• (자연수)÷(자연수)의 몫을 소수로 나타내기
• 몫의 소수점 위치 확인하기

6-2 분수의 나눗셈
• (분수)÷(분수)
• (분수)÷(분수)를 (분수)×(분수)로 나타내기
• (자연수)÷(분수), (가분수)÷(분수),
  (대분수)÷(분수)

6-2 소수의 나눗셈
• (소수)÷(소수)
• (자연수)÷(소수)
• 소수의 나눗셈의 몫을 반올림하여 나타내기

✚ 교과서에 따라 3~4학년군, 5~6학년 내에서
  학기별로 수록된 단원 또는 학습 내용의 순서가
  다를 수 있습니다.

개념 + 연산

메인 북

초등수학

9
단계

5·1

구성과 특징

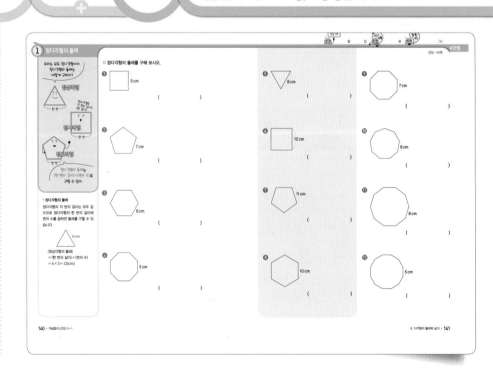

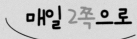
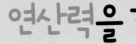

연산력을 강화해요!

적용 다양한 유형의 연산 문제에 **적용 능력**을 키워요.

특강 비법 강의로 빠르고 정확한 **연산력**을 강화해요.

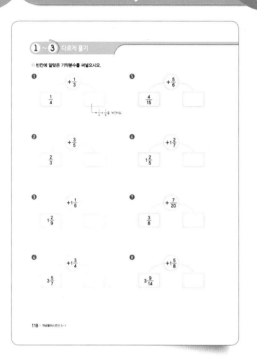

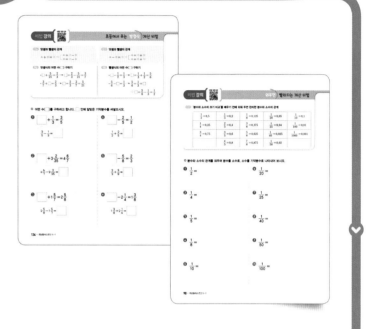

초등에서 푸는 방정식 □를 사용한 식에서 □의 값을 구하는 방법을 익혀요.

외우면 빨라지는 자주 나오는 계산의 결과를 외워 계산 시간을 줄여요.

평가로 마무리~!

평가 단원별로 **연산력을 평가**해요.

클리닉 북

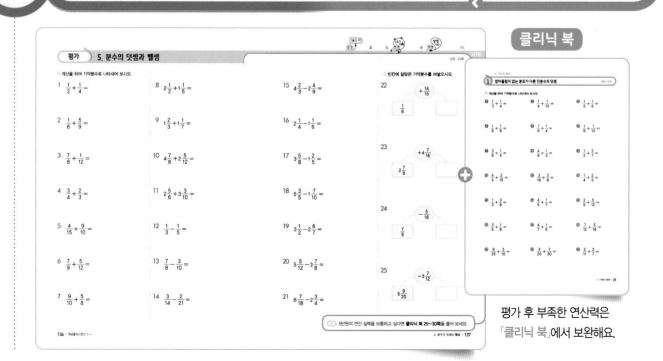

평가 후 부족한 연산력은 「클리닉 북」에서 보완해요.

차례

자연수의
혼합 계산

학습 내용	학습 회차	걸린 시간
1 덧셈과 뺄셈이 섞여 있는 식의 계산	1일 차	/15분
	2일 차	/15분
2 곱셈과 나눗셈이 섞여 있는 식의 계산	3일 차	/16분
	4일 차	/16분
1 ~ 2 다르게 풀기	5일 차	/22분
3 덧셈, 뺄셈, 곱셈이 섞여 있는 식의 계산	6일 차	/16분
	7일 차	/16분
4 덧셈, 뺄셈, 나눗셈이 섞여 있는 식의 계산	8일 차	/16분
	9일 차	/16분
5 덧셈, 뺄셈, 곱셈, 나눗셈이 섞여 있는 식의 계산	10일 차	/16분
	11일 차	/21분
3 ~ 5 다르게 풀기	12일 차	/23분
평가 1. 자연수의 혼합 계산	13일 차	/25분

계산력 상승!

헛 둘! 헛 둘!

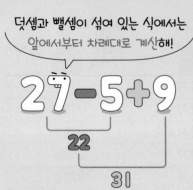

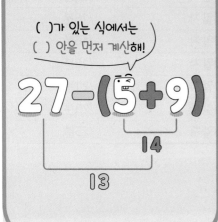

● 덧셈과 뺄셈이 섞여 있는 식의 계산

• 덧셈과 뺄셈이 섞여 있는 식에서는 앞에서부터 차례대로 계산합니다.

• 덧셈과 뺄셈이 섞여 있고 ( )가 있는 식에서는 ( ) 안을 먼저 계산합니다.

$$27-5+9=31$$
① 22
② 31

계산 결과가 다릅니다.

$$27-(5+9)=13$$
① 14
② 13

○ 계산해 보시오.

① $9+15-7=$

② $21-8+6=$

③ $38+25-9=$

④ $40-23+11=$

⑤ $57+7-28=$

⑥ $64-39+15=$

⑦ $73+24-38=$

⑧ $17+8-11+9=$

⑨ $33-14+5-6=$

⑩ $45+28-7-16=$

⑪ $56+5+19-22=$

⑫ $73-57+30+28=$

⑬ $82+33-56+17=$

⑭ $90-24-12+39=$

⑮ $23-(8+7)=$

⑯ $34-(12+9)=$

⑰ $50-(7+24)=$

⑱ $61-(31+14)=$

⑲ $77-(18+35)=$

⑳ $86-(34+24)=$

㉑ $95-(27+29)=$

㉒ $25-(18-5)+31=$

㉓ $32+21-(42-15)=$

㉔ $45-(27-11)+36=$

㉕ $56+39-(23+27)=$

㉖ $73-(36+13)-14=$

㉗ $94-25-(14+28)=$

㉘ $100-(59+12)+46=$

○ 계산해 보시오.

① 22＋8－14＝

② 35－17＋5＝

③ 47＋36－23＝

④ 71－24＋32＝

⑤ 94＋29－56＝

⑥ 110－51＋12＝

⑦ 124＋38－74＝

⑧ 19－5＋7－12＝

⑨ 42＋3－16＋26＝

⑩ 58＋13＋27－35＝

⑪ 76－39＋24＋16＝

⑫ 83＋22－55＋34＝

⑬ 102－45－31＋18＝

⑭ 135－79＋25－43＝

⑮ 25−(6+4)=

⑯ 40−(9+13)=

⑰ 56−(12+15)=

⑱ 72−(23+17)=

⑲ 84−(8+35)=

⑳ 103−(46+26)=

㉑ 116−(39+18)=

㉒ 34−(30−8)+19=

㉓ 55+54−(72−29)=

㉔ 69−(19+12)+25=

㉕ 84+13−(16+37)=

㉖ 93−(25+32)−8=

㉗ 111−43−(35+17)=

㉘ 123−(75−38)+13=

2 곱셈과 나눗셈이 섞여 있는
식의 계산

곱셈과 나눗셈이 섞여 있는 식에서는
앞에서부터 차례대로 계산해!

( )가 있는 식에서는
( ) 안을 먼저 계산해!

- 곱셈과 나눗셈이 섞여 있는 식의
  계산

· 곱셈과 나눗셈이 섞여 있는 식에서는
  앞에서부터 차례대로 계산합니다.

· 곱셈과 나눗셈이 섞여 있고 ( )가
  있는 식에서는 ( ) 안을 먼저 계산
  합니다.

$24 \div 2 \times 6 = 72$
① 12
② 72

$24 \div (2 \times 6) = 2$
① 12
② 2

계산 결과가
다릅니다.

○ 계산해 보시오.

❶ $4 \times 6 \div 2 =$

❷ $12 \div 3 \times 4 =$

❸ $15 \times 3 \div 9 =$

❹ $25 \div 5 \times 7 =$

❺ $30 \times 6 \div 9 =$

❻ $48 \div 12 \times 23 =$

❼ $50 \times 3 \div 15 =$

❽ $12 \times 6 \div 9 \times 2 =$

❾ $16 \div 8 \times 18 \div 3 =$

❿ $20 \times 3 \times 7 \div 12 =$

⓫ $30 \div 2 \times 6 \div 9 =$

⓬ $45 \times 4 \div 2 \div 6 =$

⓭ $84 \div 7 \div 2 \times 5 =$

⓮ $100 \times 2 \div 25 \times 3 =$

⑮ $12 \div (2 \times 3) =$

⑯ $50 \div (2 \times 5) =$

⑰ $56 \div (4 \times 2) =$

⑱ $63 \div (7 \times 3) =$

⑲ $72 \div (3 \times 3) =$

⑳ $88 \div (11 \times 2) =$

㉑ $135 \div (5 \times 9) =$

㉒ $6 \times 16 \div (3 \times 4) =$

㉓ $12 \div (15 \div 5) \times 4 =$

㉔ $24 \times 5 \div (54 \div 9) =$

㉕ $54 \div (2 \times 3) \times 7 =$

㉖ $60 \times 3 \div (84 \div 7) =$

㉗ $108 \div (6 \times 2) \div 3 =$

㉘ $144 \div 4 \div (3 \times 3) =$

○ 계산해 보시오.

❶ $6 \times 8 \div 3 =$

❷ $14 \div 7 \times 6 =$

❸ $21 \times 5 \div 3 =$

❹ $36 \div 4 \times 7 =$

❺ $40 \times 6 \div 12 =$

❻ $64 \div 8 \times 9 =$

❼ $75 \times 6 \div 15 =$

❽ $2 \times 5 \times 6 \div 4 =$

❾ $15 \div 5 \times 2 \times 8 =$

❿ $24 \times 2 \div 4 \times 7 =$

⓫ $45 \div 9 \times 4 \times 3 =$

⓬ $52 \div 13 \times 21 \div 7 =$

⓭ $60 \times 6 \div 4 \div 5 =$

⓮ $72 \div 8 \div 3 \times 13 =$

⑮ $24 \div (3 \times 4) =$

⑯ $36 \div (2 \times 2) =$

⑰ $80 \div (5 \times 4) =$

⑱ $84 \div (6 \times 2) =$

⑲ $96 \div (4 \times 4) =$

⑳ $120 \div (12 \times 2) =$

㉑ $132 \div (4 \times 3) =$

㉒ $9 \times 22 \div (11 \times 3) =$

㉓ $21 \div (49 \div 7) \times 11 =$

㉔ $45 \times 4 \div (48 \div 12) =$

㉕ $70 \div (5 \times 7) \times 6 =$

㉖ $81 \times 8 \div (9 \times 4) =$

㉗ $192 \div (3 \times 8) \div 2 =$

㉘ $280 \div 4 \div (2 \times 7) =$

○ 빈칸에 알맞은 계산 결과를 써넣으시오.

1
$34-9+15$ ☐

$34-(9+15)$ ☐

2
$56-16+7$ ☐

$56-(16+7)$ ☐

3
$71-24+13$ ☐

$71-(24+13)$ ☐

4
$100-48+26$ ☐

$100-(48+26)$ ☐

5
$125-34+32$ ☐

$125-(34+32)$ ☐

6
$16\div4\times2$ ☐

$16\div(4\times2)$ ☐

7
$48\div3\times4$ ☐

$48\div(3\times4)$ ☐

8
$70\div2\times5$ ☐

$70\div(2\times5)$ ☐

9
$108\div9\times6$ ☐

$108\div(9\times6)$ ☐

10
$120\div8\times3$ ☐

$120\div(8\times3)$ ☐

⑪
26−12−4+16 ☐

26−(12−4)+16 ☐

⑮
9×14÷7×3 ☐

9×14÷(7×3) ☐

⑫
55+17−8+23 ☐

55+17−(8+23) ☐

⑯
60÷15×2×13 ☐

60÷(15×2)×13 ☐

⑬
80−34+12+28 ☐

80−(34+12)+28 ☐

⑰
81×4÷36÷9 ☐

81×4÷(36÷9) ☐

⑭
111+38−94−29 ☐

111+38−(94−29) ☐

⑱
180÷6×3÷5 ☐

180÷(6×3)÷5 ☐

 문장제 속 연산

⑲ 다솔이는 과자를 한 판에 16개씩 3판 구워서 4상자에 남김없이 똑같이 나누어 담았습니다. 한 상자에 들어 있는 과자는 몇 개인지 구해 보시오.

 ☐ × ☐ ÷ ☐ = ☐ (개)

한 판에 굽는 과자의 수   구운 판의 수   나누어 담은 상자의 수   한 상자에 들어 있는 과자의 수

3 덧셈, 뺄셈, 곱셈이 섞여 있는 식의 계산

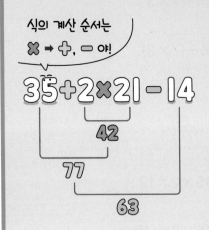

식의 계산 순서는
×➡+, − 야!

$$35+2×21-14$$
42
77
63

( )가 있는 식의 계산 순서는
( )➡×➡+ 야!

$$35+2×(21-14)$$
7
14
49

- 덧셈, 뺄셈, 곱셈이 섞여 있는 식의 계산
- 덧셈, 뺄셈, 곱셈이 섞여 있는 식에서는 곱셈을 먼저 계산합니다.
- 덧셈, 뺄셈, 곱셈이 섞여 있고 ( )가 있는 식에서는 ( ) 안을 먼저 계산합니다.

$$35+2×21-14=63$$
① 42
② 77
③ 63

계산 결과가 다릅니다.

$$35+2×(21-14)=49$$
① 7
② 14
③ 49

○ 계산해 보시오.

❶ $6×5+19=$

❷ $15+4×9=$

❸ $21×7-39=$

❹ $34-6×2=$

❺ $40×3+11=$

❻ $52+8×6=$

❼ $78-9×7=$

❽ $6×8-15+22=$

❾ $16+34-7×2=$

❿ $25×4+24-47=$

⓫ $38-3×5+24=$

⓬ $49+12×6-37=$

⓭ $61-25+9×11=$

⓮ $90-8×7+58=$

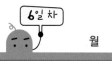
⑮ 9×(15−7)=

⑯ (14+8)×4=

⑰ 21×(3+5)=

⑱ (32−19)×7=

⑲ 45×(23−18)=

⑳ (53+9)×2=

㉑ 70×(4+4)=

㉒ 4×(7+5)−13=

㉓ 17+3×(22−15)=

㉔ (25+19)×3−6=

㉕ 33×4−(36+18)=

㉖ (52−28)×5+16=

㉗ 84−(5+17)×2=

㉘ 92×(11−9)+25=

○ 계산해 보시오.

① $13+9\times9=$

② $26\times3-25=$

③ $37-5\times4=$

④ $44\times2+19=$

⑤ $60-7\times3=$

⑥ $72\times5-52=$

⑦ $96+12\times8=$

⑧ $8+15\times3-12=$

⑨ $12-4+7\times6=$

⑩ $23\times5+18-30=$

⑪ $41-11\times3+27=$

⑫ $50\times2-32+15=$

⑬ $86+28-4\times16=$

⑭ $92+9\times7-59=$

⑮ $15 \times (6+4) =$

㉒ $7 \times 9 - (6+5) =$

⑯ $(20-9) \times 8 =$

㉓ $12 \times (14-8) + 15 =$

⑰ $35 \times (13-9) =$

㉔ $(36-17) \times 8 + 10 =$

⑱ $(58+7) \times 3 =$

㉕ $48 \times 2 + (30-13) =$

⑲ $61 \times (2+5) =$

㉖ $61 + (23-16) \times 9 =$

⑳ $(82-48) \times 6 =$

㉗ $(75+14) \times 3 - 55 =$

㉑ $107 \times (32-29) =$

㉘ $104 - 3 \times (9+14) =$

4 덧셈, 뺄셈, 나눗셈이 섞여 있는 식의 계산

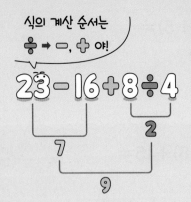

식의 계산 순서는
÷ → □, ＋ 야!

$$23 - 16 + 8 \div 4$$

( )가 있는 식의 계산 순서는
( ) → ÷ → □ 야!

$$23 - (16 + 8) \div 4$$

- 덧셈, 뺄셈, 나눗셈이 섞여 있는 식의 계산
- 덧셈, 뺄셈, 나눗셈이 섞여 있는 식에서는 나눗셈을 먼저 계산합니다.
- 덧셈, 뺄셈, 나눗셈이 섞여 있고 ( )가 있는 식에서는 ( ) 안을 먼저 계산합니다.

$$23 - 16 + 8 \div 4 = 9$$
② 7   ① 2
③ 9
계산 결과가 다릅니다.

$$23 - (16 + 8) \div 4 = 17$$
① 24
② 6
③ 17

○ 계산해 보시오.

❶ $9 \div 3 - 2 =$

❷ $16 \div 4 + 9 =$

❸ $21 - 18 \div 6 =$

❹ $32 + 15 \div 5 =$

❺ $48 \div 6 - 3 =$

❻ $55 + 40 \div 5 =$

❼ $84 - 35 \div 7 =$

❽ $8 \div 2 + 7 - 3 =$

❾ $16 - 15 \div 5 + 4 =$

❿ $25 + 7 - 36 \div 12 =$

⓫ $39 \div 3 - 9 + 6 =$

⓬ $42 + 54 \div 6 - 25 =$

⓭ $67 - 28 + 48 \div 4 =$

⓮ $72 + 40 \div 8 - 32 =$

⑮ $18 \div (4+2) =$

⑯ $(22+8) \div 6 =$

⑰ $36 \div (15-9) =$

⑱ $(47-12) \div 5 =$

⑲ $52 \div (6+7) =$

⑳ $(69+15) \div 4 =$

㉑ $91 \div (21-14) =$

㉒ $6 + (15-3) \div 6 =$

㉓ $(11+14) \div 5 - 2 =$

㉔ $24 \div 8 + (16-7) =$

㉕ $40 \div (12-8) + 13 =$

㉖ $(51-15) \div 6 + 54 =$

㉗ $72 - 45 \div (6+9) =$

㉘ $81 - (29+13) \div 7 =$

○ 계산해 보시오.

❶ $12+14\div7=$

❷ $26\div2-5=$

❸ $35-22\div11=$

❹ $60\div12+26=$

❺ $72\div4-9=$

❻ $88-56\div8=$

❼ $96+42\div6=$

❽ $15-6+12\div4=$

❾ $27\div3-5+16=$

❿ $40+32\div4-24=$

⓫ $54-25\div5+13=$

⓬ $81\div9+47-32=$

⓭ $93+39-64\div8=$

⓮ $112-72\div18+11=$

⑮ $15 \div (12-9) =$

⑯ $(23+13) \div 3 =$

⑰ $44 \div (8+14) =$

⑱ $(53-29) \div 8 =$

⑲ $77 \div (5+6) =$

⑳ $92 \div (23-19) =$

㉑ $(101-29) \div 12 =$

㉒ $12+12 \div (9-5) =$

㉓ $(33-15) \div 6+27 =$

㉔ $48 \div (11-9)+19 =$

㉕ $62-(23+27) \div 10 =$

㉖ $88 \div (6+2)-2 =$

㉗ $96 \div 4-(4+12) =$

㉘ $(109+38) \div 7-15 =$

5 덧셈, 뺄셈, 곱셈, 나눗셈이 섞여 있는 식의 계산

덧셈, 뺄셈, 곱셈, 나눗셈이 섞여 있는 식에서는 다음과 같은 차례로 계산해.

 또는

⬇

➕ 또는 ➖

➕, ➖, ✖, ➗, ( )

그런데 식에 ( )가 있으면
( )안을 항상 먼저 계산해야 해!

- 덧셈, 뺄셈, 곱셈, 나눗셈이 섞여 있는 식의 계산
- 덧셈, 뺄셈, 곱셈, 나눗셈이 섞여 있는 식에서는 곱셈과 나눗셈을 먼저 계산합니다.
- 덧셈, 뺄셈, 곱셈, 나눗셈이 섞여 있고 ( )가 있는 식에서는 ( ) 안을 먼저 계산합니다.

6×14−9+24÷3=83
① 84
② 8
③ 75
④ 83

계산 결과가 다릅니다.

6×14−(9+24)÷3=73
② 84
① 33
③ 11
④ 73

○ 계산해 보시오.

❶ 7＋5×8−18÷9＝

❷ 12×8÷3＋6−13＝

❸ 23−15＋11×4÷2＝

❹ 36÷4＋5×7−27＝

❺ 41×3＋21÷3−34＝

❻ 50＋6×14÷4−25＝

❼ 64−25÷5×7＋12＝

❽ $5 \times (12-7) + 8 \div 2 =$

❾ $9 + 4 \times (15-6) \div 3 =$

❿ $16 - 22 \div 11 \times (3+4) =$

⓫ $(19+8) \times 2 - 30 \div 6 =$

⓬ $20 \times 12 \div (9+6) - 5 =$

⓭ $27 + 42 \div 3 \times (14-9) =$

⓮ $35 \div (19-12) \times 11 + 17 =$

⓯ $(38-14) \times 3 \div 12 + 16 =$

⓰ $42 \times (5+2) - 64 \div 8 =$

⓱ $45 - 28 + 72 \div (2 \times 4) =$

⓲ $58 \div 2 - (5+4) \times 3 =$

⓳ $66 - (13+14) \times 8 \div 12 =$

⓴ $(74+31) \div 15 \times 4 - 9 =$

㉑ $81 \div 9 \times 23 - (17+22) =$

○ 계산해 보시오.

① $8+18\div9\times6-13=$

② $13-5+12\div4\times7=$

③ $18\times3-25+15\div5=$

④ $24\div8\times2+39-18=$

⑤ $30+26\div13-3\times4=$

⑥ $37-7\times3+42\div6=$

⑦ $48\times5\div10-19+27=$

⑧ $53-20\times6\div8+24=$

⑨ $56\div14+27-5\times3=$

⑩ $62+49-32\times3\div8=$

⑪ $75\div25+15\times11-49=$

⑫ $80\times2-72\div9+34=$

⑬ $99-60\div12+7\times17=$

⑭ $105\div15\times22-16+22=$

⑮ $6 \times (3+7) \div 4 - 9 =$

⑯ $15 + 8 \times 11 \div (25-3) =$

⑰ $(22+17) \div 3 - 4 \times 2 =$

⑱ $35 \div 5 \times (16-8) + 15 =$

⑲ $40 + (29-5) \times 3 \div 8 =$

⑳ $52 \times 3 - 91 \div (7+6) =$

㉑ $(55-19) \div 9 + 13 \times 7 =$

㉒ $64 \div (4 \times 4) + 37 - 22 =$

㉓ $69 + 25 - 36 \div (6 \times 2) =$

㉔ $(72-16) \times 2 + 25 \div 5 =$

㉕ $77 \div 11 \times (13+8) - 19 =$

㉖ $85 \times 6 \div 15 - (7+8) =$

㉗ $96 - (34+8) \div 6 \times 4 =$

㉘ $110 + 56 \div (7 \times 2) - 39 =$

○ 빈칸에 알맞은 계산 결과를 써넣으시오.

❶
$5 \times 8 - 16 + 9$　□

$5 \times 8 - (16 + 9)$　□

❷
$20 - 3 + 5 \times 2$　□

$20 - (3 + 5) \times 2$　□

❸
$31 + 4 \times 5 - 35$　□

$(31 + 4) \times 5 - 35$　□

❹
$49 + 2 \times 9 - 3$　□

$49 + 2 \times (9 - 3)$　□

❺
$60 \times 7 - 2 + 12$　□

$60 \times (7 - 2) + 12$　□

❻
$16 \div 4 - 2 + 15$　□

$16 \div (4 - 2) + 15$　□

❼
$23 + 20 - 10 \div 5$　□

$23 + (20 - 10) \div 5$　□

❽
$42 - 30 \div 6 + 9$　□

$42 - 30 \div (6 + 9)$　□

❾
$55 - 33 \div 11 + 28$　□

$(55 - 33) \div 11 + 28$　□

❿
$72 \div 3 + 9 - 4$　□

$72 \div (3 + 9) - 4$　□

⑪
$4 \times 8 + 27 \div 9 - 6$ ⬜

$4 \times 8 + 27 \div (9 - 6)$ ⬜

⑭
$48 \div 2 \times 4 - 3 + 29$ ⬜

$48 \div (2 \times 4) - 3 + 29$ ⬜

⑫
$18 - 12 \div 2 + 4 \times 3$ ⬜

$18 - 12 \div (2 + 4) \times 3$ ⬜

⑮
$60 - 25 \div 5 \times 7 + 5$ ⬜

$(60 - 25) \div 5 \times 7 + 5$ ⬜

⑬
$24 + 8 \times 6 \div 16 - 7$ ⬜

$(24 + 8) \times 6 \div 16 - 7$ ⬜

⑯
$84 \div 14 + 7 \times 13 - 18$ ⬜

$84 \div (14 + 7) \times 13 - 18$ ⬜

문장제 속 연산

⑰ 귤 40개를 여학생 4명과 남학생 6명에게 각각 3개씩 나누어 주었습니다.
남은 귤은 몇 개인지 구해 보시오.

$$\boxed{} - (\boxed{} + \boxed{}) \times \boxed{} = \boxed{} \text{(개)}$$

전체
귤의 수   여학생의 수   남학생의 수   한 사람에게   남은
나누어 준 귤의 수   귤의 수

○ 계산해 보시오.

1 $14+17-9=$

2 $26-8+15-4=$

3 $32-(12+4)=$

4 $45+26-(18+16)=$

5 $12\times8\div4=$

6 $25\div5\times12\div3=$

7 $36\div(3\times3)=$

8 $8\times15\div(6\times2)=$

9 $37-9\times2=$

10 $13\times(14+6)=$

11 $24-17+8\times11=$

12 $52+6\times(24-15)=$

13 $19+24\div3=$

14 $38\div(32-13)=$

15 $22+64\div8-14=$

16 $61-(15+12)\div9=$

17 $47+25-15\div3\times7=$

18 $12\times12+9-32\div4=$

19 $54-24\div(4\times3)+19=$

20 $72\div(16-7)+21\times5=$

○ 빈칸에 알맞은 계산 결과를 써넣으시오.

21
$47-16+13$ —

$47-(16+13)$ —

22
$90\div5\times6$ —

$90\div(5\times6)$ —

23
$7\times21-16+37$ —

$7\times(21-16)+37$ —

24
$81-56\div8+6$ —

$81-56\div(8+6)$ —

25
$75\div5-2\times4+29$ —

$75\div(5-2)\times4+29$ —

1단원의 연산 실력을 보충하고 싶다면 **클리닉 북 1~5쪽**을 풀어 보세요.

약수와 배수

학습 내용	학습 회차	걸린 시간
① 약수	1일 차	/8분
	2일 차	/12분
② 배수	3일 차	/6분
	4일 차	/10분
①~② 다르게 풀기	5일 차	/5분
③ 공약수, 최대공약수	6일 차	/6분
④ 곱셈식을 이용하여 최대공약수를 구하는 방법	7일 차	/9분
	8일 차	/12분
⑤ 공약수를 이용하여 최대공약수를 구하는 방법	9일 차	/9분
	10일 차	/12분
⑥ 공배수, 최소공배수	11일 차	/6분
⑦ 곱셈식을 이용하여 최소공배수를 구하는 방법	12일 차	/9분
	13일 차	/12분
⑧ 공약수를 이용하여 최소공배수를 구하는 방법	14일 차	/9분
	15일 차	/12분
③~⑧ 다르게 풀기	16일 차	/12분
평가 2. 약수와 배수	17일 차	/17분

계산력 상승!

헛 둘! 헛 둘!

약수는 나눗셈을 이용해서 구해!

$6 \div 1 = 6$ → 1은 6의 약수

$6 \div 2 = 3$ → 2는 6의 약수

$6 \div 3 = 2$ → 3은 6의 약수

$6 \div 4 = 1 \cdots 2$

$6 \div 5 = 1 \cdots 1$

$6 \div 6 = 1$ → 6은 6의 약수

6의 약수는 6을 나누어떨어지게 하는 수 이니까 1, 2, 3, 6!

● 약수

약수: 어떤 수를 나누어떨어지게 하는 수

예 6의 약수 구하기

$6 \div 1 = 6$	$6 \div 2 = 3$
$6 \div 3 = 2$	$6 \div 4 = 1 \cdots 2$
$6 \div 5 = 1 \cdots 1$	$6 \div 6 = 1$

⇨ 6의 약수: 1, 2, 3, 6

참고 ■의 약수 중에서 가장 작은 수는 1이고, 가장 큰 수는 ■입니다.

○ ☐ 안에 알맞은 수를 써넣고 약수를 모두 구해 보시오.

❶
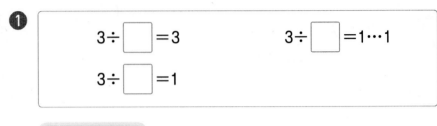

$3 \div \boxed{} = 3$ $3 \div \boxed{} = 1 \cdots 1$

$3 \div \boxed{} = 1$

3의 약수 ⇨ _____

❷
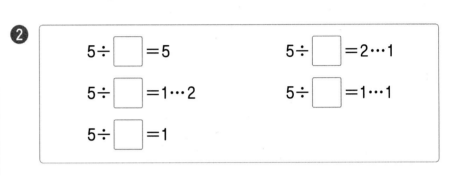

$5 \div \boxed{} = 5$ $5 \div \boxed{} = 2 \cdots 1$

$5 \div \boxed{} = 1 \cdots 2$ $5 \div \boxed{} = 1 \cdots 1$

$5 \div \boxed{} = 1$

5의 약수 ⇨ _____

❸

$8 \div \boxed{} = 8$ $8 \div \boxed{} = 4$

$8 \div \boxed{} = 2 \cdots 2$ $8 \div \boxed{} = 2$

$8 \div \boxed{} = 1 \cdots 3$ $8 \div \boxed{} = 1 \cdots 2$

$8 \div \boxed{} = 1 \cdots 1$ $8 \div \boxed{} = 1$

8의 약수 ⇨ _____

○ 약수를 모두 구해 보시오.

❹ 7의 약수

⇨ _____

❺ 12의 약수

⇨ _____

❻ 15의 약수

⇨ _____

❼ 21의 약수

⇨ _____

❽ 24의 약수

⇨ _____

❾ 28의 약수

⇨ _____

❿ 30의 약수

⇨ _____

⓫ 33의 약수

⇨ _____

⓬ 42의 약수

⇨ _____

⓭ 49의 약수

⇨ _____

⓮ 54의 약수

⇨ _____

⓯ 65의 약수

⇨ _____

○ 약수를 모두 구해 보시오.

❶ 6의 약수

⇨ _____

❷ 9의 약수

⇨ _____

❸ 10의 약수

⇨ _____

❹ 11의 약수

⇨ _____

❺ 14의 약수

⇨ _____

❻ 16의 약수

⇨ _____

❼ 17의 약수

⇨ _____

❽ 18의 약수

⇨ _____

❾ 20의 약수

⇨ _____

❿ 23의 약수

⇨ _____

⓫ 25의 약수

⇨ _____

⓬ 32의 약수

⇨ _____

⑬ 35의 약수

⇨ _____

⑭ 36의 약수

⇨ _____

⑮ 39의 약수

⇨ _____

⑯ 44의 약수

⇨ _____

⑰ 45의 약수

⇨ _____

⑱ 48의 약수

⇨ _____

⑲ 50의 약수

⇨ _____

⑳ 51의 약수

⇨ _____

㉑ 63의 약수

⇨ _____

㉒ 68의 약수

⇨ _____

㉓ 69의 약수

⇨ _____

㉔ 72의 약수

⇨ _____

배수는 곱셈을
이용해서 구해!

4 ✕ 1 = 4   1배!

4 ✕ 2 = 8   2배!

4 ✕ 3 = 12   3배!

4 ✕ 4 = 16

4의 배수는
4를 1배, 2배, 3배,
4배…… 한 수이니까
4, 8, 12, 16……이야.

● 배수

배수: 어떤 수를 1배, 2배, 3배……
한 수

예 4의 배수 구하기

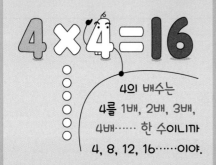

4를 1배 한 수 ⇨ 4×1=4
4를 2배 한 수 ⇨ 4×2=8
4를 3배 한 수 ⇨ 4×3=12
4를 4배 한 수 ⇨ 4×4=16

⇨ 4의 배수: 4, 8, 12, 16……

참고 ■의 배수는 셀 수 없이 많고, 그
중에서 가장 작은 수는 ■입니다.

○ ☐ 안에 알맞은 수를 써넣고 배수를 가장 작은 수부터 3개 구해 보시오.

1

3을 1배 한 수   ⇨ $3 \times 1 =$ ☐

3을 2배 한 수   ⇨ $3 \times 2 =$ ☐

3을 3배 한 수   ⇨ $3 \times 3 =$ ☐

⋮

3의 배수   ⇨ _____

2

7을 1배 한 수   ⇨ $7 \times 1 =$ ☐

7을 2배 한 수   ⇨ $7 \times 2 =$ ☐

7을 3배 한 수   ⇨ $7 \times 3 =$ ☐

⋮

7의 배수   ⇨ _____

3

15를 1배 한 수   ⇨ $15 \times 1 =$ ☐

15를 2배 한 수   ⇨ $15 \times 2 =$ ☐

15를 3배 한 수   ⇨ $15 \times 3 =$ ☐

⋮

15의 배수   ⇨ _____

○ 배수를 가장 작은 수부터 4개 구해 보시오.

④ | 2의 배수 |

⇨ _____

⑤ | 5의 배수 |

⇨ _____

⑥ | 8의 배수 |

⇨ _____

⑦ | 13의 배수 |

⇨ _____

⑧ | 16의 배수 |

⇨ _____

⑨ | 18의 배수 |

⇨ _____

⑩ | 21의 배수 |

⇨ _____

⑪ | 25의 배수 |

⇨ _____

⑫ | 27의 배수 |

⇨ _____

⑬ | 32의 배수 |

⇨ _____

⑭ | 35의 배수 |

⇨ _____

⑮ | 42의 배수 |

⇨ _____

○ 배수를 가장 작은 수부터 4개 구해 보시오.

1 4의 배수

⇨ _____

2 6의 배수

⇨ _____

3 9의 배수

⇨ _____

4 10의 배수

⇨ _____

5 12의 배수

⇨ _____

6 17의 배수

⇨ _____

7 19의 배수

⇨ _____

8 20의 배수

⇨ _____

9 22의 배수

⇨ _____

10 23의 배수

⇨ _____

11 24의 배수

⇨ _____

12 29의 배수

⇨ _____

⑬ 31의 배수

⇨ _____

⑭ 33의 배수

⇨ _____

⑮ 36의 배수

⇨ _____

⑯ 38의 배수

⇨ _____

⑰ 40의 배수

⇨ _____

⑱ 41의 배수

⇨ _____

⑲ 44의 배수

⇨ _____

⑳ 45의 배수

⇨ _____

㉑ 50의 배수

⇨ _____

㉒ 53의 배수

⇨ _____

㉓ 55의 배수

⇨ _____

㉔ 62의 배수

⇨ _____

○ 두 수의 곱으로 나타낸 곱셈식을 보고 약수와 배수의 관계를 써 보시오.

1

| $1 \times 8 = 8$ | $2 \times 4 = 8$ |

8은 _____의 배수이고,

_____은/는 8의 약수입니다.

2

| $1 \times 10 = 10$ | $2 \times 5 = 10$ |

10은 _____의 배수이고,

_____은/는 10의 약수입니다.

3

| $1 \times 16 = 16$ | $2 \times 8 = 16$ | $4 \times 4 = 16$ |

16은 _____의 배수이고,

_____은/는 16의 약수입니다.

4

| $1 \times 28 = 28$ | $2 \times 14 = 28$ | $4 \times 7 = 28$ |

28은 _____의 배수이고,

_____은/는 28의 약수입니다.

○ 두 수가 약수와 배수의 관계이면 ○표, 아니면 ×표 하시오.

5

2	6

( )

6

47	7

( )

7

4	15

( )

8

13	52

( )

9

56	8

( )

10

24	36

( )

11

11	40

( )

12

6	36

( )

13

65	15

( )

14

12	78

( )

15

17	85

( )

16

100	25

( )

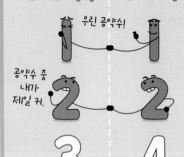

3 공약수, 최대공약수

6의 약수 8의 약수

우린 공약수!

공약수 중 내가 제일 커.

6과 8의 공약수는 1, 2!
6과 8의 최대공약수는
공약수 중에서
가장 큰 수인 2!

● 공약수와 최대공약수

• 공약수: 두 수의 공통된 약수

• 최대공약수: 두 수의 공약수 중에서
  가장 큰 수

예 6과 8의 공약수와 최대공약수
  구하기
  ┌ 6의 약수: 1, 2, 3, 6
  └ 8의 약수: 1, 2, 4, 8
  ⇨ 6과 8의 공약수: 1, 2
    6과 8의 최대공약수: 2

○ 두 수의 공약수와 최대공약수를 각각 구해 보시오.

❶
• 4의 약수: 1, 2, 4
• 10의 약수: 1, 2, 5, 10

⇨ 4와 10의 공약수: _____

　4와 10의 최대공약수: _____

❷
• 14의 약수: 1, 2, 7, 14
• 21의 약수: 1, 3, 7, 21

⇨ 14와 21의 공약수: _____

　14와 21의 최대공약수: _____

❸
• 12의 약수: 1, 2, 3, 4, 6, 12
• 16의 약수: 1, 2, 4, 8, 16

⇨ 12와 16의 공약수: _____

　12와 16의 최대공약수: _____

❹
• 24의 약수: 1, 2, 3, 4, 6, 8, 12, 24
• 36의 약수: 1, 2, 3, 4, 6, 9, 12, 18, 36

⇨ 24와 36의 공약수: _____

　24와 36의 최대공약수: _____

○ 두 수의 약수, 공약수, 최대공약수를 각각 구해 보시오.

5 | 6   15

┌ 6의 약수 : _____

└ 15의 약수: _____

⇨　공약수: _____

최대공약수: _____

8 | 40   56

┌ 40의 약수: _____

└ 56의 약수: _____

⇨　공약수: _____

최대공약수: _____

6 | 8   20

┌ 8의 약수 : _____

└ 20의 약수: _____

⇨　공약수: _____

최대공약수: _____

9 | 45   18

┌ 45의 약수: _____

└ 18의 약수: _____

⇨　공약수: _____

최대공약수: _____

7 | 28   35

┌ 28의 약수: _____

└ 35의 약수: _____

⇨　공약수: _____

최대공약수: _____

10 | 50   30

┌ 50의 약수: _____

└ 30의 약수: _____

⇨　공약수: _____

최대공약수: _____

4 곱셈식을 이용하여 최대공약수를 구하는 방법

공통으로 들어 있는 곱셈식을 찾아봐!

8 = 2×2×2

여기 있어!

12 = 2×2×3

공통으로 들어 있는 곱셈식만 계산해!

2×2 = 4

내가 8과 12의 최대공약수라고!

● **곱셈식을 이용하여 최대공약수를 구하는 방법**

여러 수의 곱으로 나타낸 곱셈식에서 공통으로 들어 있는 곱셈식을 계산하면 최대공약수를 구할 수 있습니다.

예 8과 12의 최대공약수 구하기

$8 = 2 \times 2 \times 2$
$12 = 2 \times 2 \times 3$
⇨ 8과 12의 최대공약수:
$2 \times 2 = 4$

○ 두 수를 여러 수의 곱으로 나타내어 최대공약수를 구해 보시오.

① 6   9

$6 = 2 \times \boxed{}$
$9 = 3 \times \boxed{}$

⇨ 최대공약수: $\boxed{}$

② 10   15

$10 = 2 \times \boxed{}$
$15 = 3 \times \boxed{}$

⇨ 최대공약수: $\boxed{}$

③ 25   45

$25 = 5 \times \boxed{}$
$45 = 3 \times 3 \times \boxed{}$

⇨ 최대공약수: $\boxed{}$

④ 28   20

$28 = 2 \times 2 \times \boxed{}$
$20 = 2 \times 2 \times \boxed{}$

⇨ 최대공약수: $\boxed{}$

⑤ 39   26

$39 = 3 \times \boxed{}$
$26 = 2 \times \boxed{}$

⇨ 최대공약수: $\boxed{}$

⑥ 42   14

$42 = 2 \times 3 \times \boxed{}$
$14 = 2 \times \boxed{}$

⇨ 최대공약수: $\boxed{}$

⑦ 45   30

$45 = 3 \times 3 \times \boxed{}$
$30 = 2 \times 3 \times \boxed{}$

⇨ 최대공약수: $\boxed{}$

⑧ 50   70

$50 = 2 \times 5 \times \boxed{}$
$70 = 2 \times 5 \times \boxed{}$

⇨ 최대공약수: $\boxed{}$

○ 두 수를 각각 여러 수의 곱으로 나타내고 최대공약수를 구해 보시오.

9   15   25

· 15 = _____

· 25 = _____

⇨ 최대공약수: _____

13   42   30

· 42 = _____

· 30 = _____

⇨ 최대공약수: _____

10   21   49

· 21 = _____

· 49 = _____

⇨ 최대공약수: _____

14   45   27

· 45 = _____

· 27 = _____

⇨ 최대공약수: _____

11   26   52

· 26 = _____

· 52 = _____

⇨ 최대공약수: _____

15   66   99

· 66 = _____

· 99 = _____

⇨ 최대공약수: _____

12   33   44

· 33 = _____

· 44 = _____

⇨ 최대공약수: _____

16   75   50

· 75 = _____

· 50 = _____

⇨ 최대공약수: _____

○ 두 수를 각각 여러 수의 곱으로 나타내고 최대공약수를 구해 보시오.

❶
 12   21

   • 12 = _____

   • 21 = _____

   ⇨ 최대공약수: _____

❷
 15   20

   • 15 = _____

   • 20 = _____

   ⇨ 최대공약수: _____

❸
 16   24

   • 16 = _____

   • 24 = _____

   ⇨ 최대공약수: _____

❹
 18   27

   • 18 = _____

   • 27 = _____

   ⇨ 최대공약수: _____

❺
 30   60

   • 30 = _____

   • 60 = _____

   ⇨ 최대공약수: _____

❻
 35   56

   • 35 = _____

   • 56 = _____

   ⇨ 최대공약수: _____

❼
 39   52

   • 39 = _____

   • 52 = _____

   ⇨ 최대공약수: _____

❽
 40   32

   • 40 = _____

   • 32 = _____

   ⇨ 최대공약수: _____

⑨
44   28

· 44 = _____

· 28 = _____

⇨ 최대공약수: _____

⑩
45   63

· 45 = _____

· 63 = _____

⇨ 최대공약수: _____

⑪
50   80

· 50 = _____

· 80 = _____

⇨ 최대공약수: _____

⑫
54   36

· 54 = _____

· 36 = _____

⇨ 최대공약수: _____

⑬
56   42

· 56 = _____

· 42 = _____

⇨ 최대공약수: _____

⑭
60   75

· 60 = _____

· 75 = _____

⇨ 최대공약수: _____

⑮
63   84

· 63 = _____

· 84 = _____

⇨ 최대공약수: _____

⑯
90   72

· 90 = _____

· 72 = _____

⇨ 최대공약수: _____

공약수가 없을
때까지 나눔!

공약수끼리 곱해!

18과 30의
최대공약수는 6!

● 공약수를 이용하여 최대공약수를
구하는 방법

1 이외의 공약수가 없을 때까지 나눈
다음 나눈 공약수끼리 곱하면 최대
공약수를 구할 수 있습니다.

예 18과 30의 최대공약수 구하기

18과 30의 공약수 ← 2)18 30
9와 15의 공약수 ← 3) 9 15
　　　　　　　　　　3   5
　　　　　　　　2×3=6
　　　　　18과 30의 최대공약수

⇨ 18과 30의 최대공약수:
　　2×3=6

○ 공약수를 이용하여 두 수의 최대공약수를 구해 보시오.

❶ ☐) 4 6
　　　2 3
⇨ 최대공약수: ☐

❷ ☐) 9 15
　　　3 5
⇨ 최대공약수: ☐

❸ ☐) 12 20
　☐) 6 10
　　　3   5
⇨ 최대공약수: ☐

❹ ☐) 18 24
　☐) 9 12
　　　3   4
⇨ 최대공약수: ☐

❺ ☐) 35 30
　　　7   6
⇨ 최대공약수: ☐

❻ ☐) 42 49
　　　6   7
⇨ 최대공약수: ☐

❼ ☐) 45 27
　☐) 15   9
　　　5   3
⇨ 최대공약수: ☐

❽ ☐) 50 40
　☐) 25 20
　　　5   4
⇨ 최대공약수: ☐

○ 두 수를 공약수로 나누어 보고 최대공약수를 구해 보시오.

⑨ $)\ \overline{6\quad 10}$

⇨ 최대공약수 ( )

⑩ $)\ \overline{15\quad 20}$

⇨ 최대공약수 ( )

⑪ $)\ \overline{28\quad 16}$

⇨ 최대공약수 ( )

⑫ $)\ \overline{30\quad 36}$

⇨ 최대공약수 ( )

⑬ $)\ \overline{33\quad 27}$

⇨ 최대공약수 ( )

⑭ $)\ \overline{35\quad 28}$

⇨ 최대공약수 ( )

⑮ $)\ \overline{45\quad 75}$

⇨ 최대공약수 ( )

⑯ $)\ \overline{72\quad 81}$

⇨ 최대공약수 ( )

○ 두 수를 공약수로 나누어 보고 최대공약수를 구해 보시오.

❶　　　) 20　24

⇨ 최대공약수 (　　　　　　)

❺　　　) 36　45

⇨ 최대공약수 (　　　　　　)

❷　　　) 24　16

⇨ 최대공약수 (　　　　　　)

❻　　　) 40　56

⇨ 최대공약수 (　　　　　　)

❸　　　) 30　12

⇨ 최대공약수 (　　　　　　)

❼　　　) 42　30

⇨ 최대공약수 (　　　　　　)

❹　　　) 32　48

⇨ 최대공약수 (　　　　　　)

❽　　　) 48　72

⇨ 최대공약수 (　　　　　　)

⑨) 52 64

⇨ 최대공약수 (   )

⑩) 60 84

⇨ 최대공약수 (   )

⑪) 70 42

⇨ 최대공약수 (   )

⑫) 72 96

⇨ 최대공약수 (   )

⑬) 78 52

⇨ 최대공약수 (   )

⑭) 84 56

⇨ 최대공약수 (   )

⑮) 90 81

⇨ 최대공약수 (   )

⑯) 96 80

⇨ 최대공약수 (   )

6 공배수, 최소공배수

4의 배수   8의 배수

공배수 중 내가 제일 작아.

4   8

8   16

12   24

16   32

20   40

4와 8의 공배수는 8, 16……!
4와 8의 최소공배수는
공배수 중에서 가장 작은 수인 8!

● 공배수와 최소공배수
• 공배수: 두 수의 공통된 배수
• 최소공배수: 두 수의 공배수 중에서
  가장 작은 수
예 4와 8의 공배수와 최소공배수
    구하기
  ┌ 4의 배수: 4, 8, 12, 16……
  └ 8의 배수: 8, 16, 24, 32……
  ⇨ 4와 8의 공배수: 8, 16……
     4와 8의 최소공배수: 8

○ 두 수의 공배수와 최소공배수를 각각 구해 보시오.
  (단, 공배수는 가장 작은 수부터 2개만 씁니다.)

1
• 3의 배수: 3, 6, 9, 12, 15, 18, 21, 24……
• 4의 배수: 4, 8, 12, 16, 20, 24, 28, 32……

⇨ 3과 4의 공배수: _____

  3과 4의 최소공배수: _____

2
• 6의 배수: 6, 12, 18, 24, 30, 36, 42……
• 9의 배수: 9, 18, 27, 36, 45, 54, 63……

⇨ 6과 9의 공배수: _____

  6과 9의 최소공배수: _____

3
• 10의 배수: 10, 20, 30, 40, 50, 60……
• 15의 배수: 15, 30, 45, 60, 75, 90……

⇨ 10과 15의 공배수: _____

  10과 15의 최소공배수: _____

4
• 9의 배수: 9, 18, 27, 36, 45, 54, 63, 72……
• 12의 배수: 12, 24, 36, 48, 60, 72, 84……

⇨ 9와 12의 공배수: _____

  9와 12의 최소공배수: _____

두 수의 배수, 공배수, 최소공배수를 각각 구해 보시오.

(단, 배수는 가장 작은 수부터 5개, 공배수는 가장 작은 수부터 2개만 씁니다.)

5
| 3 | 5 |

3의 배수: _____

5의 배수: _____

⇨ 　공배수: _____

　최소공배수: _____

8
| 7 | 14 |

7의 배수 : _____

14의 배수: _____

⇨ 　공배수: _____

　최소공배수: _____

6
| 6 | 8 |

6의 배수: _____

8의 배수: _____

⇨ 　공배수: _____

　최소공배수: _____

9
| 12 | 18 |

12의 배수: _____

18의 배수: _____

⇨ 　공배수: _____

　최소공배수: _____

7
| 4 | 10 |

4의 배수 : _____

10의 배수: _____

⇨ 　공배수: _____

　최소공배수: _____

10
| 15 | 20 |

15의 배수 : _____

20의 배수: _____

⇨ 　공배수: _____

　최소공배수: _____

곱셈식을 이용하여 최소공배수를 구하는 방법

먼저 공통으로
들어 있는 곱셈식을 찾아봐!

$$12 = 2 \times 2 \times 3$$

이것이야!

$$18 = 2 \times 3 \times 3$$

공통으로 들어 있는
곱셈식에 남은 수을
모두 곱해.

$$2 \times 3 \times 2 \times 3$$

$$= 36$$

내가 12와 18의
최소공배수라고!

● 곱셈식을 이용하여 최소공배수를
  구하는 방법

여러 수의 곱으로 나타낸 곱셈식에서
공통으로 들어 있는 곱셈식과 남은
수를 모두 곱하면 최소공배수를 구할
수 있습니다.

예 12와 18의 최소공배수 구하기

$$\begin{bmatrix} 12 = 2 \times 2 \times 3 \\ 18 = 2 \times 3 \times 3 \end{bmatrix}$$

⇨ 12와 18의 최소공배수:
   $2 \times 3 \times 2 \times 3 = 36$

○ 두 수를 여러 수의 곱으로 나타내어 최소공배수를 구해 보시오.

❶ 　　4　　10

$$\begin{bmatrix} 4 = 2 \times \boxed{} \\ 10 = 2 \times \boxed{} \end{bmatrix}$$

⇨ 최소공배수: $\boxed{}$

❷ 　　9　　21

$$\begin{bmatrix} 9 = 3 \times \boxed{} \\ 21 = 3 \times \boxed{} \end{bmatrix}$$

⇨ 최소공배수: $\boxed{}$

❸ 　　12　　28

$$\begin{bmatrix} 12 = 2 \times 2 \times \boxed{} \\ 28 = 2 \times 2 \times \boxed{} \end{bmatrix}$$

⇨ 최소공배수: $\boxed{}$

❹ 　　18　　30

$$\begin{bmatrix} 18 = 2 \times 3 \times \boxed{} \\ 30 = 2 \times 3 \times \boxed{} \end{bmatrix}$$

⇨ 최소공배수: $\boxed{}$

❺ 　　20　　25

$$\begin{bmatrix} 20 = 2 \times 2 \times \boxed{} \\ 25 = 5 \times \boxed{} \end{bmatrix}$$

⇨ 최소공배수: $\boxed{}$

❻ 　　33　　55

$$\begin{bmatrix} 33 = 3 \times \boxed{} \\ 55 = 5 \times \boxed{} \end{bmatrix}$$

⇨ 최소공배수: $\boxed{}$

❼ 　　45　　75

$$\begin{bmatrix} 45 = 3 \times 3 \times \boxed{} \\ 75 = 3 \times 5 \times \boxed{} \end{bmatrix}$$

⇨ 최소공배수: $\boxed{}$

❽ 　　63　　27

$$\begin{bmatrix} 63 = 3 \times 3 \times \boxed{} \\ 27 = 3 \times 3 \times \boxed{} \end{bmatrix}$$

⇨ 최소공배수: $\boxed{}$

○ 두 수를 각각 여러 수의 곱으로 나타내고 최소공배수를 구해 보시오.

⑨   6   15

· 6 = _____

· 15 = _____

⇨ 최소공배수: _____

⑩   8   20

· 8 = _____

· 20 = _____

⇨ 최소공배수: _____

⑪   15   18

· 15 = _____

· 18 = _____

⇨ 최소공배수: _____

⑫   21   42

· 21 = _____

· 42 = _____

⇨ 최소공배수: _____

⑬   25   35

· 25 = _____

· 35 = _____

⇨ 최소공배수: _____

⑭   27   45

· 27 = _____

· 45 = _____

⇨ 최소공배수: _____

⑮   30   12

· 30 = _____

· 12 = _____

⇨ 최소공배수: _____

⑯   42   63

· 42 = _____

· 63 = _____

⇨ 최소공배수: _____

○ 두 수를 각각 여러 수의 곱으로 나타내고 최소공배수를 구해 보시오.

1  8   12

· 8 = ＿＿＿＿＿＿＿＿＿＿

· 12 = ＿＿＿＿＿＿＿＿＿＿

⇨ 최소공배수: ＿＿＿＿＿＿＿＿＿＿

2 12   16

· 12 = ＿＿＿＿＿＿＿＿＿＿

· 16 = ＿＿＿＿＿＿＿＿＿＿

⇨ 최소공배수: ＿＿＿＿＿＿＿＿＿＿

3 15   27

· 15 = ＿＿＿＿＿＿＿＿＿＿

· 27 = ＿＿＿＿＿＿＿＿＿＿

⇨ 최소공배수: ＿＿＿＿＿＿＿＿＿＿

4 18   21

· 18 = ＿＿＿＿＿＿＿＿＿＿

· 21 = ＿＿＿＿＿＿＿＿＿＿

⇨ 최소공배수: ＿＿＿＿＿＿＿＿＿＿

5 20   30

· 20 = ＿＿＿＿＿＿＿＿＿＿

· 30 = ＿＿＿＿＿＿＿＿＿＿

⇨ 최소공배수: ＿＿＿＿＿＿＿＿＿＿

6 24   40

· 24 = ＿＿＿＿＿＿＿＿＿＿

· 40 = ＿＿＿＿＿＿＿＿＿＿

⇨ 최소공배수: ＿＿＿＿＿＿＿＿＿＿

7 25   45

· 25 = ＿＿＿＿＿＿＿＿＿＿

· 45 = ＿＿＿＿＿＿＿＿＿＿

⇨ 최소공배수: ＿＿＿＿＿＿＿＿＿＿

8 27   36

· 27 = ＿＿＿＿＿＿＿＿＿＿

· 36 = ＿＿＿＿＿＿＿＿＿＿

⇨ 최소공배수: ＿＿＿＿＿＿＿＿＿＿

⑨ | 28   42 |

· 28 = _____

· 42 = _____

⇨ 최소공배수: _____

⑩ | 30   50 |

· 30 = _____

· 50 = _____

⇨ 최소공배수: _____

⑪ | 36   20 |

· 36 = _____

· 20 = _____

⇨ 최소공배수: _____

⑫ | 44   33 |

· 44 = _____

· 33 = _____

⇨ 최소공배수: _____

⑬ | 45   72 |

· 45 = _____

· 72 = _____

⇨ 최소공배수: _____

⑭ | 56   24 |

· 56 = _____

· 24 = _____

⇨ 최소공배수: _____

⑮ | 81   54 |

· 81 = _____

· 54 = _____

⇨ 최소공배수: _____

⑯ | 90   60 |

· 90 = _____

· 60 = _____

⇨ 최소공배수: _____

공약수가 없을 때까지
나누어 봐!

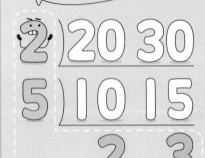

공약수와 남은
수를 모두 곱해!

20과 30의
최소공배수는 60!

● 공약수를 이용하여 최소공배수를
구하는 방법

1 이외의 공약수가 없을 때까지 나눈
다음 나눈 공약수와 남은 수를 모두
곱하면 최소공배수를 구할 수 있습
니다.

예 20과 30의 최소공배수 구하기

20과 30의 공약수 ← 2)20 30
10과 15의 공약수 ← 5)10 15
                      2   3
$2 \times 5 \times 2 \times 3 = 60$
↑
20과 30의 최소공배수

⇨ 20과 30의 최소공배수:
$2 \times 5 \times 2 \times 3 = 60$

○ 공약수를 이용하여 두 수의 최소공배수를 구해 보시오.

❶   □) 4   6
         2   3
⇨ 최소공배수: □

❷   □) 9   15
         3   5
⇨ 최소공배수: □

❸   □) 12   8
     □) 6   4
         3   2
⇨ 최소공배수: □

❹   □) 18   30
     □) 9   15
         3   5
⇨ 최소공배수: □

❺   □) 21   28
         3   4
⇨ 최소공배수: □

❻   □) 25   10
         5   2
⇨ 최소공배수: □

❼   □) 28   42
     □) 14   21
         2   3
⇨ 최소공배수: □

❽   □) 36   27
     □) 12   9
         4   3
⇨ 최소공배수: □

○ 두 수를 공약수로 나누어 보고 최소공배수를 구해 보시오.

❾) 10   12

⇨ 최소공배수 (   )

❿) 14   21

⇨ 최소공배수 (   )

⓫) 15   45

⇨ 최소공배수 (   )

⓬) 16   20

⇨ 최소공배수 (   )

⓭) 20   35

⇨ 최소공배수 (   )

⓮) 22   33

⇨ 최소공배수 (   )

⓯) 27   18

⇨ 최소공배수 (   )

⓰) 30   40

⇨ 최소공배수 (   )

○ 두 수를 공약수로 나누어 보고 최소공배수를 구해 보시오.

①) 12   18

⇨ 최소공배수 (   )

②) 18   45

⇨ 최소공배수 (   )

③) 24   36

⇨ 최소공배수 (   )

④) 32   48

⇨ 최소공배수 (   )

⑤) 36   20

⇨ 최소공배수 (   )

⑥) 42   63

⇨ 최소공배수 (   )

⑦) 45   90

⇨ 최소공배수 (   )

⑧) 48   72

⇨ 최소공배수 (   )

⑨　　） 52　24

⇨ 최소공배수 (　　　　　　　)

⑩　　） 56　42

⇨ 최소공배수 (　　　　　　　)

⑪　　） 60　30

⇨ 최소공배수 (　　　　　　　)

⑫　　） 64　80

⇨ 최소공배수 (　　　　　　　)

⑬　　） 70　50

⇨ 최소공배수 (　　　　　　　)

⑭　　） 78　52

⇨ 최소공배수 (　　　　　　　)

⑮　　） 81　54

⇨ 최소공배수 (　　　　　　　)

⑯　　） 96　72

⇨ 최소공배수 (　　　　　　　)

○ 두 수를 각각 여러 수의 곱으로 나타내고 최대공약수와 최소공배수를 구해 보시오.

1

9	15

· 9 = _____

· 15 = _____

⇨ 최대공약수: _____

최소공배수: _____

2

18	42

· 18 = _____

· 42 = _____

⇨ 최대공약수: _____

최소공배수: _____

3

36	20

· 36 = _____

· 20 = _____

⇨ 최대공약수: _____

최소공배수: _____

○ 두 수를 공약수로 나누어 보고 최대공약수와 최소공배수를 구해 보시오.

4

$$\overline{)\ 12 \quad 28}$$

⇨ 최대공약수 (   )

최소공배수 (   )

5

$$\overline{)\ 30 \quad 45}$$

⇨ 최대공약수 (   )

최소공배수 (   )

6

$$\overline{)\ 48 \quad 36}$$

⇨ 최대공약수 (   )

최소공배수 (   )

○ 두 수의 최대공약수와 최소공배수를 구해 보시오.

7

| 6 | 8 |

최대공약수 (   )
최소공배수 (   )

11

| 40 | 32 |

최대공약수 (   )
최소공배수 (   )

8

| 15 | 27 |

최대공약수 (   )
최소공배수 (   )

12

| 56 | 42 |

최대공약수 (   )
최소공배수 (   )

9

| 18 | 12 |

최대공약수 (   )
최소공배수 (   )

13

| 72 | 90 |

최대공약수 (   )
최소공배수 (   )

10

| 25 | 30 |

최대공약수 (   )
최소공배수 (   )

14

| 81 | 54 |

최대공약수 (   )
최소공배수 (   )

○ 약수를 모두 구해 보시오.

1 4의 약수

⇨ _____

2 27의 약수

⇨ _____

3 40의 약수

⇨ _____

○ 배수를 가장 작은 수부터 5개 구해 보시오.

4 7의 배수

⇨ _____

5 11의 배수

⇨ _____

6 30의 배수

⇨ _____

○ 두 수가 약수와 배수의 관계이면 ○표, 아니면 ×표 하시오.

7 4 │ 20

(   )

8 32 │ 6

(   )

9 5 │ 25

(   )

10 80 │ 16

(   )

11 11 │ 60

(   )

12 75 │ 15

(   )

○ 두 수의 공약수와 최대공약수를 구해 보시오.

13

| 18   27 |

공약수 (   )
최대공약수 (   )

14

| 24   40 |

공약수 (   )
최대공약수 (   )

○ 두 수의 공배수와 최소공배수를 구해 보시오.
  (단, 공배수는 가장 작은 수부터 2개만 씁니다.)

15

| 9   12 |

공배수 (   )
최소공배수 (   )

16

| 10   15 |

공배수 (   )
최소공배수 (   )

○ 두 수의 최대공약수와 최소공배수를 구해 보시오.

17

| 21   28 |

최대공약수 (   )
최소공배수 (   )

18

| 30   18 |

최대공약수 (   )
최소공배수 (   )

19

| 54   36 |

최대공약수 (   )
최소공배수 (   )

20

| 80   96 |

최대공약수 (   )
최소공배수 (   )

2단원의 연산 실력을 보충하고 싶다면 **클리닉 북 7~14쪽**을 풀어 보세요.

규칙과 대응

학습 내용	학습 회차	걸린 시간
1 두 양 사이의 관계	1일 차	/5분
2 대응 관계를 식으로 나타내기	2일 차	/5분
3 생활 속에서 대응 관계를 찾아 식으로 나타내기	3일 차	/5분
평가 3. 규칙과 대응	4일 차	/10분

기초력 상승!

헛 둘!
헛 둘!

1 두 양 사이의 관계

두 양 사이의 관계는 한 수가 일정하게 변할 때 다른 수는 어떻게 변하는지 찾으면 돼!

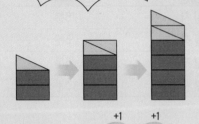

삼각형의 수 (개)	1	2	3
사각형의 수 (개)	2	3	4

사각형의 수는 삼각형의 수보다 1만큼 더 커!

● 두 양 사이의 관계

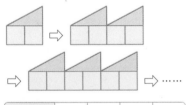

삼각형의 수(개)	1	2	3	……
사각형의 수(개)	2	4	6	……

➡ '사각형의 수는 삼각형의 수의 2배입니다.' 또는
'삼각형의 수는 사각형의 수의 반입니다.'

○ 두 양 사이의 대응 관계를 찾아 보시오.

1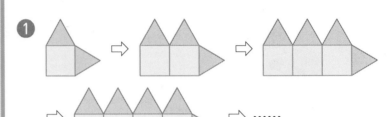

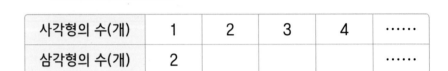

사각형의 수(개)	1	2	3	4	……
삼각형의 수(개)	2				……

➡ 삼각형의 수는 사각형의 수보다 ☐ 만큼 더 큽니다.

2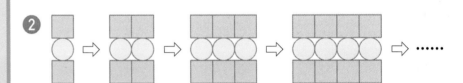

원의 수(개)	1	2	3	4	……
사각형의 수(개)	2				……

➡ 사각형의 수는 원의 수의 ☐ 배입니다.

3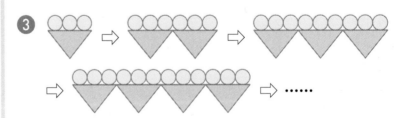

삼각형의 수(개)	1	2	3	4	……
원의 수(개)	3				……

➡ 원의 수는 삼각형의 수의 ☐ 배입니다.

정답 • 11쪽

❹   ······

오리의 수(마리)	1	2	3	4	5	······
오리 다리의 수(개)	2					······

⇨ 오리 다리의 수는 오리의 수의 ☐ 배입니다.

❺  ······

종이의 수(장)	1	2	3	4	5	······
누름 못의 수(개)	2					······

⇨ 누름 못의 수는 종이의 수보다 ☐ 만큼 더 큽니다.

❻     ······

접시의 수(개)	1	2	3	4	5	······
귤의 수(개)	5					······

⇨ 귤의 수는 접시의 수의 ☐ 배입니다.

두 양 사이의 대응 관계를
식으로 간단하게 나타낼 때는
각 양을 ○, □, △, ☆ 등과
같은 기호로 표현해!

사슴 다리의 수(□)

=사슴의 수(△)×4

□ = △ ×4

● 대응 관계를 식으로 나타내기

자전거의 바퀴는 2개입니다.

• 표로 나타내기

자전거의 수(대)	1	2	3	……
바퀴의 수(개)	2	4	6	……

• 대응 관계 알아보기
　(바퀴의 수)＝(자전거의 수)×2
　(자전거의 수)＝(바퀴의 수)÷2

• 식으로 나타내기
자전거의 수를 ■, 바퀴의 수를 ▲
라고 하여 대응 관계를 식으로 나타
냅니다.
⇨ ■×2＝▲ 또는 ▲÷2＝■

○ 표를 완성하고 ■와 ▲ 사이의 대응 관계를 식으로 나타내어 보시오.

①

한 상자에 멜론이 3개씩 들어 있습니다.

상자의 수(개)	1	2	3	4	……
멜론의 수(개)					……

⇨ 상자의 수를 ■, 멜론의 수를 ▲라고 할 때 대응 관계를
식으로 나타내면 ＿＿＿＿＿＿＿＿＿＿입니다.

②

명수가 12살일 때 형은 15살입니다.

명수의 나이(살)	12	13	14	15	……
형의 나이(살)					……

⇨ 명수의 나이를 ■, 형의 나이를 ▲라고 할 때 대응 관계를
식으로 나타내면 ＿＿＿＿＿＿＿＿＿＿입니다.

③

트럭의 바퀴는 6개입니다.

트럭의 수(대)	1	2	3	4	……
바퀴의 수(개)					……

⇨ 트럭의 수를 ■, 바퀴의 수를 ▲라고 할 때 대응 관계를
식으로 나타내면 ＿＿＿＿＿＿＿＿＿＿입니다.

④
문어의 다리는 8개입니다.

문어의 수(마리)	1	2	3	4	5	⋯⋯
문어 다리의 수(개)						⋯⋯

⇨ 문어의 수를 ■, 문어 다리의 수를 ▲라고 할 때

대응 관계를 식으로 나타내면 _____입니다.

⑤
평행사변형의 밑변의 길이는 높이보다 5 cm 더 짧습니다.

밑변의 길이(cm)	6	7	8	9	10	⋯⋯
높이(cm)						⋯⋯

⇨ 밑변의 길이를 ■, 높이를 ▲라고 할 때

대응 관계를 식으로 나타내면 _____입니다.

⑥
자동차가 1시간에 70 km를 달립니다.

달린 시간(시간)	1	2	3	4	5	⋯⋯
달린 거리(km)						⋯⋯

⇨ 달린 시간을 ■, 달린 거리를 ▲라고 할 때

대응 관계를 식으로 나타내면 _____입니다.

과자의 수와 과자 상자의 수
사이의 대응 관계를 찾아
식으로 나타내 보자!

6개

(과자의 수)
=(과자 상자의 수)×6

● 생활 속에서 대응 관계를 찾아 식
으로 나타내기

· 대응하는 두 양: 식탁의 수, 의자의 수

· 표로 나타내기

식탁의 수 (개)	1	2	3	……
의자의 수 (개)	4	8	12	……

· 대응 관계 알아보기

(의자의 수)=(식탁의 수)×4
(식탁의 수)=(의자의 수)÷4

· 식으로 나타내기
식탁의 수를 ■, 의자의 수를 ▲라고
하여 대응 관계를 식으로 나타냅니다.
⇨ ■×4=▲ 또는 ▲÷4=■

○ 그림에서 서로 대응하는 두 양을 찾아 식으로 나타내어 보시오.

❶

서로 대응하는 두 양	
의자의 수	
식으로 나타내기	
(의자의 수)+ ☐ =(팔걸이의 수)	

❷

1초에 50 m 이동

서로 대응하는 두 양	
기차의 이동 거리	
식으로 나타내기	
(걸린 시간)× ☐ =(기차의 이동 거리)	

❸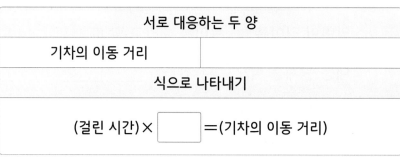

공원 입장권 입장료: 3000원　공원 입장권 입장료: 3000원　공원 입장권 입장료: 3000원　공원 입장권 입장료: 3000원

서로 대응하는 두 양	
입장권의 수	
식으로 나타내기	
(입장권의 수)× ☐ =(입장료의 값)	

○ 그림에서 대응 관계를 찾아 식으로 나타내려고 합니다. 물음에 답하시오.

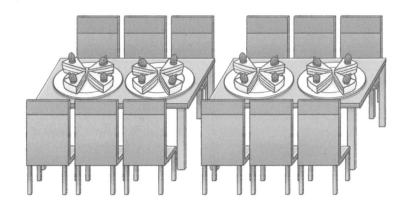

❹ 그림에서 서로 대응하는 두 양을 찾고 대응 관계를 써 보시오.

	서로 대응하는 두 양		대응 관계
①	탁자의 수	의자의 수	
②		조각 케이크의 수	
③	탁자의 수		

❺ 위 ❹에서 찾은 대응 관계를 식으로 나타내어 보시오.

①	탁자의 수를 ■, 의자의 수를 ▲라고 할 때 대응 관계를 식으로 나타내면 [ ] 입니다.
②	[ ] 를 ●, 조각 케이크의 수를 ★이라고 할 때 대응 관계를 식으로 나타내면 [ ] 입니다.
③	탁자의 수를 ◆, [ ] 를 라고 할 때 대응 관계를 식으로 나타내면 [ ] 입니다.

○ 두 양 사이의 대응 관계를 찾아보시오.

1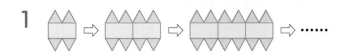

사각형의 수(개)	1	2	3	4	......
삼각형의 수(개)	4				......

⇨ 삼각형의 수는 사각형의 수의 ☐ 배입니다.

2

원의 수 (개)	1	2	3	4	......
사각형의 수(개)	3				......

⇨ 사각형의 수는 원의 수보다 ☐ 만큼 더 큽니다.

3

삼각형의 수(개)	2	4	6	8	......
원의 수 (개)	4				......

⇨ 원의 수는 삼각형의 수의 ☐ 배입니다.

4

어항의 수 (개)	1	2	3	4	......
금붕어의 수(마리)	3				......

⇨ 금붕어의 수는 어항의 수의 ☐ 배입니다.

5

개미의 수 (마리)	1	2	3	4	......
개미 다리 의 수(개)	6				......

⇨ 개미 다리의 수는 개미의 수의 ☐ 배입니다.

6

상자의 수 (개)	1	2	3	4	......
구슬의 수 (개)	9				......

⇨ 구슬의 수는 상자의 수의 ☐ 배입니다.

○ 표를 완성하고 ■와 ▲ 사이의 대응 관계를 식으로 나타내어 보시오.

7

오토바이의 바퀴는 2개입니다.

오토바이의 수(대)	1	2	3	4	……
바퀴의 수(개)	2				……

⇨ 오토바이의 수를 ■, 바퀴의 수를 ▲라고 할 때 대응 관계를 식으로 나타내면

_____입니다.

8

오각형의 꼭짓점은 5개입니다.

오각형의 수(개)	1	2	3	4	……
꼭짓점의 수(개)	5				……

⇨ 오각형의 수를 ■, 꼭짓점의 수를 ▲라고 할 때 대응 관계를 식으로 나타내면

_____입니다.

9

직사각형의 세로는 가로보다 10 cm 더 깁니다.

가로(cm)	5	6	7	8	……
세로(cm)	15				……

⇨ 가로를 ■, 세로를 ▲라고 할 때 대응 관계를 식으로 나타내면

_____입니다.

○ 그림에서 서로 대응하는 두 양을 찾아 대응 관계를 쓰고 식으로 나타내어 보시오.

10

음료 1개에 설탕 42 g

서로 대응하는 두 양	
설탕의 양	
식으로 나타내기	

11

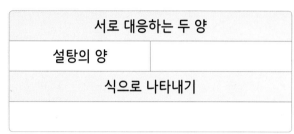

서로 대응하는 두 양	
의자의 수	
식으로 나타내기	

12

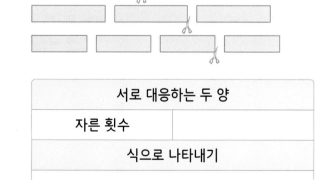

서로 대응하는 두 양	
자른 횟수	
식으로 나타내기	

🔗 3단원의 연산 실력을 보충하고 싶다면 **클리닉 북 15~17쪽**을 풀어 보세요.

약분과 통분

학습 내용	학습 회차	걸린 시간
1 크기가 같은 분수	1일 차	/5분
	2일 차	/14분
2 약분	3일 차	/10분
	4일 차	/20분
3 통분	5일 차	/5분
	6일 차	/20분
4 분수의 크기 비교	7일 차	/5분
	8일 차	/20분
비법 강의 외우면 빨라지는 계산 비법	9일 차	/2분
5 분수와 소수의 크기 비교	10일 차	/12분
평가 4. 약분과 통분	11일 차	/20분

계산력 상승!

헛둘! 헛둘!

분모와 분자에 0이 아닌 같은 수를 곱하면 크기가 같아!

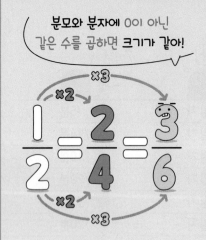

분모와 분자를 0이 아닌 같은 수로 나누면 크기가 같아!

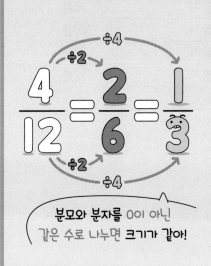

• 크기가 같은 분수

• 분모와 분자에 각각 0이 아닌 같은 수를 곱하면 크기가 같은 분수가 됩니다.

$$\frac{1}{2} = \frac{1 \times 2}{2 \times 2} = \frac{1 \times 3}{2 \times 3} = \cdots$$

⇨ $\frac{1}{2} = \frac{2}{4} = \frac{3}{6} = \cdots$

• 분모와 분자를 각각 0이 아닌 같은 수로 나누면 크기가 같은 분수가 됩니다.

$$\frac{4}{12} = \frac{4 \div 2}{12 \div 2} = \frac{4 \div 4}{12 \div 4}$$

⇨ $\frac{4}{12} = \frac{2}{6} = \frac{1}{3}$

○ 분모와 분자에 각각 0이 아닌 같은 수를 곱하여 크기가 같은 분수를 만들려고 합니다. ⬚ 안에 알맞은 수를 써넣으시오.

1 $\dfrac{1}{3}$ $=$ $\dfrac{\boxed{}}{\boxed{}}$ （×2 위, ×2 아래）

2 $\dfrac{3}{4}$ $=$ $\dfrac{\boxed{}}{\boxed{}}$ （×3 위, ×3 아래）

3 $\dfrac{2}{5}$ $=$ $\dfrac{8}{20}$ （× ⬚ 위, × ⬚ 아래）

4 $\dfrac{1}{6}$ $=$ $\dfrac{5}{30}$ （× ⬚ 위, × ⬚ 아래）

5 $\dfrac{3}{7}$ $=$ $\dfrac{21}{\boxed{}}$ （× ⬚ 위, × ⬚ 아래）

6 $\dfrac{2}{9}$ $=$ $\dfrac{\boxed{}}{\boxed{}}$ （×5 위, ×5 아래）

7 $\dfrac{7}{10}$ $=$ $\dfrac{\boxed{}}{\boxed{}}$ （×4 위, ×4 아래）

8 $\dfrac{6}{11}$ $=$ $\dfrac{12}{22}$ （× ⬚ 위, × ⬚ 아래）

9 $\dfrac{5}{12}$ $=$ $\dfrac{30}{72}$ （× ⬚ 위, × ⬚ 아래）

10 $\dfrac{4}{25}$ $=$ $\dfrac{\boxed{}}{75}$ （× ⬚ 위, × ⬚ 아래）

○ 분모와 분자를 각각 0이 아닌 같은 수로 나누어 크기가 같은 분수를 만들려고 합니다.
   ☐ 안에 알맞은 수를 써넣으시오.

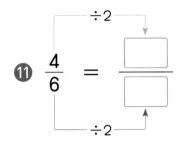

⑪ $\dfrac{4}{6} = \dfrac{\square}{\square}$ (÷2, ÷2)

⑯ $\dfrac{12}{51} = \dfrac{\square}{\square}$ (÷3, ÷3)

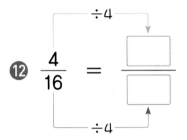

⑫ $\dfrac{4}{16} = \dfrac{\square}{\square}$ (÷4, ÷4)

⑰ $\dfrac{45}{54} = \dfrac{\square}{\square}$ (÷9, ÷9)

⑬ $\dfrac{9}{30} = \dfrac{3}{10}$ (÷☐, ÷☐)

⑱ $\dfrac{28}{63} = \dfrac{4}{9}$ (÷☐, ÷☐)

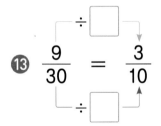

⑭ $\dfrac{10}{35} = \dfrac{2}{7}$ (÷☐, ÷☐)

⑲ $\dfrac{52}{80} = \dfrac{13}{20}$ (÷☐, ÷☐)

⑮ $\dfrac{42}{48} = \dfrac{7}{\square}$ (÷☐, ÷☐)

⑳ $\dfrac{74}{84} = \dfrac{\square}{42}$ (÷☐, ÷☐)

○ 분모와 분자에 각각 0이 아닌 같은 수를 곱하여 크기가 같은 분수를 구하려고 합니다.
분모가 작은 것부터 차례로 3개씩 써 보시오.

❶ $\dfrac{1}{2}$ ⇨ (   )

❷ $\dfrac{2}{3}$ ⇨ (   )

❸ $\dfrac{1}{4}$ ⇨ (   )

❹ $\dfrac{3}{5}$ ⇨ (   )

❺ $\dfrac{5}{6}$ ⇨ (   )

❻ $\dfrac{6}{7}$ ⇨ (   )

❼ $\dfrac{7}{8}$ ⇨ (   )

❽ $\dfrac{4}{9}$ ⇨ (   )

❾ $\dfrac{3}{10}$ ⇨ (   )

❿ $\dfrac{11}{12}$ ⇨ (   )

⓫ $\dfrac{9}{13}$ ⇨ (   )

⓬ $\dfrac{7}{15}$ ⇨ (   )

⓭ $\dfrac{5}{18}$ ⇨ (   )

⓮ $\dfrac{11}{20}$ ⇨ (   )

분모와 분자를 각각 0이 아닌 같은 수로 나누어 크기가 같은 분수를 구하려고 합니다.
　분모가 큰 것부터 차례로 3개씩 써 보시오.

⑮ $\dfrac{6}{12}$ ⇨ (　　　　　　　　　　)

⑯ $\dfrac{8}{24}$ ⇨ (　　　　　　　　　　)

⑰ $\dfrac{12}{30}$ ⇨ (　　　　　　　　　　)

⑱ $\dfrac{24}{42}$ ⇨ (　　　　　　　　　　)

⑲ $\dfrac{36}{48}$ ⇨ (　　　　　　　　　　)

⑳ $\dfrac{36}{54}$ ⇨ (　　　　　　　　　　)

㉑ $\dfrac{15}{60}$ ⇨ (　　　　　　　　　　)

㉒ $\dfrac{24}{64}$ ⇨ (　　　　　　　　　　)

㉓ $\dfrac{28}{70}$ ⇨ (　　　　　　　　　　)

㉔ $\dfrac{16}{72}$ ⇨ (　　　　　　　　　　)

㉕ $\dfrac{64}{80}$ ⇨ (　　　　　　　　　　)

㉖ $\dfrac{14}{84}$ ⇨ (　　　　　　　　　　)

㉗ $\dfrac{70}{90}$ ⇨ (　　　　　　　　　　)

㉘ $\dfrac{84}{96}$ ⇨ (　　　　　　　　　　)

분모와 분자를 공약수로 나누어 간단한 분수로 만드는 것을 **약분한다**고 해!

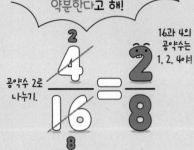

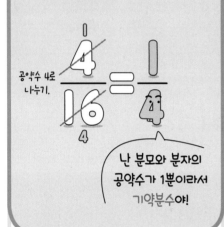

난 분모와 분자의 공약수가 1뿐이라서 **기약분수**야!

● **약분**

• **약분한다**: 분모와 분자를 공약수로 나누어 간단한 분수로 만드는 것

• **기약분수**: 분모와 분자의 공약수가 1뿐인 분수

예 $\dfrac{4}{16}$ 를 약분하기

16과 4의 공약수: 1, 2, 4

$\dfrac{4}{16} = \dfrac{4 \div 2}{16 \div 2} = \dfrac{2}{8}$

$\dfrac{\overset{2}{\cancel{4}}}{\underset{8}{\cancel{16}}} = \dfrac{2}{8}$

$\dfrac{4}{16} = \dfrac{4 \div 4}{16 \div 4} = \dfrac{1}{4}$

$\dfrac{\overset{1}{\cancel{4}}}{\underset{4}{\cancel{16}}} = \dfrac{1}{4}$ ← 기약분수

참고 기약분수로 나타낼 때 분모와 분자의 최대공약수로 나누면 편리합니다.

○ 분수를 약분하여 나타내어 보시오.

1 $\dfrac{2}{10}$

⇨ $\dfrac{\square}{5}$

2 $\dfrac{4}{14}$

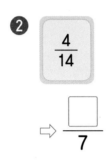

⇨ $\dfrac{\square}{7}$

3 $\dfrac{12}{16}$

⇨ $\dfrac{\square}{8}$, $\dfrac{\square}{4}$

4 $\dfrac{4}{20}$

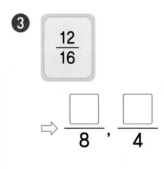

⇨ $\dfrac{\square}{10}$, $\dfrac{\square}{5}$

5 $\dfrac{14}{30}$

⇨ $\dfrac{\square}{15}$

6 $\dfrac{27}{36}$

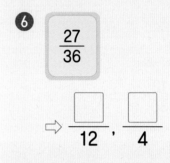

⇨ $\dfrac{\square}{12}$, $\dfrac{\square}{4}$

7 $\dfrac{9}{54}$

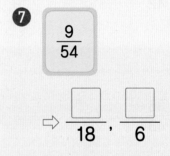

⇨ $\dfrac{\square}{18}$, $\dfrac{\square}{6}$

8 $\dfrac{16}{88}$

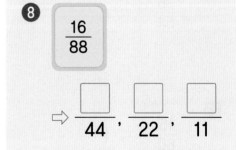

⇨ $\dfrac{\square}{44}$, $\dfrac{\square}{22}$, $\dfrac{\square}{11}$

○ 분수를 기약분수로 나타내어 보시오.

⑨ $\dfrac{2}{6} = \dfrac{\boxed{}}{3}$

⑩ $\dfrac{6}{15} = \dfrac{\boxed{}}{5}$

⑪ $\dfrac{8}{16} = \dfrac{1}{\boxed{}}$

⑫ $\dfrac{12}{18} = \dfrac{2}{\boxed{}}$

⑬ $\dfrac{15}{20} = \dfrac{\boxed{}}{4}$

⑭ $\dfrac{6}{21} = \dfrac{2}{\boxed{}}$

⑮ $\dfrac{6}{24} = \dfrac{\boxed{}}{4}$

⑯ $\dfrac{13}{26} = \dfrac{1}{\boxed{}}$

⑰ $\dfrac{12}{28} = \dfrac{\boxed{}}{7}$

⑱ $\dfrac{18}{30} = \dfrac{3}{\boxed{}}$

⑲ $\dfrac{28}{36} = \dfrac{7}{\boxed{}}$

⑳ $\dfrac{24}{42} = \dfrac{\boxed{}}{7}$

㉑ $\dfrac{16}{44} = \dfrac{\boxed{}}{11}$

㉒ $\dfrac{20}{48} = \dfrac{\boxed{}}{12}$

㉓ $\dfrac{45}{54} = \dfrac{\boxed{}}{6}$

㉔ $\dfrac{36}{60} = \dfrac{3}{\boxed{}}$

㉕ $\dfrac{40}{64} = \dfrac{\boxed{}}{8}$

㉖ $\dfrac{24}{72} = \dfrac{\boxed{}}{3}$

㉗ $\dfrac{60}{75} = \dfrac{4}{\boxed{}}$

㉘ $\dfrac{36}{81} = \dfrac{4}{\boxed{}}$

㉙ $\dfrac{56}{96} = \dfrac{\boxed{}}{12}$

2 약분

○ 약분한 분수를 모두 써 보시오.

1 $\dfrac{4}{8}$ ⇨ ( )

2 $\dfrac{16}{24}$ ⇨ ( )

3 $\dfrac{18}{27}$ ⇨ ( )

4 $\dfrac{8}{40}$ ⇨ ( )

5 $\dfrac{40}{50}$ ⇨ ( )

6 $\dfrac{27}{54}$ ⇨ ( )

7 $\dfrac{45}{60}$ ⇨ ( )

8 $\dfrac{28}{70}$ ⇨ ( )

9 $\dfrac{12}{72}$ ⇨ ( )

10 $\dfrac{50}{75}$ ⇨ ( )

11 $\dfrac{21}{84}$ ⇨ ( )

12 $\dfrac{54}{90}$ ⇨ ( )

13 $\dfrac{46}{92}$ ⇨ ( )

14 $\dfrac{80}{96}$ ⇨ ( )

기약분수로 나타내어 보시오.

⑮ $\dfrac{6}{9}$ ⇨ (　　　　　　)

⑯ $\dfrac{8}{10}$ ⇨ (　　　　　　)

⑰ $\dfrac{16}{20}$ ⇨ (　　　　　　)

⑱ $\dfrac{8}{24}$ ⇨ (　　　　　　)

⑲ $\dfrac{35}{45}$ ⇨ (　　　　　　)

⑳ $\dfrac{28}{48}$ ⇨ (　　　　　　)

㉑ $\dfrac{30}{54}$ ⇨ (　　　4일 차　)

㉒ $\dfrac{48}{56}$ ⇨ (　　　　　　)

㉓ $\dfrac{45}{63}$ ⇨ (　　　　　　)

㉔ $\dfrac{40}{70}$ ⇨ (　　　　　　)

㉕ $\dfrac{56}{70}$ ⇨ (　　　　　　)

㉖ $\dfrac{36}{72}$ ⇨ (　　　　　　)

㉗ $\dfrac{54}{81}$ ⇨ (　　　　　　)

㉘ $\dfrac{75}{90}$ ⇨ (　　　　　　)

③ 통분

분수의 분모를 같게 하는 것을
통분한다고 해!

두 분수의 분모를
같게 만들자.

4와 6의
최소공배수는 12!

우린 통분한 분모니까
공통분모야!

● **통분**

• **통분한다**: 분수의 분모를 같게 하는 것

• **공통분모**: 통분한 분모

[예] $\dfrac{1}{4}$과 $\dfrac{5}{6}$ 통분하기

[방법1] 두 분모의 곱을 공통분모로
하여 통분하기

$$\left(\dfrac{1}{4},\dfrac{5}{6}\right) \Rightarrow \left(\dfrac{1\times6}{4\times6},\dfrac{5\times4}{6\times4}\right)$$
$$\Rightarrow \left(\dfrac{6}{24},\dfrac{20}{24}\right)$$

[방법2] 두 분모의 최소공배수를 공통
분모로 하여 통분하기

두 분모의 최소공배수: 12

$$\left(\dfrac{1}{4},\dfrac{5}{6}\right) \Rightarrow \left(\dfrac{1\times3}{4\times3},\dfrac{5\times2}{6\times2}\right)$$
$$\Rightarrow \left(\dfrac{3}{12},\dfrac{10}{12}\right)$$

○ 두 분모의 곱을 공통분모로 하여 통분해 보시오.

1 $\left(\dfrac{1}{2},\dfrac{2}{3}\right) \Rightarrow \left(\dfrac{1\times\boxed{}}{2\times3},\dfrac{2\times\boxed{}}{3\times2}\right) \Rightarrow \left(\dfrac{\boxed{}}{\boxed{}},\dfrac{\boxed{}}{\boxed{}}\right)$

2 $\left(\dfrac{1}{3},\dfrac{5}{6}\right) \Rightarrow \left(\dfrac{1\times\boxed{}}{3\times6},\dfrac{5\times\boxed{}}{6\times3}\right) \Rightarrow \left(\dfrac{\boxed{}}{\boxed{}},\dfrac{\boxed{}}{\boxed{}}\right)$

3 $\left(\dfrac{3}{4},\dfrac{2}{7}\right) \Rightarrow \left(\dfrac{3\times\boxed{}}{4\times7},\dfrac{2\times\boxed{}}{7\times4}\right) \Rightarrow \left(\dfrac{\boxed{}}{\boxed{}},\dfrac{\boxed{}}{\boxed{}}\right)$

4 $\left(\dfrac{3}{5},\dfrac{2}{9}\right) \Rightarrow \left(\dfrac{3\times\boxed{}}{5\times9},\dfrac{2\times\boxed{}}{9\times5}\right) \Rightarrow \left(\dfrac{\boxed{}}{\boxed{}},\dfrac{\boxed{}}{\boxed{}}\right)$

5 $\left(\dfrac{5}{7},\dfrac{7}{8}\right) \Rightarrow \left(\dfrac{5\times\boxed{}}{7\times8},\dfrac{7\times\boxed{}}{8\times7}\right) \Rightarrow \left(\dfrac{\boxed{}}{\boxed{}},\dfrac{\boxed{}}{\boxed{}}\right)$

6 $\left(\dfrac{3}{8},\dfrac{3}{4}\right) \Rightarrow \left(\dfrac{3\times\boxed{}}{8\times4},\dfrac{3\times\boxed{}}{4\times8}\right) \Rightarrow \left(\dfrac{\boxed{}}{\boxed{}},\dfrac{\boxed{}}{\boxed{}}\right)$

7 $\left(\dfrac{7}{9},\dfrac{4}{7}\right) \Rightarrow \left(\dfrac{7\times\boxed{}}{9\times7},\dfrac{4\times\boxed{}}{7\times9}\right) \Rightarrow \left(\dfrac{\boxed{}}{\boxed{}},\dfrac{\boxed{}}{\boxed{}}\right)$

○ 두 분모의 최소공배수를 공통분모로 하여 통분해 보시오.

❽ $\left(\dfrac{3}{4}, \dfrac{1}{6} \right) \Rightarrow \left(\dfrac{3 \times \boxed{}}{4 \times 3}, \dfrac{1 \times \boxed{}}{6 \times 2} \right) \Rightarrow \left(\dfrac{\boxed{}}{\boxed{}}, \dfrac{\boxed{}}{\boxed{}} \right)$

❾ $\left(\dfrac{2}{5}, \dfrac{7}{10} \right) \Rightarrow \left(\dfrac{2 \times \boxed{}}{5 \times 2}, \dfrac{7}{10} \right) \Rightarrow \left(\dfrac{\boxed{}}{\boxed{}}, \dfrac{\boxed{}}{\boxed{}} \right)$

❿ $\left(\dfrac{1}{8}, \dfrac{7}{12} \right) \Rightarrow \left(\dfrac{1 \times \boxed{}}{8 \times 3}, \dfrac{7 \times \boxed{}}{12 \times 2} \right) \Rightarrow \left(\dfrac{\boxed{}}{\boxed{}}, \dfrac{\boxed{}}{\boxed{}} \right)$

⓫ $\left(\dfrac{9}{14}, \dfrac{8}{21} \right) \Rightarrow \left(\dfrac{9 \times \boxed{}}{14 \times 3}, \dfrac{8 \times \boxed{}}{21 \times 2} \right) \Rightarrow \left(\dfrac{\boxed{}}{\boxed{}}, \dfrac{\boxed{}}{\boxed{}} \right)$

⓬ $\left(\dfrac{8}{15}, \dfrac{2}{9} \right) \Rightarrow \left(\dfrac{8 \times \boxed{}}{15 \times 3}, \dfrac{2 \times \boxed{}}{9 \times 5} \right) \Rightarrow \left(\dfrac{\boxed{}}{\boxed{}}, \dfrac{\boxed{}}{\boxed{}} \right)$

⓭ $\left(\dfrac{5}{18}, \dfrac{11}{12} \right) \Rightarrow \left(\dfrac{5 \times \boxed{}}{18 \times 2}, \dfrac{11 \times \boxed{}}{12 \times 3} \right) \Rightarrow \left(\dfrac{\boxed{}}{\boxed{}}, \dfrac{\boxed{}}{\boxed{}} \right)$

⓮ $\left(\dfrac{13}{20}, \dfrac{17}{30} \right) \Rightarrow \left(\dfrac{13 \times \boxed{}}{20 \times 3}, \dfrac{17 \times \boxed{}}{30 \times 2} \right) \Rightarrow \left(\dfrac{\boxed{}}{\boxed{}}, \dfrac{\boxed{}}{\boxed{}} \right)$

○ 두 분모의 곱을 공통분모로 하여 통분해 보시오.

❶ $\left(\dfrac{1}{2}, \dfrac{1}{9}\right) \Rightarrow \left(\qquad , \qquad \right)$

❷ $\left(\dfrac{3}{4}, \dfrac{1}{5}\right) \Rightarrow \left(\qquad , \qquad \right)$

❸ $\left(\dfrac{2}{3}, \dfrac{5}{7}\right) \Rightarrow \left(\qquad , \qquad \right)$

❹ $\left(\dfrac{5}{9}, \dfrac{2}{3}\right) \Rightarrow \left(\qquad , \qquad \right)$

❺ $\left(\dfrac{2}{5}, \dfrac{6}{7}\right) \Rightarrow \left(\qquad , \qquad \right)$

❻ $\left(\dfrac{1}{3}, \dfrac{8}{13}\right) \Rightarrow \left(\qquad , \qquad \right)$

❼ $\left(\dfrac{1}{4}, \dfrac{11}{12}\right) \Rightarrow \left(\qquad , \qquad \right)$

❽ $\left(\dfrac{5}{6}, \dfrac{3}{8}\right) \Rightarrow \left(\qquad , \qquad \right)$

❾ $\left(\dfrac{8}{9}, \dfrac{1}{6}\right) \Rightarrow \left(\qquad , \qquad \right)$

❿ $\left(\dfrac{3}{4}, \dfrac{5}{14}\right) \Rightarrow \left(\qquad , \qquad \right)$

⓫ $\left(\dfrac{5}{6}, \dfrac{2}{11}\right) \Rightarrow \left(\qquad , \qquad \right)$

⓬ $\left(\dfrac{4}{7}, \dfrac{7}{10}\right) \Rightarrow \left(\qquad , \qquad \right)$

⓭ $\left(\dfrac{3}{5}, \dfrac{8}{15}\right) \Rightarrow \left(\qquad , \qquad \right)$

⓮ $\left(\dfrac{7}{8}, \dfrac{7}{10}\right) \Rightarrow \left(\qquad , \qquad \right)$

○ 두 분모의 최소공배수를 공통분모로 하여 통분해 보시오.

⑮ $\left(\dfrac{1}{3}, \dfrac{1}{6}\right) \Rightarrow ($ 　　　 , 　　　 $)$

⑯ $\left(\dfrac{3}{10}, \dfrac{2}{5}\right) \Rightarrow ($ 　　　 , 　　　 $)$

⑰ $\left(\dfrac{4}{9}, \dfrac{5}{18}\right) \Rightarrow ($ 　　　 , 　　　 $)$

⑱ $\left(\dfrac{3}{7}, \dfrac{2}{21}\right) \Rightarrow ($ 　　　 , 　　　 $)$

⑲ $\left(\dfrac{5}{6}, \dfrac{5}{8}\right) \Rightarrow ($ 　　　 , 　　　 $)$

⑳ $\left(\dfrac{11}{18}, \dfrac{1}{4}\right) \Rightarrow ($ 　　　 , 　　　 $)$

㉑ $\left(\dfrac{11}{12}, \dfrac{7}{18}\right) \Rightarrow ($ 　　　 , 　　　 $)$

㉒ $\left(\dfrac{7}{8}, \dfrac{9}{20}\right) \Rightarrow ($ 　　　 , 　　　 $)$

㉓ $\left(\dfrac{8}{9}, \dfrac{4}{15}\right) \Rightarrow ($ 　　　 , 　　　 $)$

㉔ $\left(\dfrac{3}{10}, \dfrac{8}{25}\right) \Rightarrow ($ 　　　 , 　　　 $)$

㉕ $\left(\dfrac{7}{20}, \dfrac{7}{12}\right) \Rightarrow ($ 　　　 , 　　　 $)$

㉖ $\left(\dfrac{2}{9}, \dfrac{4}{21}\right) \Rightarrow ($ 　　　 , 　　　 $)$

㉗ $\left(\dfrac{5}{36}, \dfrac{7}{24}\right) \Rightarrow ($ 　　　 , 　　　 $)$

㉘ $\left(\dfrac{13}{40}, \dfrac{5}{16}\right) \Rightarrow ($ 　　　 , 　　　 $)$

누가 더 클까?

| 두 분수를 통분해!

분자의 크기를 비교해!

$$\frac{15}{18} > \frac{8}{18}$$

내가 더 커!

$$\frac{5}{6} > \frac{4}{9}$$

● 분수의 크기 비교

분모가 다른 두 분수의 크기를 비교할 때에는 두 분수를 통분하여 분모를 같게 한 다음 분자의 크기를 비교합니다.

예 $\frac{5}{6}$와 $\frac{4}{9}$의 크기 비교

방법 1 두 분모의 곱을 공통분모로 하여 통분하기

$$\left(\frac{5}{6}, \frac{4}{9}\right) \Rightarrow \left(\frac{45}{54}, \frac{24}{54}\right)$$
$$\Rightarrow \frac{5}{6} > \frac{4}{9}$$

방법 2 두 분모의 최소공배수를 공통분모로 하여 통분하기

두 분모의 최소공배수: 18

$$\left(\frac{5}{6}, \frac{4}{9}\right) \Rightarrow \left(\frac{15}{18}, \frac{8}{18}\right)$$
$$\Rightarrow \frac{5}{6} > \frac{4}{9}$$

○ 분모의 곱을 공통분모로 통분하여 분수의 크기를 비교해 보시오.

1 $\left(\dfrac{1}{2}, \dfrac{2}{3}\right) \Rightarrow \left(\dfrac{\boxed{}}{6}, \dfrac{\boxed{}}{6}\right) \Rightarrow \dfrac{1}{2} \bigcirc \dfrac{2}{3}$

2 $\left(\dfrac{3}{4}, \dfrac{5}{7}\right) \Rightarrow \left(\dfrac{\boxed{}}{28}, \dfrac{\boxed{}}{28}\right) \Rightarrow \dfrac{3}{4} \bigcirc \dfrac{5}{7}$

3 $\left(\dfrac{2}{5}, \dfrac{4}{9}\right) \Rightarrow \left(\dfrac{\boxed{}}{45}, \dfrac{\boxed{}}{45}\right) \Rightarrow \dfrac{2}{5} \bigcirc \dfrac{4}{9}$

4 $\left(\dfrac{1}{6}, \dfrac{2}{9}\right) \Rightarrow \left(\dfrac{\boxed{}}{54}, \dfrac{\boxed{}}{54}\right) \Rightarrow \dfrac{1}{6} \bigcirc \dfrac{2}{9}$

5 $\left(\dfrac{3}{8}, \dfrac{5}{11}\right) \Rightarrow \left(\dfrac{\boxed{}}{88}, \dfrac{\boxed{}}{88}\right) \Rightarrow \dfrac{3}{8} \bigcirc \dfrac{5}{11}$

6 $\left(\dfrac{7}{9}, \dfrac{4}{7}\right) \Rightarrow \left(\dfrac{\boxed{}}{63}, \dfrac{\boxed{}}{63}\right) \Rightarrow \dfrac{7}{9} \bigcirc \dfrac{4}{7}$

7 $\left(\dfrac{2}{13}, \dfrac{1}{5}\right) \Rightarrow \left(\dfrac{\boxed{}}{65}, \dfrac{\boxed{}}{65}\right) \Rightarrow \dfrac{2}{13} \bigcirc \dfrac{1}{5}$

○ 분모의 최소공배수를 공통분모로 통분하여 분수의 크기를 비교해 보시오.

8 $\left(\dfrac{1}{4}, \dfrac{1}{6}\right) \Rightarrow \left(\dfrac{\boxed{}}{12}, \dfrac{\boxed{}}{12}\right) \Rightarrow \dfrac{1}{4} \bigcirc \dfrac{1}{6}$

9 $\left(\dfrac{3}{5}, \dfrac{8}{15}\right) \Rightarrow \left(\dfrac{\boxed{}}{15}, \dfrac{\boxed{}}{15}\right) \Rightarrow \dfrac{3}{5} \bigcirc \dfrac{8}{15}$

10 $\left(\dfrac{5}{6}, \dfrac{5}{8}\right) \Rightarrow \left(\dfrac{\boxed{}}{24}, \dfrac{\boxed{}}{24}\right) \Rightarrow \dfrac{5}{6} \bigcirc \dfrac{5}{8}$

11 $\left(\dfrac{3}{8}, \dfrac{7}{10}\right) \Rightarrow \left(\dfrac{\boxed{}}{40}, \dfrac{\boxed{}}{40}\right) \Rightarrow \dfrac{3}{8} \bigcirc \dfrac{7}{10}$

12 $\left(\dfrac{5}{12}, \dfrac{9}{16}\right) \Rightarrow \left(\dfrac{\boxed{}}{48}, \dfrac{\boxed{}}{48}\right) \Rightarrow \dfrac{5}{12} \bigcirc \dfrac{9}{16}$

13 $\left(\dfrac{13}{18}, \dfrac{7}{8}\right) \Rightarrow \left(\dfrac{\boxed{}}{72}, \dfrac{\boxed{}}{72}\right) \Rightarrow \dfrac{13}{18} \bigcirc \dfrac{7}{8}$

14 $\left(\dfrac{9}{20}, \dfrac{7}{16}\right) \Rightarrow \left(\dfrac{\boxed{}}{80}, \dfrac{\boxed{}}{80}\right) \Rightarrow \dfrac{9}{20} \bigcirc \dfrac{7}{16}$

○ 분수의 크기를 비교하여 ◯ 안에 >, =, <를 알맞게 써넣으시오.

1 $\dfrac{1}{3}$ ◯ $\dfrac{2}{5}$

2 $\dfrac{1}{2}$ ◯ $\dfrac{5}{6}$

3 $\dfrac{2}{5}$ ◯ $\dfrac{1}{4}$

4 $\dfrac{4}{7}$ ◯ $\dfrac{3}{5}$

5 $\dfrac{6}{7}$ ◯ $\dfrac{3}{4}$

6 $\dfrac{3}{4}$ ◯ $\dfrac{5}{8}$

7 $\dfrac{1}{6}$ ◯ $\dfrac{5}{12}$

8 $\dfrac{4}{5}$ ◯ $\dfrac{7}{8}$

9 $\dfrac{4}{9}$ ◯ $\dfrac{7}{12}$

10 $\dfrac{3}{8}$ ◯ $\dfrac{1}{12}$

11 $\dfrac{5}{6}$ ◯ $\dfrac{11}{14}$

12 $\dfrac{6}{11}$ ◯ $\dfrac{3}{4}$

13 $\dfrac{6}{7}$ ◯ $\dfrac{5}{12}$

14 $\dfrac{4}{9}$ ◯ $\dfrac{7}{18}$

15 $\dfrac{7}{10}$ ◯ $\dfrac{8}{15}$

16 $\dfrac{5}{12}$ ◯ $\dfrac{7}{20}$

17 $\dfrac{8}{9}$ ◯ $\dfrac{10}{11}$

18 $\dfrac{11}{20}$ ◯ $\dfrac{3}{8}$

19 $\dfrac{4}{9}$ ◯ $\dfrac{8}{15}$

20 $\dfrac{5}{12}$ ◯ $\dfrac{7}{16}$

21 $\dfrac{5}{16}$ ◯ $\dfrac{9}{20}$

㉒ $\dfrac{3}{16}$ ◯ $\dfrac{1}{24}$

㉙ $1\dfrac{1}{3}$ ◯ $1\dfrac{2}{7}$

㊱ $3\dfrac{3}{14}$ ◯ $3\dfrac{5}{8}$

㉓ $\dfrac{7}{24}$ ◯ $\dfrac{11}{36}$

㉚ $1\dfrac{1}{6}$ ◯ $1\dfrac{2}{9}$

㊲ $4\dfrac{9}{14}$ ◯ $4\dfrac{13}{21}$

㉔ $\dfrac{4}{21}$ ◯ $\dfrac{5}{42}$

㉛ $2\dfrac{5}{6}$ ◯ $2\dfrac{3}{8}$

㊳ $6\dfrac{8}{25}$ ◯ $6\dfrac{3}{10}$

㉕ $\dfrac{11}{24}$ ◯ $\dfrac{7}{18}$

㉜ $2\dfrac{5}{8}$ ◯ $2\dfrac{7}{9}$

㊴ $6\dfrac{22}{45}$ ◯ $6\dfrac{4}{9}$

㉖ $\dfrac{17}{72}$ ◯ $\dfrac{5}{24}$

㉝ $3\dfrac{9}{10}$ ◯ $3\dfrac{1}{6}$

㊵ $7\dfrac{3}{16}$ ◯ $7\dfrac{9}{40}$

㉗ $\dfrac{17}{60}$ ◯ $\dfrac{5}{12}$

㉞ $4\dfrac{3}{7}$ ◯ $4\dfrac{9}{14}$

㊶ $8\dfrac{7}{15}$ ◯ $8\dfrac{11}{18}$

㉘ $\dfrac{5}{18}$ ◯ $\dfrac{10}{27}$

㉟ $5\dfrac{11}{15}$ ◯ $5\dfrac{7}{10}$

㊷ $9\dfrac{8}{45}$ ◯ $9\dfrac{7}{30}$

'분수와 소수의 크기 비교'를 배우기 전에 외워 두면 편리한 분수와 소수의 관계

$\dfrac{1}{2}=0.5$	$\dfrac{1}{5}=0.2$	$\dfrac{1}{8}=0.125$	$\dfrac{1}{20}=0.05$	$\dfrac{1}{10}=0.1$
$\dfrac{1}{4}=0.25$	$\dfrac{2}{5}=0.4$	$\dfrac{3}{8}=0.375$	$\dfrac{1}{25}=0.04$	$\dfrac{1}{100}=0.01$
$\dfrac{3}{4}=0.75$	$\dfrac{3}{5}=0.6$	$\dfrac{5}{8}=0.625$	$\dfrac{1}{40}=0.025$	$\dfrac{1}{1000}=0.001$
	$\dfrac{4}{5}=0.8$	$\dfrac{7}{8}=0.875$	$\dfrac{1}{50}=0.02$	

○ 분수와 소수의 관계를 외우며 분수를 소수로, 소수를 기약분수로 나타내어 보시오.

❶ $\dfrac{1}{2}=$

❷ $\dfrac{1}{4}=$

❸ $\dfrac{1}{5}=$

❹ $\dfrac{1}{8}=$

❺ $\dfrac{1}{10}=$

❻ $\dfrac{1}{20}=$

❼ $\dfrac{1}{25}=$

❽ $\dfrac{1}{40}=$

❾ $\dfrac{1}{50}=$

❿ $\dfrac{1}{100}=$

⑪ $\dfrac{3}{4} =$

⑫ $\dfrac{2}{5} =$

⑬ $\dfrac{3}{5} =$

⑭ $\dfrac{4}{5} =$

⑮ $\dfrac{3}{8} =$

⑯ $\dfrac{5}{8} =$

⑰ $\dfrac{7}{8} =$

⑱ $0.5 =$

⑲ $0.25 =$

⑳ $0.2 =$

㉑ $0.125 =$

㉒ $0.05 =$

㉓ $0.02 =$

㉔ $0.001 =$

분수와 소수의 크기 비교는
분수를 소수로 나타내거나
소수를 분수로 나타내서 하면 돼!

$$0.4 < 0.7$$

분수를
소수로!

$$\left(\frac{2}{5} \quad 0.7\right)$$

통분해서
비교해!

소수를
분수로!

$$\frac{4}{10} < \frac{7}{10}$$

● 분수와 소수의 크기 비교

분수를 소수로 나타내어 소수끼리 비교하거나 소수를 분수로 나타내어 분수끼리 비교합니다.

[예] $\frac{2}{5}$ 와 0.7의 크기 비교

[방법1] 분수를 소수로 나타내어 크기 비교하기

$$\left(\frac{2}{5}, 0.7\right) \Rightarrow (0.4, 0.7)$$
$$\Rightarrow \frac{2}{5} < 0.7$$

[방법2] 소수를 분수로 나타내어 크기 비교하기

$$\left(\frac{2}{5}, 0.7\right) \Rightarrow \left(\frac{2}{5}, \frac{7}{10}\right)$$
$$\Rightarrow \left(\frac{4}{10}, \frac{7}{10}\right)$$
$$\Rightarrow \frac{2}{5} < 0.7$$

○ 분수를 소수로 나타내어 분수와 소수의 크기를 비교해 보시오.

❶ $\left(\dfrac{1}{2}, 0.6\right) \Rightarrow (\boxed{}, 0.6) \Rightarrow \dfrac{1}{2} \bigcirc 0.6$

❷ $\left(0.3, \dfrac{2}{5}\right) \Rightarrow (0.3, \boxed{}) \Rightarrow 0.3 \bigcirc \dfrac{2}{5}$

❸ $\left(\dfrac{3}{4}, 0.72\right) \Rightarrow (\boxed{}, 0.72) \Rightarrow \dfrac{3}{4} \bigcirc 0.72$

○ 소수를 분수로 나타내어 분수와 소수의 크기를 비교해 보시오.

❹ $\left(0.3, \dfrac{2}{5}\right) \Rightarrow \left(\dfrac{\boxed{}}{10}, \dfrac{2}{5}\right)$
$\Rightarrow \left(\dfrac{\boxed{}}{10}, \dfrac{\boxed{}}{10}\right) \Rightarrow 0.3 \bigcirc \dfrac{2}{5}$

❺ $\left(\dfrac{9}{20}, 0.4\right) \Rightarrow \left(\dfrac{\boxed{}}{20}, \dfrac{\boxed{}}{10}\right)$
$\Rightarrow \left(\dfrac{\boxed{}}{20}, \dfrac{\boxed{}}{20}\right) \Rightarrow \dfrac{9}{20} \bigcirc 0.4$

○ 분수와 소수의 크기를 비교하여 ◯ 안에 ＞, ＝, ＜를 알맞게 써넣으시오.

6 $\frac{1}{2}$ ◯ 0.4

7 $\frac{2}{5}$ ◯ 0.6

8 $\frac{4}{5}$ ◯ 0.8

9 $\frac{1}{4}$ ◯ 0.3

10 $\frac{7}{20}$ ◯ 0.42

11 $\frac{9}{25}$ ◯ 0.35

12 $\frac{31}{50}$ ◯ 0.56

13 0.6 ◯ $\frac{3}{5}$

14 0.7 ◯ $\frac{3}{4}$

15 0.9 ◯ $\frac{13}{20}$

16 0.25 ◯ $\frac{7}{25}$

17 0.48 ◯ $\frac{21}{50}$

18 0.12 ◯ $\frac{1}{8}$

19 0.58 ◯ $\frac{23}{40}$

20 $1\frac{1}{5}$ ◯ 1.1

21 $1\frac{9}{10}$ ◯ 1.8

22 $2\frac{11}{20}$ ◯ 2.63

23 $2\frac{6}{25}$ ◯ 2.24

24 3.7 ◯ $3\frac{11}{15}$

25 4.6 ◯ $4\frac{4}{9}$

26 5.5 ◯ $5\frac{3}{7}$

○ 크기가 같은 분수를 만들어 3개씩 써 보시오.

1 $\dfrac{3}{4}$ ⇨ (   )

2 $\dfrac{5}{11}$ ⇨ (   )

3 $\dfrac{12}{25}$ ⇨ (   )

4 $\dfrac{32}{40}$ ⇨ (   )

5 $\dfrac{26}{52}$ ⇨ (   )

6 $\dfrac{18}{72}$ ⇨ (   )

○ 약분한 분수를 모두 써 보시오.

7 $\dfrac{8}{20}$ ⇨ (   )

8 $\dfrac{36}{54}$ ⇨ (   )

9 $\dfrac{21}{63}$ ⇨ (   )

○ 기약분수로 나타내어 보시오.

10 $\dfrac{9}{21}$ ⇨ (   )

11 $\dfrac{11}{44}$ ⇨ (   )

12 $\dfrac{70}{84}$ ⇨ (   )

○ 두 분수를 통분해 보시오.

13 $\left(\dfrac{3}{4}, \dfrac{7}{8}\right)$ ⇨ (,   )

14 $\left(\dfrac{1}{3}, \dfrac{1}{7}\right)$ ⇨ (,   )

15 $\left(\dfrac{5}{12}, \dfrac{2}{9}\right)$ ⇨ (,   )

16 $\left(\dfrac{3}{8}, \dfrac{3}{5}\right)$ ⇨ (,   )

17 $\left(\dfrac{2}{5}, \dfrac{8}{11}\right)$ ⇨ (,   )

18 $\left(\dfrac{9}{20}, \dfrac{11}{16}\right)$ ⇨ (,   )

○ 분수의 크기를 비교하여 ◯ 안에 >, =, <를 알맞게 써넣으시오.

19 $\dfrac{1}{2}$ ◯ $\dfrac{2}{5}$

20 $\dfrac{3}{4}$ ◯ $\dfrac{11}{12}$

21 $1\dfrac{5}{6}$ ◯ $1\dfrac{13}{15}$

22 $1\dfrac{9}{10}$ ◯ $1\dfrac{7}{8}$

○ 분수와 소수의 크기를 비교하여 ◯ 안에 >, =, <를 알맞게 써넣으시오.

23 $\dfrac{1}{2}$ ◯ 0.8

24 0.75 ◯ $\dfrac{3}{4}$

25 1.2 ◯ $1\dfrac{3}{25}$

🔗 4단원의 연산 실력을 보충하고 싶다면 **클리닉 북 19~23쪽**을 풀어 보세요.

분수의
덧셈과 뺄셈

학습 내용	학습 회차	걸린 시간
1 받아올림이 없는 분모가 다른 진분수의 덧셈	1일 차	/15분
	2일 차	/18분
2 받아올림이 있는 분모가 다른 진분수의 덧셈	3일 차	/16분
	4일 차	/19분
3 대분수의 덧셈	5일 차	/20분
	6일 차	/24분
1 ~ 3 다르게 풀기	7일 차	/11분
4 진분수의 뺄셈	8일 차	/15분
	9일 차	/18분
5 받아내림이 없는 분모가 다른 대분수의 뺄셈	10일 차	/20분
	11일 차	/24분
6 받아내림이 있는 분모가 다른 대분수의 뺄셈	12일 차	/21분
	13일 차	/26분
4 ~ 6 다르게 풀기	14일 차	/11분
비법 강의 초등에서 푸는 방정식 계산 비법	15일 차	/13분
평가 5. 분수의 덧셈과 뺄셈	16일 차	/20분

계산력 상승!

헛 둘! 헛 둘!

두 분수의 분모가
다르니까 통분해서
계산해!

두 분모의 곱이나
최소공배수를 공통분모로
통분해서 더하면 돼!

● 받아올림이 없는 분모가 다른 진분
  수의 덧셈

방법1 두 분모의 곱을 공통분모로
하여 통분한 후 계산하기

$$\frac{1}{6}+\frac{3}{4}=\frac{1\times4}{6\times4}+\frac{3\times6}{4\times6}$$
$$=\frac{4}{24}+\frac{18}{24}$$
$$=\frac{22}{24}=\frac{11}{12}$$

방법2 두 분모의 최소공배수를 공통
분모로 하여 통분한 후 계산하기

$$\frac{1}{6}+\frac{3}{4}=\frac{1\times2}{6\times2}+\frac{3\times3}{4\times3}$$
$$=\frac{2}{12}+\frac{9}{12}$$
$$=\frac{11}{12}$$

○ 계산을 하여 기약분수로 나타내어 보시오.

❶ $\dfrac{1}{2}+\dfrac{1}{3}=$

❷ $\dfrac{1}{4}+\dfrac{1}{5}=$

❸ $\dfrac{1}{6}+\dfrac{1}{8}=$

❹ $\dfrac{1}{7}+\dfrac{1}{4}=$

❺ $\dfrac{1}{9}+\dfrac{1}{12}=$

❻ $\dfrac{1}{10}+\dfrac{1}{8}=$

❼ $\dfrac{1}{11}+\dfrac{1}{7}=$

❽ $\dfrac{1}{8}+\dfrac{3}{4}=$

❾ $\dfrac{1}{9}+\dfrac{2}{3}=$

❿ $\dfrac{2}{5}+\dfrac{1}{2}=$

⓫ $\dfrac{7}{12}+\dfrac{1}{3}=$

⓬ $\dfrac{4}{7}+\dfrac{3}{14}=$

⓭ $\dfrac{4}{5}+\dfrac{2}{15}=$

⓮ $\dfrac{1}{6}+\dfrac{7}{9}=$

⑮ $\dfrac{3}{5} + \dfrac{1}{4} =$

⑯ $\dfrac{3}{4} + \dfrac{1}{10} =$

⑰ $\dfrac{5}{8} + \dfrac{1}{3} =$

⑱ $\dfrac{3}{8} + \dfrac{5}{12} =$

⑲ $\dfrac{1}{4} + \dfrac{3}{7} =$

⑳ $\dfrac{11}{15} + \dfrac{1}{6} =$

㉑ $\dfrac{3}{11} + \dfrac{2}{3} =$

㉒ $\dfrac{3}{5} + \dfrac{2}{7} =$

㉓ $\dfrac{5}{8} + \dfrac{3}{10} =$

㉔ $\dfrac{4}{9} + \dfrac{7}{15} =$

㉕ $\dfrac{3}{8} + \dfrac{3}{7} =$

㉖ $\dfrac{3}{10} + \dfrac{7}{12} =$

㉗ $\dfrac{11}{20} + \dfrac{13}{30} =$

㉘ $\dfrac{5}{7} + \dfrac{2}{9} =$

㉙ $\dfrac{3}{10} + \dfrac{5}{14} =$

㉚ $\dfrac{5}{9} + \dfrac{3}{8} =$

㉛ $\dfrac{7}{24} + \dfrac{17}{36} =$

㉜ $\dfrac{4}{15} + \dfrac{7}{25} =$

㉝ $\dfrac{8}{21} + \dfrac{13}{28} =$

㉞ $\dfrac{5}{18} + \dfrac{11}{30} =$

㉟ $\dfrac{7}{10} + \dfrac{2}{11} =$

1 받아올림이 없는 분모가 다른 진분수의 덧셈

○ 계산을 하여 기약분수로 나타내어 보시오.

① $\dfrac{1}{3} + \dfrac{1}{6} =$

② $\dfrac{1}{5} + \dfrac{1}{2} =$

③ $\dfrac{1}{6} + \dfrac{1}{9} =$

④ $\dfrac{1}{8} + \dfrac{1}{3} =$

⑤ $\dfrac{1}{9} + \dfrac{1}{4} =$

⑥ $\dfrac{1}{11} + \dfrac{1}{5} =$

⑦ $\dfrac{1}{12} + \dfrac{1}{10} =$

⑧ $\dfrac{3}{8} + \dfrac{1}{4} =$

⑨ $\dfrac{1}{3} + \dfrac{2}{9} =$

⑩ $\dfrac{1}{10} + \dfrac{2}{5} =$

⑪ $\dfrac{1}{6} + \dfrac{5}{12} =$

⑫ $\dfrac{2}{3} + \dfrac{1}{5} =$

⑬ $\dfrac{4}{9} + \dfrac{5}{18} =$

⑭ $\dfrac{1}{4} + \dfrac{7}{10} =$

⑮ $\dfrac{2}{3} + \dfrac{5}{21} =$

⑯ $\dfrac{1}{6} + \dfrac{3}{8} =$

⑰ $\dfrac{1}{12} + \dfrac{5}{8} =$

⑱ $\dfrac{3}{4} + \dfrac{1}{7} =$

⑲ $\dfrac{2}{3} + \dfrac{3}{10} =$

⑳ $\dfrac{1}{15} + \dfrac{9}{10} =$

㉑ $\dfrac{7}{36} + \dfrac{7}{12} =$

㉒ $\dfrac{7}{12} + \dfrac{2}{9} =$

㉙ $\dfrac{2}{15} + \dfrac{3}{4} =$

㊱ $\dfrac{8}{15} + \dfrac{1}{18} =$

㉓ $\dfrac{1}{4} + \dfrac{11}{18} =$

㉚ $\dfrac{7}{30} + \dfrac{9}{20} =$

㊲ $\dfrac{5}{18} + \dfrac{7}{10} =$

㉔ $\dfrac{5}{6} + \dfrac{1}{7} =$

㉛ $\dfrac{7}{22} + \dfrac{13}{33} =$

㊳ $\dfrac{4}{13} + \dfrac{2}{7} =$

㉕ $\dfrac{4}{15} + \dfrac{5}{9} =$

㉜ $\dfrac{12}{35} + \dfrac{3}{10} =$

㊴ $\dfrac{3}{11} + \dfrac{5}{9} =$

㉖ $\dfrac{2}{3} + \dfrac{3}{16} =$

㉝ $\dfrac{3}{8} + \dfrac{2}{9} =$

㊵ $\dfrac{9}{20} + \dfrac{11}{25} =$

㉗ $\dfrac{5}{16} + \dfrac{5}{12} =$

㉞ $\dfrac{10}{27} + \dfrac{20}{81} =$

㊶ $\dfrac{14}{55} + \dfrac{9}{22} =$

㉘ $\dfrac{5}{8} + \dfrac{3}{14} =$

㉟ $\dfrac{5}{12} + \dfrac{3}{7} =$

㊷ $\dfrac{7}{16} + \dfrac{7}{18} =$

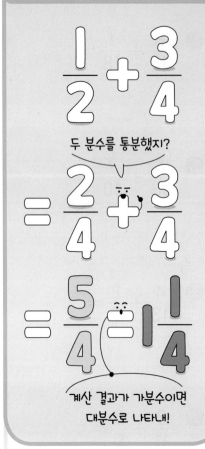

두 분수를 통분했지?

계산 결과가 가분수이면 대분수로 나타내!

- 받아올림이 있는 분모가 다른 진분수의 덧셈

방법1 두 분모의 곱을 공통분모로 하여 통분한 후 계산하기

$$\frac{1}{2}+\frac{3}{4}=\frac{1\times4}{2\times4}+\frac{3\times2}{4\times2}$$
$$=\frac{4}{8}+\frac{6}{8}$$
$$=\frac{10}{8}=1\frac{2}{8}=1\frac{1}{4}$$

방법2 두 분모의 최소공배수를 공통분모로 하여 통분한 후 계산하기

$$\frac{1}{2}+\frac{3}{4}=\frac{1\times2}{2\times2}+\frac{3}{4}$$
$$=\frac{2}{4}+\frac{3}{4}$$
$$=\frac{5}{4}=1\frac{1}{4}$$ ← 계산 결과가 가분수이면 대분수로 나타냅니다.

○ 계산을 하여 기약분수로 나타내어 보시오.

① $\dfrac{1}{3}+\dfrac{8}{9}=$

② $\dfrac{1}{2}+\dfrac{3}{5}=$

③ $\dfrac{7}{10}+\dfrac{4}{5}=$

④ $\dfrac{1}{4}+\dfrac{5}{6}=$

⑤ $\dfrac{2}{3}+\dfrac{3}{4}=$

⑥ $\dfrac{11}{12}+\dfrac{1}{3}=$

⑦ $\dfrac{5}{6}+\dfrac{2}{9}=$

⑧ $\dfrac{7}{9}+\dfrac{1}{2}=$

⑨ $\dfrac{4}{9}+\dfrac{13}{18}=$

⑩ $\dfrac{6}{7}+\dfrac{1}{3}=$

⑪ $\dfrac{3}{8}+\dfrac{11}{12}=$

⑫ $\dfrac{2}{3}+\dfrac{7}{8}=$

⑬ $\dfrac{3}{4}+\dfrac{2}{7}=$

⑭ $\dfrac{3}{5}+\dfrac{5}{6}=$

⑮ $\dfrac{7}{10} + \dfrac{8}{15} =$

⑯ $\dfrac{4}{5} + \dfrac{2}{7} =$

⑰ $\dfrac{1}{4} + \dfrac{8}{9} =$

⑱ $\dfrac{2}{9} + \dfrac{11}{12} =$

⑲ $\dfrac{7}{12} + \dfrac{13}{18} =$

⑳ $\dfrac{7}{8} + \dfrac{2}{5} =$

㉑ $\dfrac{9}{10} + \dfrac{1}{8} =$

㉒ $\dfrac{5}{6} + \dfrac{3}{7} =$

㉓ $\dfrac{13}{21} + \dfrac{19}{42} =$

㉔ $\dfrac{4}{5} + \dfrac{4}{9} =$

㉕ $\dfrac{1}{6} + \dfrac{15}{16} =$

㉖ $\dfrac{9}{16} + \dfrac{17}{24} =$

㉗ $\dfrac{3}{4} + \dfrac{7}{15} =$

㉘ $\dfrac{3}{10} + \dfrac{11}{12} =$

㉙ $\dfrac{4}{7} + \dfrac{7}{9} =$

㉚ $\dfrac{19}{35} + \dfrac{7}{10} =$

㉛ $\dfrac{9}{14} + \dfrac{5}{12} =$

㉜ $\dfrac{4}{9} + \dfrac{9}{10} =$

㉝ $\dfrac{11}{24} + \dfrac{21}{32} =$

㉞ $\dfrac{8}{11} + \dfrac{5}{9} =$

㉟ $\dfrac{5}{8} + \dfrac{13}{15} =$

○ 계산을 하여 기약분수로 나타내어 보시오.

① $\dfrac{2}{3} + \dfrac{1}{2} =$

② $\dfrac{3}{4} + \dfrac{5}{8} =$

③ $\dfrac{5}{9} + \dfrac{2}{3} =$

④ $\dfrac{1}{2} + \dfrac{4}{5} =$

⑤ $\dfrac{7}{10} + \dfrac{2}{5} =$

⑥ $\dfrac{5}{6} + \dfrac{3}{4} =$

⑦ $\dfrac{4}{7} + \dfrac{9}{14} =$

⑧ $\dfrac{2}{5} + \dfrac{2}{3} =$

⑨ $\dfrac{8}{9} + \dfrac{5}{6} =$

⑩ $\dfrac{4}{5} + \dfrac{3}{4} =$

⑪ $\dfrac{17}{20} + \dfrac{2}{5} =$

⑫ $\dfrac{2}{3} + \dfrac{5}{7} =$

⑬ $\dfrac{6}{7} + \dfrac{10}{21} =$

⑭ $\dfrac{5}{8} + \dfrac{5}{12} =$

⑮ $\dfrac{7}{8} + \dfrac{1}{6} =$

⑯ $\dfrac{13}{24} + \dfrac{7}{12} =$

⑰ $\dfrac{1}{5} + \dfrac{5}{6} =$

⑱ $\dfrac{9}{10} + \dfrac{8}{15} =$

⑲ $\dfrac{3}{7} + \dfrac{4}{5} =$

⑳ $\dfrac{7}{9} + \dfrac{7}{12} =$

㉑ $\dfrac{11}{12} + \dfrac{5}{9} =$

㉒ $\dfrac{3}{5}+\dfrac{5}{8}=$

㉙ $\dfrac{7}{10}+\dfrac{16}{25}=$

㊱ $\dfrac{15}{28}+\dfrac{17}{21}=$

㉓ $\dfrac{3}{8}+\dfrac{7}{10}=$

㉚ $\dfrac{7}{11}+\dfrac{4}{5}=$

㊲ $\dfrac{14}{17}+\dfrac{2}{5}=$

㉔ $\dfrac{13}{20}+\dfrac{7}{8}=$

㉛ $\dfrac{5}{7}+\dfrac{3}{8}=$

㊳ $\dfrac{13}{18}+\dfrac{8}{15}=$

㉕ $\dfrac{2}{7}+\dfrac{5}{6}=$

㉜ $\dfrac{1}{4}+\dfrac{13}{15}=$

㊴ $\dfrac{4}{7}+\dfrac{7}{13}=$

㉖ $\dfrac{9}{14}+\dfrac{13}{21}=$

㉝ $\dfrac{5}{6}+\dfrac{9}{20}=$

㊵ $\dfrac{9}{20}+\dfrac{18}{25}=$

㉗ $\dfrac{7}{9}+\dfrac{11}{15}=$

㉞ $\dfrac{3}{8}+\dfrac{25}{36}=$

㊶ $\dfrac{2}{15}+\dfrac{23}{24}=$

㉘ $\dfrac{17}{45}+\dfrac{8}{9}=$

㉟ $\dfrac{4}{7}+\dfrac{8}{11}=$

㊷ $\dfrac{9}{16}+\dfrac{11}{18}=$

대분수를 가분수로 나타내!

이제는 분수를 통분해서 분자끼리 더하면 돼!

● **대분수의 덧셈**

방법 1 자연수는 자연수끼리, 분수는 분수끼리 계산하기

$1\dfrac{1}{2}+2\dfrac{3}{5}$

$=1\dfrac{5}{10}+2\dfrac{6}{10}$

$=(1+2)+\left(\dfrac{5}{10}+\dfrac{6}{10}\right)$

$=3+\dfrac{11}{10}=3+1\dfrac{1}{10}=4\dfrac{1}{10}$

방법 2 대분수를 가분수로 나타내어 계산하기

$1\dfrac{1}{2}+2\dfrac{3}{5}=\dfrac{3}{2}+\dfrac{13}{5}$

$=\dfrac{15}{10}+\dfrac{26}{10}$

$=\dfrac{41}{10}=4\dfrac{1}{10}$

○ 계산을 하여 기약분수로 나타내어 보시오.

1 $1\dfrac{1}{2}+1\dfrac{1}{5}=$

2 $3\dfrac{1}{4}+1\dfrac{1}{6}=$

3 $2\dfrac{1}{5}+1\dfrac{1}{3}=$

4 $1\dfrac{1}{7}+2\dfrac{1}{21}=$

5 $3\dfrac{1}{10}+2\dfrac{1}{3}=$

6 $2\dfrac{1}{9}+2\dfrac{1}{4}=$

7 $1\dfrac{1}{12}+1\dfrac{1}{10}=$

8 $1\dfrac{2}{9}+1\dfrac{7}{18}=$

9 $2\dfrac{3}{10}+1\dfrac{7}{20}=$

10 $1\dfrac{1}{6}+1\dfrac{5}{8}=$

11 $2\dfrac{5}{12}+4\dfrac{2}{9}=$

12 $1\dfrac{5}{9}+2\dfrac{2}{5}=$

13 $2\dfrac{1}{7}+3\dfrac{4}{9}=$

14 $3\dfrac{7}{12}+1\dfrac{11}{32}=$

⑮ $1\dfrac{3}{4}+3\dfrac{1}{2}=$

⑯ $1\dfrac{3}{8}+2\dfrac{3}{4}=$

⑰ $1\dfrac{4}{5}+1\dfrac{7}{10}=$

⑱ $1\dfrac{1}{3}+1\dfrac{3}{4}=$

⑲ $3\dfrac{4}{7}+2\dfrac{1}{2}=$

⑳ $2\dfrac{13}{16}+1\dfrac{5}{8}=$

㉑ $1\dfrac{5}{6}+3\dfrac{4}{9}=$

㉒ $2\dfrac{1}{4}+2\dfrac{4}{5}=$

㉓ $2\dfrac{2}{3}+1\dfrac{3}{7}=$

㉔ $1\dfrac{7}{8}+5\dfrac{5}{12}=$

㉕ $1\dfrac{5}{6}+1\dfrac{2}{5}=$

㉖ $2\dfrac{11}{15}+2\dfrac{3}{10}=$

㉗ $2\dfrac{13}{18}+1\dfrac{7}{12}=$

㉘ $3\dfrac{3}{5}+1\dfrac{5}{8}=$

㉙ $1\dfrac{6}{7}+1\dfrac{1}{6}=$

㉚ $2\dfrac{8}{15}+1\dfrac{7}{9}=$

㉛ $2\dfrac{13}{16}+5\dfrac{5}{12}=$

㉜ $3\dfrac{2}{7}+1\dfrac{7}{8}=$

㉝ $5\dfrac{7}{12}+3\dfrac{4}{5}=$

㉞ $2\dfrac{5}{9}+3\dfrac{19}{24}=$

㉟ $3\dfrac{13}{20}+3\dfrac{9}{16}=$

○ 계산을 하여 기약분수로 나타내어 보시오.

1 $1\dfrac{1}{2}+1\dfrac{1}{8}=$

2 $3\dfrac{1}{3}+4\dfrac{1}{4}=$

3 $2\dfrac{1}{10}+3\dfrac{1}{2}=$

4 $1\dfrac{1}{4}+1\dfrac{1}{20}=$

5 $2\dfrac{1}{5}+3\dfrac{1}{7}=$

6 $4\dfrac{1}{13}+2\dfrac{1}{3}=$

7 $3\dfrac{1}{15}+3\dfrac{1}{12}=$

8 $1\dfrac{1}{4}+2\dfrac{3}{8}=$

9 $2\dfrac{1}{3}+1\dfrac{5}{9}=$

10 $1\dfrac{1}{6}+5\dfrac{7}{12}=$

11 $4\dfrac{3}{8}+3\dfrac{5}{12}=$

12 $3\dfrac{1}{6}+1\dfrac{8}{15}=$

13 $1\dfrac{25}{36}+2\dfrac{1}{6}=$

14 $1\dfrac{5}{8}+3\dfrac{1}{5}=$

15 $2\dfrac{5}{6}+1\dfrac{1}{7}=$

16 $1\dfrac{11}{45}+2\dfrac{3}{5}=$

17 $5\dfrac{1}{10}+3\dfrac{17}{25}=$

18 $1\dfrac{3}{8}+2\dfrac{4}{7}=$

19 $6\dfrac{7}{12}+1\dfrac{3}{10}=$

20 $2\dfrac{5}{16}+2\dfrac{3}{5}=$

21 $5\dfrac{7}{10}+3\dfrac{5}{18}=$

㉒ $2\dfrac{2}{3}+2\dfrac{5}{6}=$

㉙ $3\dfrac{9}{10}+3\dfrac{1}{3}=$

㊱ $4\dfrac{16}{21}+3\dfrac{5}{9}=$

㉓ $1\dfrac{1}{4}+1\dfrac{5}{6}=$

㉚ $2\dfrac{3}{8}+3\dfrac{7}{10}=$

㊲ $1\dfrac{5}{9}+2\dfrac{5}{8}=$

㉔ $1\dfrac{1}{2}+2\dfrac{6}{7}=$

㉛ $6\dfrac{5}{14}+2\dfrac{17}{21}=$

㊳ $1\dfrac{8}{15}+1\dfrac{13}{25}=$

㉕ $1\dfrac{4}{5}+4\dfrac{2}{3}=$

㉜ $4\dfrac{3}{5}+2\dfrac{4}{9}=$

㊴ $1\dfrac{6}{7}+2\dfrac{5}{12}=$

㉖ $3\dfrac{1}{4}+1\dfrac{9}{10}=$

㉝ $1\dfrac{2}{3}+5\dfrac{7}{16}=$

㊵ $2\dfrac{3}{8}+4\dfrac{7}{11}=$

㉗ $2\dfrac{2}{3}+1\dfrac{3}{8}=$

㉞ $3\dfrac{10}{11}+1\dfrac{3}{5}=$

㊶ $3\dfrac{11}{18}+4\dfrac{17}{30}=$

㉘ $1\dfrac{3}{4}+2\dfrac{6}{7}=$

㉟ $3\dfrac{9}{14}+2\dfrac{5}{8}=$

㊷ $3\dfrac{7}{12}+3\dfrac{13}{27}=$

○ 빈칸에 알맞은 기약분수를 써넣으시오.

❶

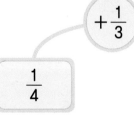

$+\dfrac{1}{3}$

$\dfrac{1}{4}$

$\dfrac{1}{4}+\dfrac{1}{3}$ 을 계산해요.

❷

$+\dfrac{3}{5}$

$\dfrac{2}{3}$

❸

$+1\dfrac{1}{6}$

$1\dfrac{2}{9}$

❹

$+1\dfrac{3}{4}$

$3\dfrac{5}{7}$

❺

$+\dfrac{5}{6}$

$\dfrac{4}{15}$

❻

$+1\dfrac{2}{7}$

$1\dfrac{2}{5}$

❼

$+\dfrac{7}{20}$

$\dfrac{3}{8}$

❽

$+1\dfrac{5}{8}$

$3\dfrac{9}{14}$

9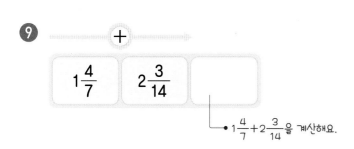

• $1\frac{4}{7}+2\frac{3}{14}$ 을 계산해요.

13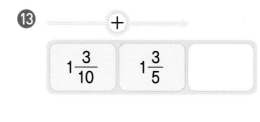

10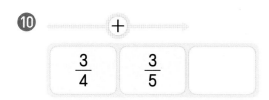

14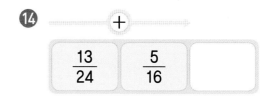

11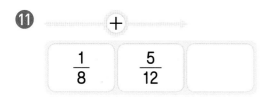

15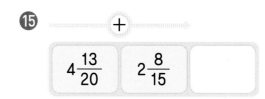

12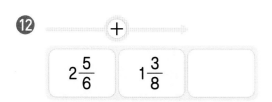

16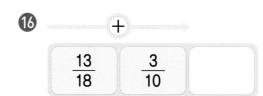

문장제 속 연산

17 선영이는 과일 가게에서 딸기 $4\frac{1}{2}$ kg과 귤 $7\frac{3}{5}$ kg을 샀습니다. 선영이가 산 딸기와 귤의 무게는 모두 몇 kg인지 구해 보시오.

두 분수의 분모가 다르니까
분수를 통분해서
계산하면 돼!

두 분모의 곱이나
최소공배수를 공통분모로
통분해서 빼면 돼!

● **진분수의 뺄셈**

[방법1] 두 분모의 곱을 공통분모로
하여 통분한 후 계산하기

$$\frac{5}{6} - \frac{3}{8} = \frac{5 \times 8}{6 \times 8} - \frac{3 \times 6}{8 \times 6}$$
$$= \frac{40}{48} - \frac{18}{48}$$
$$= \frac{22}{48} = \frac{11}{24}$$

[방법2] 두 분모의 최소공배수를 공통
분모로 하여 통분한 후 계산하기

$$\frac{5}{6} - \frac{3}{8} = \frac{5 \times 4}{6 \times 4} - \frac{3 \times 3}{8 \times 3}$$
$$= \frac{20}{24} - \frac{9}{24}$$
$$= \frac{11}{24}$$

○ 계산을 하여 기약분수로 나타내어 보시오.

1 $\dfrac{1}{2} - \dfrac{1}{3} =$

2 $\dfrac{1}{5} - \dfrac{1}{10} =$

3 $\dfrac{1}{3} - \dfrac{1}{4} =$

4 $\dfrac{1}{6} - \dfrac{1}{9} =$

5 $\dfrac{1}{5} - \dfrac{1}{7} =$

6 $\dfrac{1}{9} - \dfrac{1}{15} =$

7 $\dfrac{1}{10} - \dfrac{1}{12} =$

8 $\dfrac{3}{4} - \dfrac{1}{2} =$

9 $\dfrac{7}{9} - \dfrac{2}{3} =$

10 $\dfrac{3}{10} - \dfrac{1}{5} =$

11 $\dfrac{3}{4} - \dfrac{1}{3} =$

12 $\dfrac{5}{14} - \dfrac{2}{7} =$

13 $\dfrac{2}{3} - \dfrac{1}{5} =$

14 $\dfrac{8}{9} - \dfrac{5}{6} =$

⑮ $\dfrac{3}{4} - \dfrac{2}{5} =$

⑯ $\dfrac{3}{5} - \dfrac{7}{20} =$

⑰ $\dfrac{7}{10} - \dfrac{1}{4} =$

⑱ $\dfrac{2}{3} - \dfrac{2}{7} =$

⑲ $\dfrac{5}{8} - \dfrac{1}{3} =$

⑳ $\dfrac{7}{12} - \dfrac{3}{8} =$

㉑ $\dfrac{5}{7} - \dfrac{1}{4} =$

㉒ $\dfrac{13}{15} - \dfrac{1}{2} =$

㉓ $\dfrac{6}{7} - \dfrac{3}{5} =$

㉔ $\dfrac{8}{9} - \dfrac{3}{4} =$

㉕ $\dfrac{7}{9} - \dfrac{5}{12} =$

㉖ $\dfrac{4}{5} - \dfrac{5}{8} =$

㉗ $\dfrac{1}{6} - \dfrac{2}{21} =$

㉘ $\dfrac{5}{14} - \dfrac{1}{6} =$

㉙ $\dfrac{7}{9} - \dfrac{2}{5} =$

㉚ $\dfrac{28}{45} - \dfrac{2}{15} =$

㉛ $\dfrac{11}{16} - \dfrac{7}{12} =$

㉜ $\dfrac{9}{20} - \dfrac{7}{30} =$

㉝ $\dfrac{5}{8} - \dfrac{4}{9} =$

㉞ $\dfrac{17}{22} - \dfrac{3}{8} =$

㉟ $\dfrac{12}{13} - \dfrac{7}{8} =$

○ 계산을 하여 기약분수로 나타내어 보시오.

1 $\dfrac{1}{4} - \dfrac{1}{8} =$

2 $\dfrac{1}{2} - \dfrac{1}{7} =$

3 $\dfrac{1}{3} - \dfrac{1}{5} =$

4 $\dfrac{1}{5} - \dfrac{1}{20} =$

5 $\dfrac{1}{6} - \dfrac{1}{15} =$

6 $\dfrac{1}{8} - \dfrac{1}{10} =$

7 $\dfrac{1}{7} - \dfrac{1}{9} =$

8 $\dfrac{3}{5} - \dfrac{1}{2} =$

9 $\dfrac{7}{10} - \dfrac{1}{5} =$

10 $\dfrac{2}{3} - \dfrac{1}{4} =$

11 $\dfrac{3}{4} - \dfrac{1}{6} =$

12 $\dfrac{11}{12} - \dfrac{5}{6} =$

13 $\dfrac{3}{5} - \dfrac{1}{3} =$

14 $\dfrac{3}{8} - \dfrac{5}{16} =$

15 $\dfrac{8}{9} - \dfrac{1}{2} =$

16 $\dfrac{5}{6} - \dfrac{2}{9} =$

17 $\dfrac{4}{5} - \dfrac{3}{4} =$

18 $\dfrac{3}{4} - \dfrac{3}{10} =$

19 $\dfrac{5}{6} - \dfrac{1}{8} =$

20 $\dfrac{7}{8} - \dfrac{5}{12} =$

21 $\dfrac{11}{14} - \dfrac{1}{4} =$

정답 • 20쪽

㉒ $\dfrac{9}{10} - \dfrac{2}{3} =$

㉙ $\dfrac{5}{6} - \dfrac{2}{7} =$

㊱ $\dfrac{10}{11} - \dfrac{5}{6} =$

㉓ $\dfrac{7}{10} - \dfrac{7}{15} =$

㉚ $\dfrac{5}{14} - \dfrac{2}{21} =$

㊲ $\dfrac{7}{8} - \dfrac{4}{9} =$

㉔ $\dfrac{5}{7} - \dfrac{2}{5} =$

㉛ $\dfrac{5}{6} - \dfrac{9}{16} =$

㊳ $\dfrac{17}{24} - \dfrac{5}{36} =$

㉕ $\dfrac{3}{4} - \dfrac{4}{9} =$

㉜ $\dfrac{6}{7} - \dfrac{3}{8} =$

㊴ $\dfrac{8}{15} - \dfrac{7}{25} =$

㉖ $\dfrac{5}{12} - \dfrac{2}{9} =$

㉝ $\dfrac{14}{15} - \dfrac{3}{4} =$

㊵ $\dfrac{19}{20} - \dfrac{9}{16} =$

㉗ $\dfrac{2}{5} - \dfrac{3}{8} =$

㉞ $\dfrac{11}{12} - \dfrac{7}{10} =$

㊶ $\dfrac{5}{12} - \dfrac{3}{14} =$

㉘ $\dfrac{7}{8} - \dfrac{3}{5} =$

㉟ $\dfrac{4}{9} - \dfrac{5}{21} =$

㊷ $\dfrac{17}{32} - \dfrac{11}{24} =$

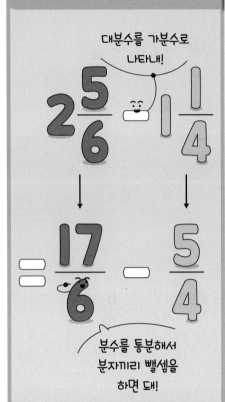

● 받아내림이 없는 분모가 다른 대분
수의 뺄셈

방법 1 자연수는 자연수끼리, 분수는
분수끼리 계산하기

$2\dfrac{5}{6}-1\dfrac{1}{4}$

$=2\dfrac{10}{12}-1\dfrac{3}{12}$

$=(2-1)+\left(\dfrac{10}{12}-\dfrac{3}{12}\right)$

$=1+\dfrac{7}{12}=1\dfrac{7}{12}$

방법 2 대분수를 가분수로 나타내어
계산하기

$2\dfrac{5}{6}-1\dfrac{1}{4}=\dfrac{17}{6}-\dfrac{5}{4}$

$=\dfrac{34}{12}-\dfrac{15}{12}$

$=\dfrac{19}{12}=1\dfrac{7}{12}$

○ 계산을 하여 기약분수로 나타내어 보시오.

1 $3\dfrac{1}{3}-2\dfrac{1}{6}=$

2 $4\dfrac{1}{2}-1\dfrac{1}{5}=$

3 $2\dfrac{1}{5}-1\dfrac{1}{15}=$

4 $4\dfrac{1}{6}-4\dfrac{1}{8}=$

5 $3\dfrac{1}{4}-1\dfrac{1}{7}=$

6 $3\dfrac{1}{9}-2\dfrac{1}{12}=$

7 $3\dfrac{1}{7}-1\dfrac{1}{10}=$

8 $8\dfrac{3}{4}-6\dfrac{1}{2}=$

9 $2\dfrac{5}{6}-1\dfrac{1}{2}=$

10 $5\dfrac{2}{3}-1\dfrac{1}{9}=$

11 $4\dfrac{2}{5}-2\dfrac{1}{10}=$

12 $2\dfrac{2}{3}-1\dfrac{1}{12}=$

13 $2\dfrac{5}{12}-1\dfrac{1}{4}=$

14 $2\dfrac{3}{5}-2\dfrac{1}{3}=$

⑮ $4\dfrac{7}{15}-2\dfrac{2}{5}=$

㉒ $5\dfrac{5}{7}-1\dfrac{1}{4}=$

㉙ $2\dfrac{7}{8}-1\dfrac{7}{10}=$

⑯ $7\dfrac{9}{16}-2\dfrac{3}{8}=$

㉓ $5\dfrac{5}{6}-5\dfrac{3}{10}=$

㉚ $3\dfrac{8}{9}-2\dfrac{4}{15}=$

⑰ $2\dfrac{3}{4}-1\dfrac{3}{10}=$

㉔ $3\dfrac{7}{10}-2\dfrac{2}{3}=$

㉛ $4\dfrac{9}{14}-2\dfrac{5}{8}=$

⑱ $7\dfrac{9}{11}-3\dfrac{1}{2}=$

㉕ $3\dfrac{5}{7}-1\dfrac{2}{5}=$

㉜ $4\dfrac{11}{15}-4\dfrac{9}{20}=$

⑲ $3\dfrac{3}{8}-3\dfrac{1}{3}=$

㉖ $6\dfrac{13}{18}-3\dfrac{5}{12}=$

㉝ $5\dfrac{6}{7}-3\dfrac{2}{9}=$

⑳ $4\dfrac{11}{12}-3\dfrac{5}{8}=$

㉗ $5\dfrac{9}{13}-1\dfrac{1}{3}=$

㉞ $6\dfrac{9}{14}-2\dfrac{3}{10}=$

㉑ $3\dfrac{19}{24}-1\dfrac{2}{3}=$

㉘ $1\dfrac{4}{5}-1\dfrac{5}{8}=$

㉟ $7\dfrac{7}{9}-2\dfrac{11}{24}=$

○ 계산을 하여 기약분수로 나타내어 보시오.

1 $3\dfrac{1}{4} - 2\dfrac{1}{12} =$

2 $5\dfrac{1}{6} - 2\dfrac{1}{9} =$

3 $1\dfrac{1}{10} - 1\dfrac{1}{20} =$

4 $4\dfrac{1}{3} - 2\dfrac{1}{7} =$

5 $3\dfrac{1}{5} - 1\dfrac{1}{6} =$

6 $3\dfrac{1}{7} - 2\dfrac{1}{8} =$

7 $4\dfrac{1}{9} - 3\dfrac{1}{10} =$

8 $5\dfrac{2}{3} - 1\dfrac{1}{2} =$

9 $3\dfrac{5}{6} - 1\dfrac{1}{3} =$

10 $4\dfrac{1}{2} - 2\dfrac{3}{8} =$

11 $4\dfrac{3}{8} - 1\dfrac{1}{4} =$

12 $5\dfrac{4}{9} - 2\dfrac{1}{3} =$

13 $2\dfrac{3}{5} - 2\dfrac{1}{2} =$

14 $5\dfrac{7}{10} - 3\dfrac{2}{5} =$

15 $5\dfrac{3}{4} - 3\dfrac{1}{3} =$

16 $6\dfrac{5}{6} - 2\dfrac{1}{12} =$

17 $4\dfrac{11}{12} - 4\dfrac{2}{3} =$

18 $7\dfrac{5}{7} - 3\dfrac{1}{2} =$

19 $3\dfrac{2}{3} - 1\dfrac{3}{5} =$

20 $8\dfrac{11}{15} - 5\dfrac{2}{3} =$

21 $6\dfrac{3}{4} - 1\dfrac{5}{16} =$

정답 · 21쪽

㉒ $6\dfrac{5}{6}-1\dfrac{5}{9}=$

㉓ $3\dfrac{3}{5}-1\dfrac{1}{4}=$

㉔ $5\dfrac{5}{7}-3\dfrac{1}{3}=$

㉕ $7\dfrac{5}{6}-4\dfrac{3}{8}=$

㉖ $3\dfrac{5}{8}-1\dfrac{5}{12}=$

㉗ $7\dfrac{7}{10}-6\dfrac{4}{15}=$

㉘ $5\dfrac{2}{3}-5\dfrac{4}{11}=$

㉙ $8\dfrac{11}{12}-5\dfrac{7}{18}=$

㉚ $6\dfrac{2}{3}-6\dfrac{4}{13}=$

㉛ $5\dfrac{7}{10}-1\dfrac{3}{8}=$

㉜ $7\dfrac{5}{14}-3\dfrac{2}{21}=$

㉝ $4\dfrac{11}{12}-1\dfrac{5}{16}=$

㉞ $4\dfrac{13}{18}-3\dfrac{7}{27}=$

㉟ $4\dfrac{4}{5}-2\dfrac{2}{11}=$

㊱ $6\dfrac{7}{12}-3\dfrac{7}{20}=$

㊲ $8\dfrac{10}{13}-2\dfrac{3}{5}=$

㊳ $3\dfrac{9}{10}-3\dfrac{12}{35}=$

㊴ $8\dfrac{25}{36}-5\dfrac{5}{24}=$

㊵ $2\dfrac{6}{7}-1\dfrac{5}{12}=$

㊶ $5\dfrac{7}{18}-2\dfrac{7}{30}=$

㊷ $8\dfrac{13}{24}-4\dfrac{15}{32}=$

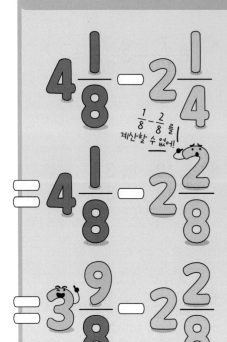

$\dfrac{1}{8}-\dfrac{2}{8}$ 를 계산할 수 없어!

자연수 부분에서 1을 받아내림하면 돼!

• 받아내림이 있는 분모가 다른 대분수의 뺄셈

방법 1 자연수는 자연수끼리, 분수는 분수끼리 계산하기

$$4\frac{1}{8}-2\frac{1}{4}$$
$$=4\frac{1}{8}-2\frac{2}{8}=3\frac{9}{8}-2\frac{2}{8}$$
$$=(3-2)+\left(\frac{9}{8}-\frac{2}{8}\right)$$
$$=1+\frac{7}{8}=1\frac{7}{8}$$

방법 2 대분수를 가분수로 나타내어 계산하기

$$4\frac{1}{8}-2\frac{1}{4}=\frac{33}{8}-\frac{9}{4}$$
$$=\frac{33}{8}-\frac{18}{8}$$
$$=\frac{15}{8}=1\frac{7}{8}$$

○ 계산을 하여 기약분수로 나타내어 보시오.

❶ $3\dfrac{1}{3}-1\dfrac{1}{2}=$

❷ $6\dfrac{1}{5}-3\dfrac{1}{3}=$

❸ $5\dfrac{1}{9}-2\dfrac{1}{6}=$

❹ $3\dfrac{1}{8}-1\dfrac{1}{3}=$

❺ $3\dfrac{1}{7}-2\dfrac{1}{4}=$

❻ $6\dfrac{1}{10}-4\dfrac{1}{8}=$

❼ $6\dfrac{3}{10}-1\dfrac{5}{9}=$

❽ $3\dfrac{1}{2}-1\dfrac{3}{4}=$

❾ $5\dfrac{1}{6}-1\dfrac{2}{3}=$

❿ $4\dfrac{1}{2}-3\dfrac{7}{8}=$

⓫ $4\dfrac{1}{8}-1\dfrac{3}{4}=$

⓬ $3\dfrac{4}{9}-1\dfrac{2}{3}=$

⓭ $8\dfrac{1}{4}-4\dfrac{2}{3}=$

⓮ $4\dfrac{1}{6}-1\dfrac{3}{4}=$

⑮ $5\dfrac{1}{3}-2\dfrac{2}{5}=$

⑯ $4\dfrac{1}{9}-1\dfrac{5}{6}=$

⑰ $6\dfrac{7}{10}-2\dfrac{3}{4}=$

⑱ $3\dfrac{1}{3}-2\dfrac{6}{7}=$

⑲ $4\dfrac{5}{8}-2\dfrac{5}{6}=$

⑳ $4\dfrac{3}{8}-3\dfrac{5}{12}=$

㉑ $5\dfrac{2}{7}-2\dfrac{3}{4}=$

㉒ $7\dfrac{1}{6}-4\dfrac{4}{5}=$

㉓ $6\dfrac{1}{15}-5\dfrac{5}{6}=$

㉔ $5\dfrac{2}{5}-1\dfrac{5}{7}=$

㉕ $5\dfrac{3}{4}-2\dfrac{7}{9}=$

㉖ $8\dfrac{4}{9}-3\dfrac{11}{12}=$

㉗ $6\dfrac{3}{5}-4\dfrac{7}{8}=$

㉘ $6\dfrac{11}{45}-2\dfrac{7}{9}=$

㉙ $7\dfrac{3}{10}-3\dfrac{18}{25}=$

㉚ $2\dfrac{2}{7}-1\dfrac{3}{8}=$

㉛ $5\dfrac{7}{12}-2\dfrac{4}{5}=$

㉜ $4\dfrac{4}{15}-2\dfrac{5}{12}=$

㉝ $4\dfrac{3}{7}-1\dfrac{9}{10}=$

㉞ $7\dfrac{5}{18}-2\dfrac{13}{24}=$

㉟ $5\dfrac{13}{27}-4\dfrac{7}{12}=$

○ 계산을 하여 기약분수로 나타내어 보시오.

❶ $4\dfrac{1}{6} - 1\dfrac{1}{2} =$

❽ $3\dfrac{1}{6} - 2\dfrac{2}{3} =$

❿❺ $3\dfrac{2}{7} - 1\dfrac{5}{14} =$

❷ $2\dfrac{1}{4} - 1\dfrac{1}{3} =$

❾ $5\dfrac{1}{4} - 3\dfrac{5}{8} =$

❻ $4\dfrac{3}{5} - 2\dfrac{2}{3} =$

❸ $4\dfrac{1}{5} - 1\dfrac{1}{4} =$

❿ $3\dfrac{2}{9} - 1\dfrac{1}{3} =$

❼ $9\dfrac{4}{15} - 4\dfrac{2}{5} =$

❹ $3\dfrac{1}{7} - 1\dfrac{1}{5} =$

⓫ $2\dfrac{1}{2} - 1\dfrac{4}{5} =$

⓲ $5\dfrac{1}{2} - 4\dfrac{7}{9} =$

❺ $4\dfrac{1}{12} - 2\dfrac{1}{9} =$

⓬ $4\dfrac{2}{5} - 1\dfrac{9}{10} =$

⓳ $6\dfrac{5}{6} - 4\dfrac{8}{9} =$

❻ $6\dfrac{1}{8} - 2\dfrac{1}{5} =$

⓭ $5\dfrac{2}{3} - 3\dfrac{3}{4} =$

⓴ $5\dfrac{3}{4} - 2\dfrac{4}{5} =$

❼ $5\dfrac{1}{14} - 1\dfrac{1}{8} =$

⓮ $7\dfrac{3}{4} - 2\dfrac{11}{12} =$

㉑ $4\dfrac{3}{8} - 3\dfrac{2}{3} =$

정답 • 22쪽

㉒ $5\dfrac{11}{24}-1\dfrac{5}{8}=$

㉓ $8\dfrac{2}{13}-4\dfrac{1}{2}=$

㉔ $3\dfrac{3}{4}-2\dfrac{6}{7}=$

㉕ $9\dfrac{3}{5}-2\dfrac{5}{6}=$

㉖ $4\dfrac{3}{10}-2\dfrac{11}{15}=$

㉗ $5\dfrac{5}{12}-1\dfrac{13}{18}=$

㉘ $6\dfrac{3}{8}-4\dfrac{4}{5}=$

㉙ $8\dfrac{3}{10}-1\dfrac{7}{8}=$

㉚ $8\dfrac{2}{7}-5\dfrac{5}{6}=$

㉛ $4\dfrac{3}{5}-1\dfrac{7}{9}=$

㉜ $6\dfrac{5}{6}-1\dfrac{15}{16}=$

㉝ $4\dfrac{3}{8}-2\dfrac{5}{7}=$

㉞ $7\dfrac{9}{20}-6\dfrac{19}{30}=$

㉟ $7\dfrac{4}{9}-2\dfrac{6}{7}=$

㊱ $5\dfrac{11}{14}-2\dfrac{4}{5}=$

㊲ $8\dfrac{4}{15}-5\dfrac{9}{25}=$

㊳ $7\dfrac{3}{20}-2\dfrac{5}{16}=$

㊴ $3\dfrac{5}{12}-1\dfrac{3}{7}=$

㊵ $4\dfrac{3}{10}-3\dfrac{13}{18}=$

㊶ $6\dfrac{2}{9}-3\dfrac{10}{11}=$

㊷ $7\dfrac{7}{24}-4\dfrac{13}{20}=$

○ 빈칸에 알맞은 기약분수를 써넣으시오.

1

$\dfrac{2}{3}$ $\quad -\dfrac{1}{6}$

$\bullet\ \dfrac{2}{3}-\dfrac{1}{6}$ 을 계산해요.

2

$4\dfrac{1}{12}$ $\quad -2\dfrac{1}{4}$

3

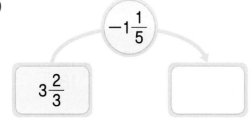

$3\dfrac{2}{3}$ $\quad -1\dfrac{1}{5}$

4

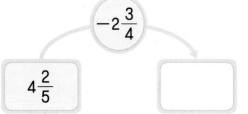

$4\dfrac{2}{5}$ $\quad -2\dfrac{3}{4}$

5

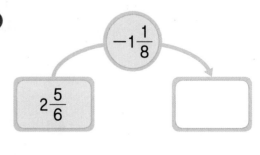

$2\dfrac{5}{6}$ $\quad -1\dfrac{1}{8}$

6

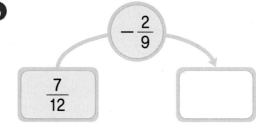

$\dfrac{7}{12}$ $\quad -\dfrac{2}{9}$

7

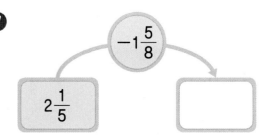

$2\dfrac{1}{5}$ $\quad -1\dfrac{5}{8}$

8

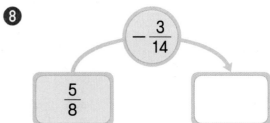

$\dfrac{5}{8}$ $\quad -\dfrac{3}{14}$

9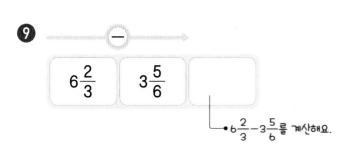

$6\dfrac{2}{3}$ － $3\dfrac{5}{6}$ □

・$6\dfrac{2}{3}-3\dfrac{5}{6}$를 계산해요.

13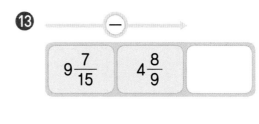

$9\dfrac{7}{15}$ － $4\dfrac{8}{9}$ □

10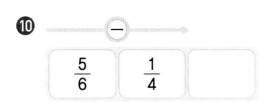

$\dfrac{5}{6}$ － $\dfrac{1}{4}$ □

14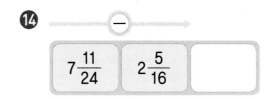

$7\dfrac{11}{24}$ － $2\dfrac{5}{16}$ □

11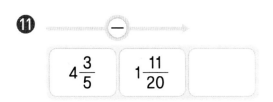

$4\dfrac{3}{5}$ － $1\dfrac{11}{20}$ □

15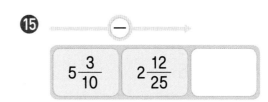

$5\dfrac{3}{10}$ － $2\dfrac{12}{25}$ □

12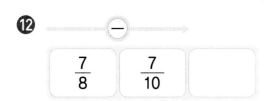

$\dfrac{7}{8}$ － $\dfrac{7}{10}$ □

16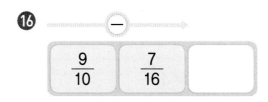

$\dfrac{9}{10}$ － $\dfrac{7}{16}$ □

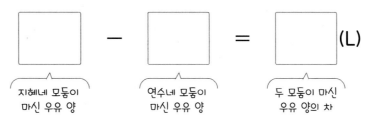 문장제 속 연산

17 우유를 지혜네 모둠은 $2\dfrac{2}{3}$ L, 연수네 모둠은 $1\dfrac{1}{2}$ L 마셨습니다. 지혜네 모둠과 연수네 모둠이 마신 우유 양의 차는 몇 L인지 구해 보시오.

□ － □ ＝ □ (L)

지혜네 모둠이　　연수네 모둠이　　두 모둠이 마신
마신 우유 양　　마신 우유 양　　우유 양의 차

원리 덧셈과 뺄셈의 관계

$$\blacktriangle + \bullet = \blacksquare \Rightarrow \begin{bmatrix} \blacktriangle = \blacksquare - \bullet \\ \bullet = \blacksquare - \blacktriangle \end{bmatrix}$$

적용 덧셈식의 어떤 수(□) 구하기

$\cdot \square + \dfrac{5}{21} = \dfrac{2}{3} \rightarrow \square = \dfrac{2}{3} - \dfrac{5}{21} = \dfrac{3}{7}$

$\cdot \dfrac{3}{7} + \square = \dfrac{2}{3} \rightarrow \square = \dfrac{2}{3} - \dfrac{3}{7} = \dfrac{5}{21}$

원리 덧셈과 뺄셈의 관계

$$\blacktriangle - \bullet = \blacksquare \Rightarrow \begin{bmatrix} \blacktriangle = \blacksquare + \bullet \\ \blacktriangle = \bullet + \blacksquare \end{bmatrix}$$

적용 뺄셈식의 어떤 수(□) 구하기

$\cdot \square - \dfrac{1}{2} = \dfrac{1}{3} \rightarrow \square = \dfrac{1}{3} + \dfrac{1}{2} = \dfrac{5}{6}$

$\cdot \dfrac{5}{6} - \square = \dfrac{1}{3} \rightarrow \dfrac{5}{6} = \dfrac{1}{3} + \square$

$\Rightarrow \square = \dfrac{5}{6} - \dfrac{1}{3} = \dfrac{1}{2}$

○ 어떤 수(□)를 구하려고 합니다. □ 안에 알맞은 기약분수를 써넣으시오.

❶ $\boxed{} + \dfrac{1}{3} = \dfrac{3}{5}$

$\dfrac{3}{5} - \dfrac{1}{3} = \boxed{}$

❹ $\boxed{} - \dfrac{2}{5} = \dfrac{1}{2}$

$\dfrac{1}{2} + \dfrac{2}{5} = \boxed{}$

❷ $\boxed{} + 3\dfrac{2}{35} = 4\dfrac{6}{7}$

$4\dfrac{6}{7} - 3\dfrac{2}{35} = \boxed{}$

❺ $\boxed{} - \dfrac{5}{8} = \dfrac{2}{3}$

$\dfrac{2}{3} + \dfrac{5}{8} = \boxed{}$

❸ $\boxed{} + 1\dfrac{5}{7} = 2\dfrac{5}{8}$

$2\dfrac{5}{8} - 1\dfrac{5}{7} = \boxed{}$

❻ $\boxed{} - 2\dfrac{1}{4} = 1\dfrac{3}{8}$

$1\dfrac{3}{8} + 2\dfrac{1}{4} = \boxed{}$

7 $\dfrac{3}{4} + \boxed{} = \dfrac{5}{6}$

$\dfrac{5}{6} - \dfrac{3}{4} = \boxed{}$

8 $\dfrac{3}{8} + \boxed{} = \dfrac{11}{12}$

$\dfrac{11}{12} - \dfrac{3}{8} = \boxed{}$

9 $2\dfrac{1}{5} + \boxed{} = 4\dfrac{2}{3}$

$4\dfrac{2}{3} - 2\dfrac{1}{5} = \boxed{}$

10 $3\dfrac{11}{24} + \boxed{} = 5\dfrac{3}{8}$

$5\dfrac{3}{8} - 3\dfrac{11}{24} = \boxed{}$

11 $2\dfrac{5}{6} + \boxed{} = 6\dfrac{1}{9}$

$6\dfrac{1}{9} - 2\dfrac{5}{6} = \boxed{}$

12 $\dfrac{7}{9} - \boxed{} = \dfrac{11}{18}$

$\dfrac{7}{9} - \dfrac{11}{18} = \boxed{}$

13 $\dfrac{53}{60} - \boxed{} = \dfrac{5}{12}$

$\dfrac{53}{60} - \dfrac{5}{12} = \boxed{}$

14 $3\dfrac{11}{20} - \boxed{} = 2\dfrac{3}{10}$

$3\dfrac{11}{20} - 2\dfrac{3}{10} = \boxed{}$

15 $5\dfrac{1}{15} - \boxed{} = 4\dfrac{1}{6}$

$5\dfrac{1}{15} - 4\dfrac{1}{6} = \boxed{}$

16 $5\dfrac{9}{16} - \boxed{} = 2\dfrac{11}{12}$

$5\dfrac{9}{16} - 2\dfrac{11}{12} = \boxed{}$

○ 계산을 하여 기약분수로 나타내어 보시오.

1　$\dfrac{1}{2} + \dfrac{1}{4} =$

2　$\dfrac{1}{6} + \dfrac{5}{9} =$

3　$\dfrac{7}{8} + \dfrac{1}{12} =$

4　$\dfrac{3}{4} + \dfrac{2}{3} =$

5　$\dfrac{4}{15} + \dfrac{9}{10} =$

6　$\dfrac{7}{9} + \dfrac{5}{12} =$

7　$\dfrac{9}{10} + \dfrac{5}{8} =$

8　$2\dfrac{1}{2} + 1\dfrac{1}{5} =$

9　$1\dfrac{2}{3} + 1\dfrac{1}{7} =$

10　$4\dfrac{7}{8} + 2\dfrac{5}{12} =$

11　$2\dfrac{5}{6} + 3\dfrac{3}{10} =$

12　$\dfrac{1}{3} - \dfrac{1}{9} =$

13　$\dfrac{7}{8} - \dfrac{3}{10} =$

14　$\dfrac{3}{14} - \dfrac{2}{21} =$

15 $4\dfrac{2}{3} - 2\dfrac{4}{9} =$

16 $2\dfrac{1}{4} - 1\dfrac{1}{6} =$

17 $3\dfrac{5}{8} - 1\dfrac{2}{5} =$

18 $5\dfrac{3}{5} - 1\dfrac{7}{10} =$

19 $3\dfrac{1}{2} - 2\dfrac{6}{7} =$

20 $5\dfrac{5}{12} - 3\dfrac{7}{8} =$

21 $6\dfrac{7}{18} - 2\dfrac{3}{4} =$

○ 빈칸에 알맞은 기약분수를 써넣으시오.

22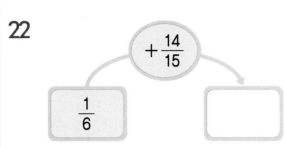

23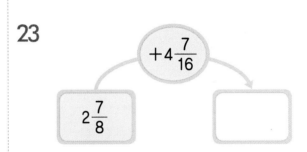

24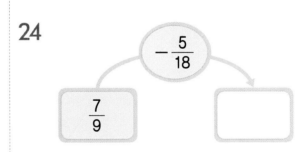

25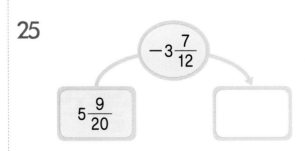

5단원의 연산 실력을 보충하고 싶다면 클리닉 북 25~30쪽을 풀어 보세요.

다각형의
둘레와 넓이

학습 내용	학습 회차	걸린 시간
1 정다각형의 둘레	1일 차	/5분
2 사각형의 둘레	2일 차	/6분
	3일 차	/7분
3 1 cm², 1 m², 1 km² 사이의 관계	4일 차	/6분
	5일 차	/7분
4 직사각형의 넓이	6일 차	/6분
	7일 차	/7분
5 평행사변형의 넓이	8일 차	/6분
	9일 차	/7분
6 삼각형의 넓이	10일 차	/8분
	11일 차	/9분
7 마름모의 넓이	12일 차	/8분
	13일 차	/9분
8 사다리꼴의 넓이	14일 차	/9분
	15일 차	/10분
평가 6. 다각형의 둘레와 넓이	16일 차	/15분

기초력 상승!

헛 둘!
헛 둘!

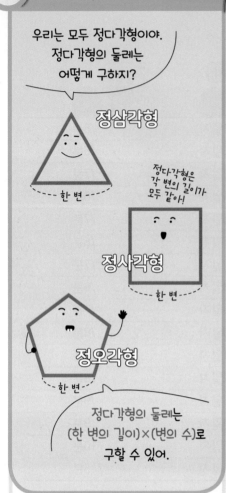

우리는 모두 정다각형이야.
정다각형의 둘레는
어떻게 구하지?

정삼각형

한 변

정다각형은
각 변의 길이가
모두 같아!

정사각형

한 변

정오각형

한 변

정다각형의 둘레는
(한 변의 길이)×(변의 수)로
구할 수 있어.

● **정다각형의 둘레**

정다각형의 각 변의 길이는 모두 같
으므로 정다각형의 한 변의 길이에
변의 수를 곱하면 둘레를 구할 수 있
습니다.

4 cm

(정삼각형의 둘레)
=(한 변의 길이)×(변의 수)
=4×3=12(cm)

○ 정다각형의 둘레를 구해 보시오.

❶
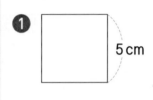

5 cm

(   )

❷
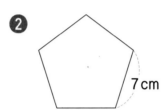

7 cm

(   )

❸
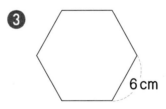

6 cm

(   )

❹
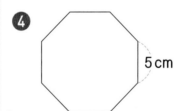

5 cm

(   )

⑤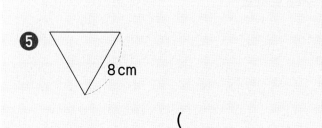

8 cm

( )

⑥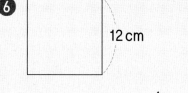

12 cm

( )

⑦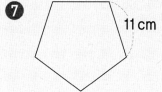

11 cm

( )

⑧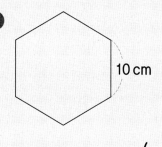

10 cm

( )

⑨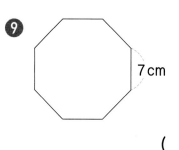

7 cm

( )

⑩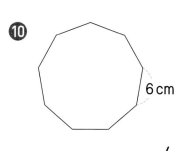

6 cm

( )

⑪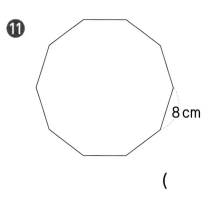

8 cm

( )

⑫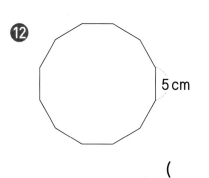

5 cm

( )

② 사각형의 둘레

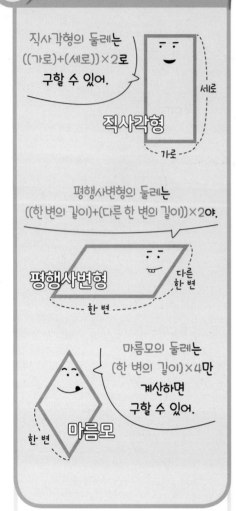

직사각형의 둘레는 ((가로)+(세로))×2로 구할 수 있어.

직사각형

평행사변형의 둘레는 ((한 변의 길이)+(다른 한 변의 길이))×2야.

평행사변형

마름모의 둘레는 (한 변의 길이)×4만 계산하면 구할 수 있어.

마름모

● **직사각형의 둘레**

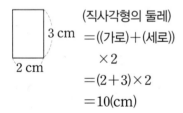

(직사각형의 둘레)
=((가로)+(세로))
　×2
=(2+3)×2
=10(cm)

● **평행사변형의 둘레**

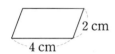

(평행사변형의 둘레)
=((한 변의 길이)
　+(다른 한 변의 길이))×2
=(4+2)×2=12(cm)

● **마름모의 둘레**

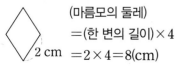

(마름모의 둘레)
=(한 변의 길이)×4
=2×4=8(cm)

○ 직사각형의 둘레를 구해 보시오.

❶

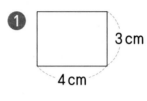

3 cm
4 cm

(　　　　　　　　　　)

❷

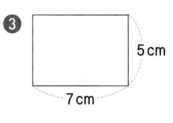

6 cm
4 cm

(　　　　　　　　　　)

❸

5 cm
7 cm

(　　　　　　　　　　)

❹

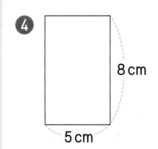

8 cm
5 cm

(　　　　　　　　　　)

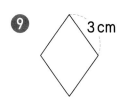

◎ 평행사변형의 둘레를 구해 보시오.

5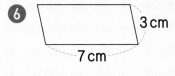

5 cm

3 cm

(   )

6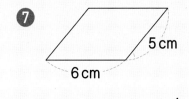

3 cm

7 cm

(   )

7

5 cm

6 cm

(   )

8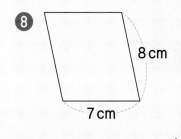

8 cm

7 cm

(   )

◎ 마름모의 둘레를 구해 보시오.

9

3 cm

(   )

10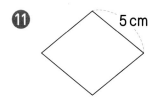

4 cm

(   )

11

5 cm

(   )

12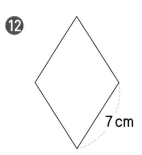

7 cm

(   )

○ 직사각형의 둘레를 구해 보시오.

1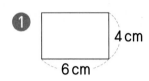

4 cm

6 cm

(   )

2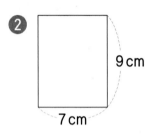

9 cm

7 cm

(   )

3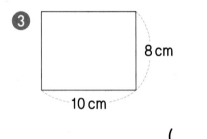

8 cm

10 cm

(   )

4

15 cm

11 cm

(   )

5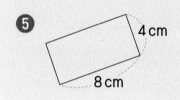

4 cm

8 cm

(   )

6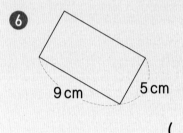

9 cm

5 cm

(   )

7

12 cm

8 cm

(   )

8

11 cm

10 cm

(   )

정답 • 24쪽

○ 평행사변형의 둘레를 구해 보시오.

9
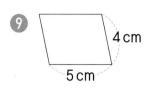
4 cm
5 cm

(   )

10
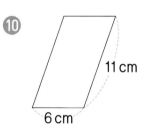
11 cm
6 cm

(   )

11
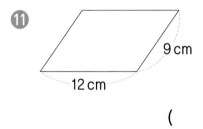
9 cm
12 cm

(   )

12
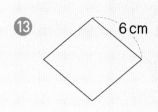
14 cm
10 cm

(   )

○ 마름모의 둘레를 구해 보시오.

13
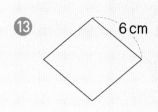
6 cm

(   )

14
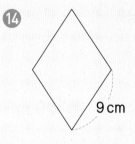
9 cm

(   )

15

12 cm

(   )

16
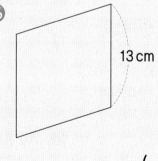
13 cm

(   )

6. 다각형의 둘레와 넓이 • **145**

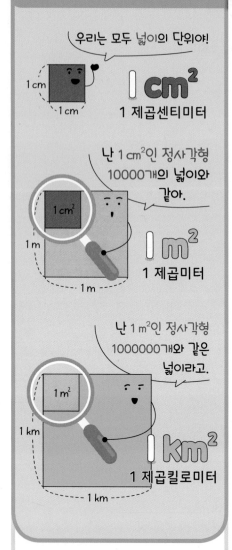

우리는 모두 넓이의 단위야!

1 cm²
1 제곱센티미터

난 1 cm²인 정사각형 10000개의 넓이와 같아.

1 m²
1 제곱미터

난 1 m²인 정사각형 1000000개와 같은 넓이라고.

1 km²
1 제곱킬로미터

• **1 cm², 1 m², 1 km² 알아보기**

• **1 cm²**(1 제곱센티미터):
한 변의 길이가 1 cm인 정사각형의 넓이

• **1 m²**(1 제곱미터):
한 변의 길이가 1 m인 정사각형의 넓이

• **1 km²**(1 제곱킬로미터):
한 변의 길이가 1 km인 정사각형의 넓이

• **단위 사이의 관계**

$$1 \text{ m}^2 = 10000 \text{ cm}^2$$

$$1 \text{ km}^2 = 1000000 \text{ m}^2$$

○ cm²와 m² 단위 사이의 관계를 알아보시오.

① $2 \text{ m}^2 = \boxed{} \text{ cm}^2$

② $14 \text{ m}^2 = \boxed{} \text{ cm}^2$

③ $29 \text{ m}^2 = \boxed{} \text{ cm}^2$

○ m²와 km² 단위 사이의 관계를 알아보시오.

④ $4 \text{ km}^2 = \boxed{} \text{ m}^2$

⑤ $23 \text{ km}^2 = \boxed{} \text{ m}^2$

⑥ $36 \text{ km}^2 = \boxed{} \text{ m}^2$

○ ☐ 안에 알맞은 수를 써넣으시오.

❼ 5 m² = ☐ cm²

❽ 68 m² = ☐ cm²

❾ 3.5 m² = ☐ cm²

❿ 90000 cm² = ☐ m²

⓫ 420000 cm² = ☐ m²

⓬ 600000 cm² = ☐ m²

⓭ 87000 cm² = ☐ m²

⓮ 3 km² = ☐ m²

⓯ 42 km² = ☐ m²

⓰ 2.7 km² = ☐ m²

⓱ 8000000 m² = ☐ km²

⓲ 31000000 m² = ☐ km²

⓳ 50000000 m² = ☐ km²

⓴ 3300000 m² = ☐ km²

○ ☐ 안에 알맞은 수를 써넣으시오.

❶ 3 m² = ☐ cm²

❷ 7 m² = ☐ cm²

❸ 11 m² = ☐ cm²

❹ 46 m² = ☐ cm²

❺ 78 m² = ☐ cm²

❻ 1.4 m² = ☐ cm²

❼ 0.5 m² = ☐ cm²

❽ 80000 cm² = ☐ m²

❾ 100000 cm² = ☐ m²

❿ 370000 cm² = ☐ m²

⓫ 630000 cm² = ☐ m²

⓬ 900000 cm² = ☐ m²

⓭ 39000 cm² = ☐ m²

⓮ 6000 cm² = ☐ m²

⑮ 2 km² = ☐ m²

⑯ 6 km² = ☐ m²

⑰ 15 km² = ☐ m²

⑱ 34 km² = ☐ m²

⑲ 79 km² = ☐ m²

⑳ 2.1 km² = ☐ m²

㉑ 1.62 km² = ☐ m²

㉒ 4000000 m² = ☐ km²

㉓ 9000000 m² = ☐ km²

㉔ 55000000 m² = ☐ km²

㉕ 68000000 m² = ☐ km²

㉖ 87000000 m² = ☐ km²

㉗ 4900000 m² = ☐ km²

㉘ 800000 m² = ☐ km²

4 직사각형의 넓이

직사각형의 넓이는
(가로)×(세로)로 구해.

세로
가로

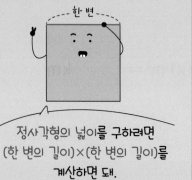

한 변

정사각형의 넓이를 구하려면
(한 변의 길이)×(한 변의 길이)를
계산하면 돼.

● 직사각형의 넓이

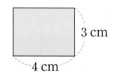

3 cm
4 cm

(직사각형의 넓이)
＝(가로)×(세로)
＝4×3＝12(cm²)

● 정사각형의 넓이

3 cm
3 cm

(정사각형의 넓이)
＝(한 변의 길이)×(한 변의 길이)
＝3×3＝9(cm²)

○ 직사각형의 넓이를 구해 보시오.

1

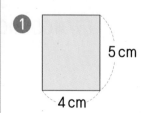

5 cm
4 cm

(   )

2

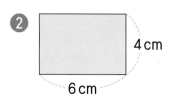

4 cm
6 cm

(   )

3

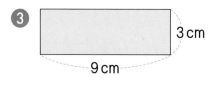

3 cm
9 cm

(   )

4

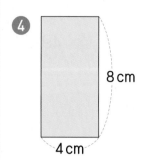

8 cm
4 cm

(   )

정답 • 25쪽

◎ 정사각형의 넓이를 구해 보시오.

⑤

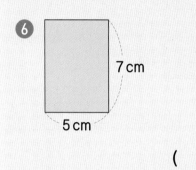

3 cm
8 cm

( )

⑨

4 cm
4 cm

( )

⑥

7 cm
5 cm

( )

⑩

7 cm
7 cm

( )

⑦

9 cm
6 cm

( )

⑪

8 cm
8 cm

( )

⑧

5 cm
12 cm

( )

⑫

10 cm
10 cm

( )

○ 직사각형의 넓이를 구해 보시오.

1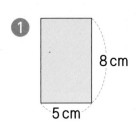

8 cm

5 cm

(   )

2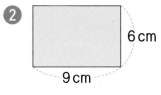

6 cm

9 cm

(   )

3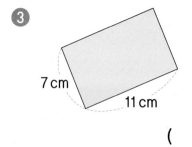

7 cm

11 cm

(   )

4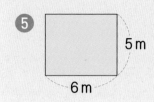

12 cm

13 cm

(   )

5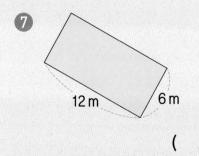

5 m

6 m

(   )

6

4 m

15 m

(   )

7

12 m   6 m

(   )

8

16 m

14 m

(   )

○ 정사각형의 넓이를 구해 보시오.

9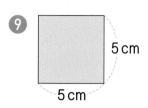
5 cm
5 cm

(   )

10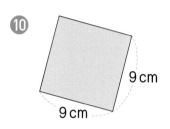
9 cm
9 cm

(   )

11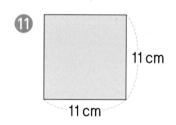
11 cm
11 cm

(   )

12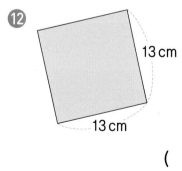
13 cm
13 cm

(   )

13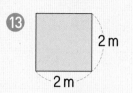
2 m
2 m

(   )

14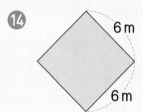
6 m
6 m

(   )

15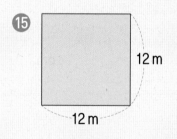
12 m
12 m

(   )

16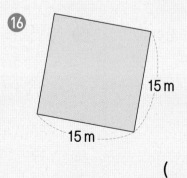
15 m
15 m

(   )

난 평행사변형!

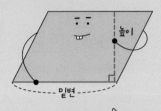

평행사변형의 넓이는
(밑변의 길이)×(높이)를
구하면 돼!

● 평행사변형의 넓이

┌ 밑변: 평행한 두 변 ⇨ 4 cm
└ 높이: 두 밑변 사이의 거리
⇨ 3 cm

(평행사변형의 넓이)
＝(밑변의 길이)×(높이)
＝$4 \times 3 = 12(cm^2)$

○ 평행사변형의 넓이를 구해 보시오.

❶

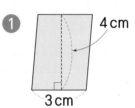

(   )

❷

3 cm
5 cm

(   )

❸

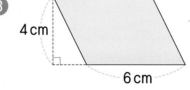

(   )

❹

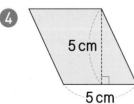

5 cm
5 cm

(   )

⑤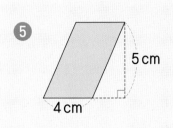

5 cm

4 cm

(   )

⑨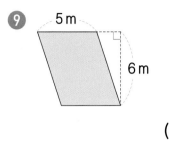

5 m

6 m

(   )

⑥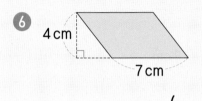

4 cm

7 cm

(   )

⑩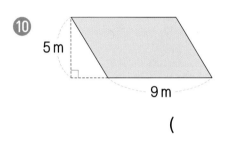

5 m

9 m

(   )

⑦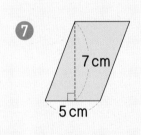

7 cm

5 cm

(   )

⑪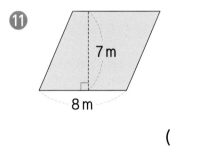

7 m

8 m

(   )

⑧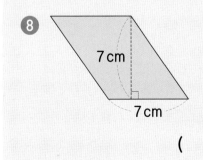

7 cm

7 cm

(   )

⑫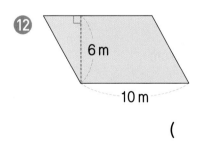

6 m

10 m

(   )

○ 평행사변형의 넓이를 구해 보시오.

1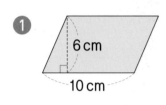

6 cm
10 cm

( )

2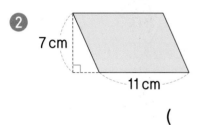

7 cm
11 cm

( )

3

12 cm 9 cm

( )

4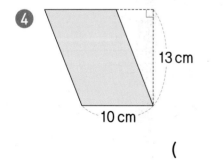

13 cm
10 cm

( )

5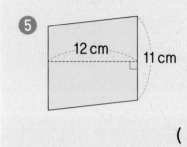

12 cm 11 cm

( )

6

8 cm
16 cm

( )

7

13 cm 11 cm

( )

8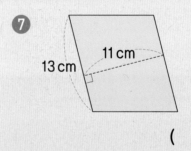

12 cm
15 cm

( )

9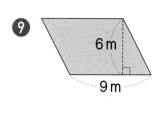

6 m
9 m

(   )

10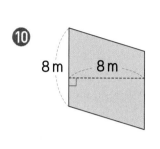

8 m   8 m

(   )

11

8 m
10 m

(   )

12

14 m
7 m

(   )

13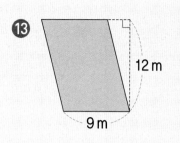

12 m
9 m

(   )

14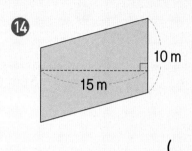

10 m
15 m

(   )

15

9 m
13 m

(   )

16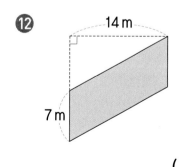

14 m
14 m

(   )

6 삼각형의 넓이

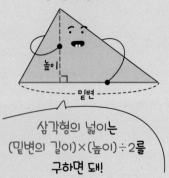

난 삼각형이야.

높이

밑변

삼각형의 넓이는
(밑변의 길이)×(높이)÷2를
구하면 돼!

● 삼각형의 넓이

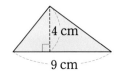

4 cm

9 cm

┌ 밑변: 어느 한 변 ⇨ 9 cm
└ 높이: 밑변과 마주 보는 꼭짓점에
　　　서 밑변에 수직으로 그은 선
　　　분의 길이 ⇨ 4 cm

(삼각형의 넓이)
＝(밑변의 길이)×(높이)÷2
＝9×4÷2＝18(cm²)

○ 삼각형의 넓이를 구해 보시오.

❶

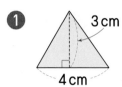

3 cm

4 cm

(　　　　　　　)

❷

4 cm

5 cm

(　　　　　　　)

❸

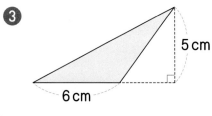

5 cm

6 cm

(　　　　　　　)

❹

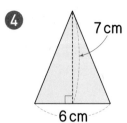

7 cm

6 cm

(　　　　　　　)

5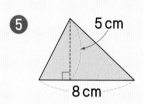

5 cm

8 cm

(   )

9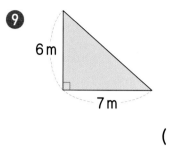

6 m

7 m

(   )

6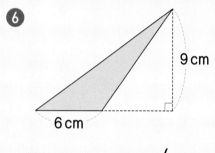

9 cm

6 cm

(   )

10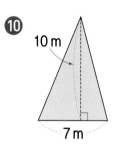

10 m

7 m

(   )

7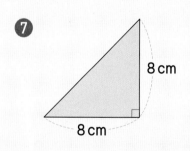

8 cm

8 cm

(   )

11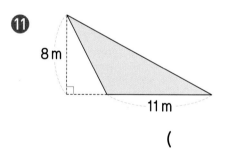

8 m

11 m

(   )

8

11 cm

6 cm

(   )

12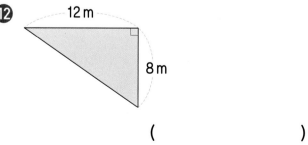

12 m

8 m

(   )

○ 삼각형의 넓이를 구해 보시오.

1
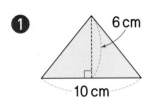
6 cm
10 cm

(   )

2
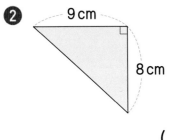
9 cm
8 cm

(   )

3
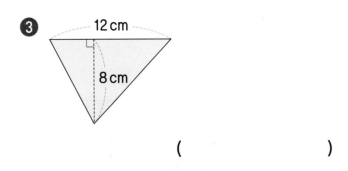
12 cm
8 cm

(   )

4
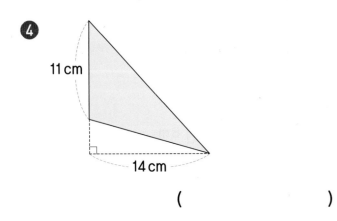
11 cm
14 cm

(   )

5
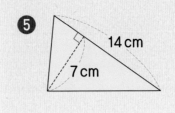
14 cm
7 cm

(   )

6
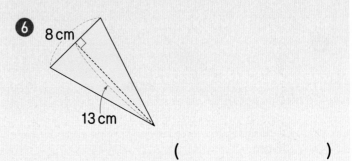
8 cm
13 cm

(   )

7
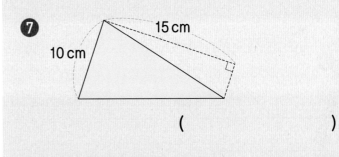
15 cm
10 cm

(   )

8
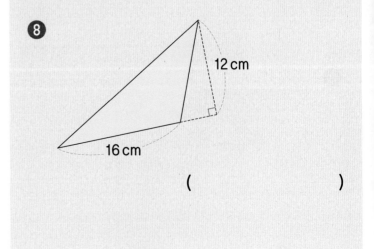
12 cm
16 cm

(   )

9

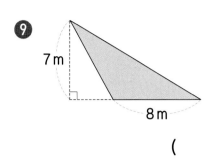

7 m

8 m

( )

13

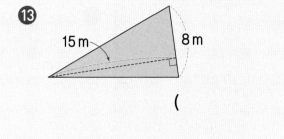

15 m   8 m

( )

10

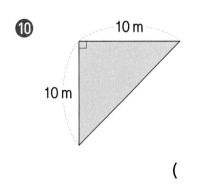

10 m

10 m

( )

14

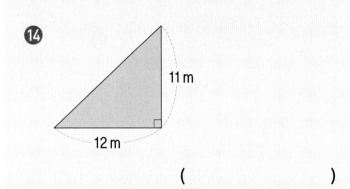

11 m

12 m

( )

11

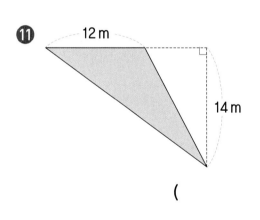

12 m

14 m

( )

15

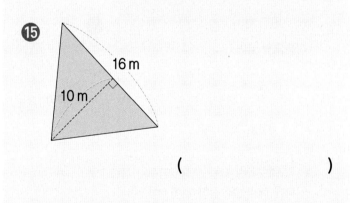

16 m

10 m

( )

12

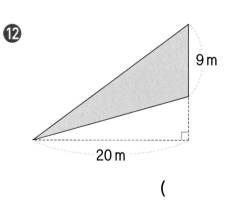

9 m

20 m

( )

16

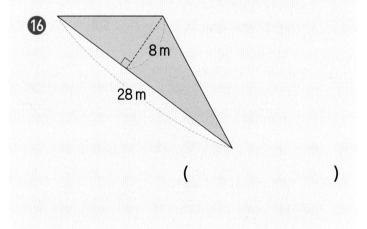

8 m

28 m

( )

난 마름모야.

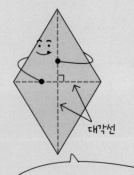

대각선

마름모의 넓이는
(한 대각선의 길이)
×(다른 대각선의 길이)÷2를
구하면 돼!

● 마름모의 넓이

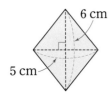

6 cm

5 cm

┌ 한 대각선의 길이 ⇨ 5 cm
└ 다른 대각선의 길이 ⇨ 6 cm

(마름모의 넓이)
＝(한 대각선의 길이)
　×(다른 대각선의 길이)÷2
＝5×6÷2＝15(cm²)

◎ 마름모의 넓이를 구해 보시오.

1
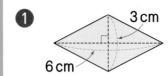
3 cm
6 cm

(　　　　　　)

2
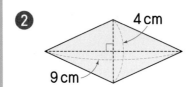
4 cm
9 cm

(　　　　　　)

3
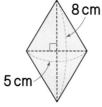
8 cm
5 cm

(　　　　　　)

4
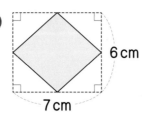
6 cm
7 cm

(　　　　　　)

5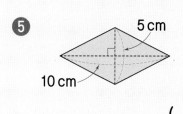

5 cm
10 cm

(   )

6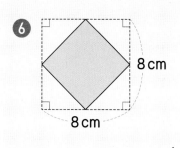

8 cm
8 cm

(   )

7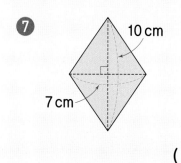

10 cm
7 cm

(   )

8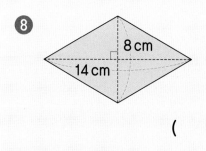

8 cm
14 cm

(   )

9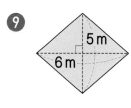

5 m
6 m

(   )

10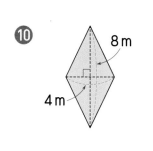

8 m
4 m

(   )

11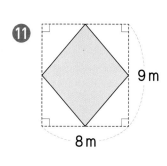

9 m
8 m

(   )

12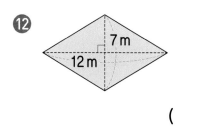

7 m
12 m

(   )

○ 마름모의 넓이를 구해 보시오.

1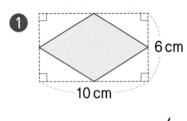

6 cm

10 cm

(   )

2

8 cm

11 cm

(   )

3

10 cm

10 cm

(   )

4

6 cm

7 cm

(   )

5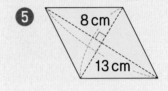

8 cm

13 cm

(   )

6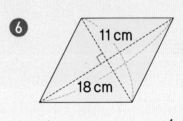

11 cm

18 cm

(   )

7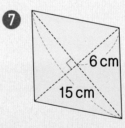

6 cm

15 cm

(   )

8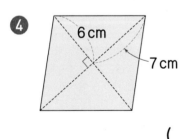

5 cm

10 cm

(   )

9
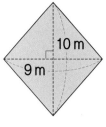
10 m
9 m

(   )

10
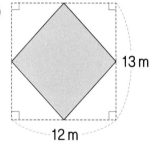
13 m
12 m

(   )

11
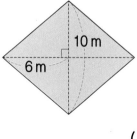
10 m
6 m

(   )

12
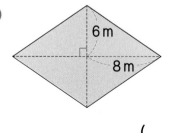
6 m
8 m

(   )

13
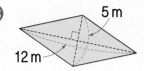
5 m
12 m

(   )

14
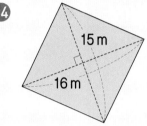
15 m
16 m

(   )

15
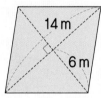
14 m
6 m

(   )

16
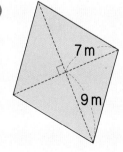
7 m
9 m

(   )

8 사다리꼴의 넓이

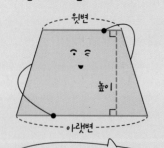

난 사다리꼴이라고 해.

윗변

높이

아랫변

사다리꼴의 넓이는
((윗변의 길이)+(아랫변의 길이))
×(높이)÷2로 구하면 돼.

● 사다리꼴의 넓이

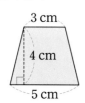

3 cm

4 cm

5 cm

• 밑변: 평행한 두 변
  ┌ 윗변 ⇨ 3 cm
  └ 아랫변 ⇨ 5 cm
• 높이: 두 밑변 사이의 거리
  ⇨ 4 cm

(사다리꼴의 넓이)
　＝((윗변의 길이)＋(아랫변의 길이))
　　×(높이)÷2
　＝(3＋5)×4÷2
　＝8×4÷2＝16(cm²)

● 사다리꼴의 넓이를 구해 보시오.

❶

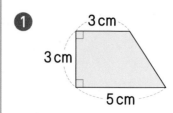

3 cm

3 cm

5 cm

(　　　　　　　　　　　)

❷

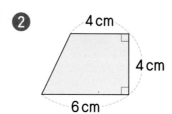

4 cm

4 cm

6 cm

(　　　　　　　　　　　)

❸

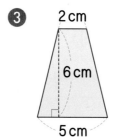

2 cm

6 cm

5 cm

(　　　　　　　　　　　)

❹

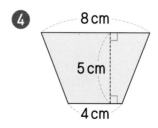

8 cm

5 cm

4 cm

(　　　　　　　　　　　)

⑤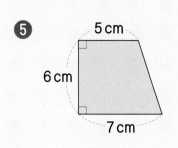

5 cm
6 cm
7 cm

(   )

⑥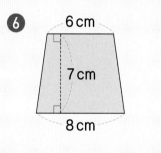

6 cm
7 cm
8 cm

(   )

⑦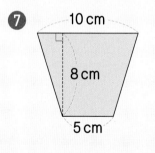

10 cm
8 cm
5 cm

(   )

⑧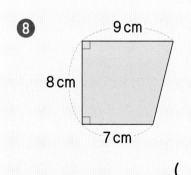

9 cm
8 cm
7 cm

(   )

⑨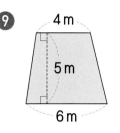

4 m
5 m
6 m

(   )

⑩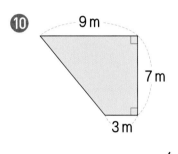

9 m
7 m
3 m

(   )

⑪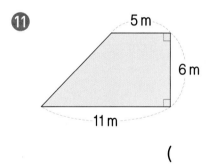

5 m
6 m
11 m

(   )

⑫

10 m
8 m
7 m

(   )

○ 사다리꼴의 넓이를 구해 보시오.

1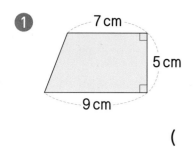

( )

2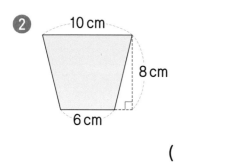

( )

3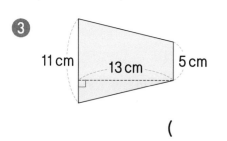

( )

4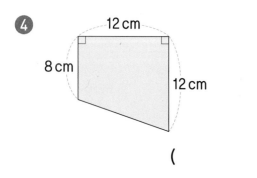

( )

5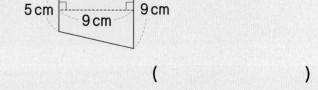

( )

6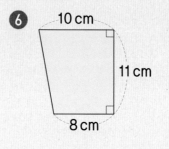

( )

7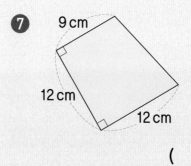

( )

8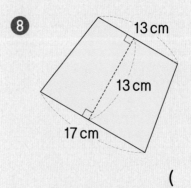

( )

9
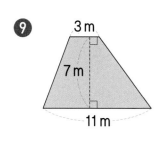
3 m
7 m
11 m

(   )

13
10 m
8 m
3 m

(   )

10
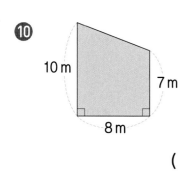
10 m
7 m
8 m

(   )

14
11 m   9 m   5 m

(   )

11
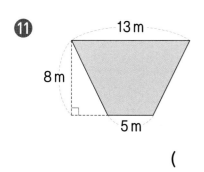
13 m
8 m
5 m

(   )

15
15 m
10 m
8 m

(   )

12
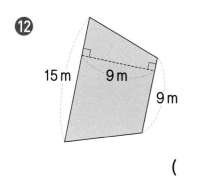
15 m   9 m   9 m

(   )

16
20 m   11 m   6 m

(   )

○ 정다각형의 둘레를 구해 보시오.

1
7 cm

(   )

2
4 cm

(   )

○ 직사각형, 평행사변형, 마름모의 둘레를 구해 보시오.

3
3 cm
6 cm

(   )

4
7 cm
5 cm

(   )

5
8 cm

(   )

○ ⬜ 안에 알맞은 수를 써넣으시오.

6 9 m² = ⬜ cm²

7 350000 cm² = ⬜ m²

8 12 km² = ⬜ m²

9 64000000 m² = ⬜ km²

○ 직사각형의 넓이를 구해 보시오.

10
6 cm
5 cm

(   )

11
7 cm
7 cm

(   )

12
3 m
11 m

(   )

○ 평행사변형의 넓이를 구해 보시오.

13
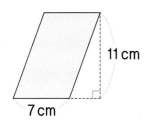
11 cm
7 cm

(   )

14
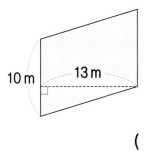
10 m
13 m

(   )

○ 삼각형의 넓이를 구해 보시오.

15
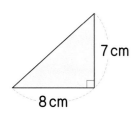
7 cm
8 cm

(   )

16
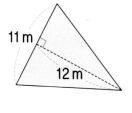
11 m
12 m

(   )

○ 마름모의 넓이를 구해 보시오.

17
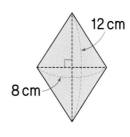
12 cm
8 cm

(   )

18
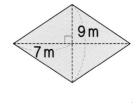
9 m
7 m

(   )

○ 사다리꼴의 넓이를 구해 보시오.

19
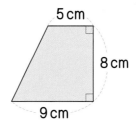
5 cm
8 cm
9 cm

(   )

20
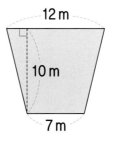
12 m
10 m
7 m

(   )

6단원의 연산 실력을 보충하고 싶다면 **클리닉 북 31~38쪽**을 풀어 보세요.

memo 슥삭! 슥삭!

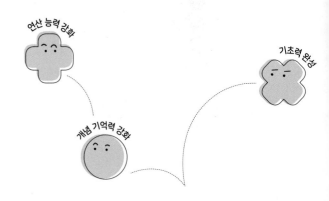

연산 능력 강화

기초력 완성

개념 기억력 강화

개념 +^{PLUS} 연산

라이트

클리닉 북

「메인 북」에서 단원별 평가 후 부족한 연산력은 「클리닉 북」에서 보완합니다.

차례 5-1

1 **덧셈과 뺄셈이 섞여 있는 식의 계산**

정답 • 28쪽

○ 계산해 보시오.

① $26+7-15=$

② $43-15+9=$

③ $52+28-21=$

④ $75-32+27=$

⑤ $24-12+7-6=$

⑥ $31+15-9+8=$

⑦ $63-45+21+12=$

⑧ $90-25-36+14=$

⑨ $25-(12+5)=$

⑩ $34-(7+17)=$

⑪ $58-(22+6)=$

⑫ $81-(43+19)=$

⑬ $46-(25-11)+37=$

⑭ $52+21-(62-15)=$

⑮ $77-(37+12)+26=$

⑯ $82+15-(23+43)=$

2 곱셈과 나눗셈이 섞여 있는 식의 계산

정답 · 28쪽

○ 계산해 보시오.

① $5 \times 6 \div 2 =$

② $24 \div 4 \times 9 =$

③ $8 \times 12 \div 6 =$

④ $32 \div 4 \times 11 =$

⑤ $9 \times 6 \div 2 \times 5 =$

⑥ $14 \div 7 \times 3 \times 8 =$

⑦ $60 \div 3 \times 4 \div 8 =$

⑧ $96 \div 6 \div 2 \times 9 =$

⑨ $30 \div (2 \times 3) =$

⑩ $40 \div (4 \times 5) =$

⑪ $56 \div (2 \times 4) =$

⑫ $75 \div (3 \times 5) =$

⑬ $14 \times 6 \div (3 \times 7) =$

⑭ $32 \times 2 \div (36 \div 9) =$

⑮ $48 \div (64 \div 8) \times 12 =$

⑯ $56 \times 4 \div (16 \times 2) =$

3 덧셈, 뺄셈, 곱셈이 섞여 있는 식의 계산

정답 · 28쪽

○ 계산해 보시오.

① $15 + 9 \times 2 =$

② $25 \times 3 - 26 =$

③ $40 - 8 \times 3 =$

④ $48 \times 2 + 7 =$

⑤ $9 + 16 \times 3 - 12 =$

⑥ $14 \times 4 + 29 - 63 =$

⑦ $31 \times 3 - 57 + 16 =$

⑧ $42 - 25 + 6 \times 8 =$

⑨ $5 \times (6 + 7) =$

⑩ $(11 - 5) \times 9 =$

⑪ $24 \times (20 - 16) =$

⑫ $(31 + 9) \times 4 =$

⑬ $9 \times 8 - (20 + 34) =$

⑭ $13 \times (51 - 45) + 16 =$

⑮ $38 + (17 - 2) \times 4 =$

⑯ $(42 + 24) \times 2 - 75 =$

4 덧셈, 뺄셈, 나눗셈이 섞여 있는 식의 계산

정답 · 28쪽

○ 계산해 보시오.

① $15+16 \div 4=$

② $34 \div 2-8=$

③ $40-12 \div 6=$

④ $84 \div 6+39=$

⑤ $24-16+28 \div 4=$

⑥ $54 \div 6-7+42=$

⑦ $64+56 \div 8-22=$

⑧ $92 \div 4+28-13=$

⑨ $24 \div (15-7)=$

⑩ $(35+5) \div 8=$

⑪ $49 \div (6+1)=$

⑫ $(63-18) \div 9=$

⑬ $25+48 \div (13-5)=$

⑭ $51 \div (22-19)+5=$

⑮ $(71-8) \div 21+33=$

⑯ $90-(36+60) \div 12=$

⑤ 덧셈, 뺄셈, 곱셈, 나눗셈이 섞여 있는 식의 계산

정답 · 28쪽

○ 계산해 보시오.

① $9 + 15 \div 5 \times 6 - 8 =$

② $10 \times 3 - 6 + 27 \div 9 =$

③ $24 \div 4 \times 6 + 30 - 17 =$

④ $27 \times 3 + 36 \div 4 - 18 =$

⑤ $35 - 10 + 4 \div 2 \times 7 =$

⑥ $55 - 12 \times 3 + 49 \div 7 =$

⑦ $62 + 84 \div 7 - 6 \times 6 =$

⑧ $68 \times 3 \div 4 - 25 + 15 =$

⑨ $10 \times (4 + 2) \div 4 - 12 =$

⑩ $13 + 6 \times 12 \div (17 - 9) =$

⑪ $(27 + 18) \div 3 - 4 \times 2 =$

⑫ $33 \times 3 - 72 \div (4 + 8) =$

⑬ $40 \div 8 \times (15 - 3) + 26 =$

⑭ $55 + (23 - 14) \times 4 \div 6 =$

⑮ $83 - (9 + 15) \times 6 \div 9 =$

⑯ $(90 - 2) \div 4 + 14 \times 7 =$

1 약수

정답 • 28쪽

○ 약수를 모두 구해 보시오.

1 4의 약수

⇨ _____

2 13의 약수

⇨ _____

3 22의 약수

⇨ _____

4 26의 약수

⇨ _____

5 34의 약수

⇨ _____

6 38의 약수

⇨ _____

7 46의 약수

⇨ _____

8 54의 약수

⇨ _____

9 64의 약수

⇨ _____

10 66의 약수

⇨ _____

11 78의 약수

⇨ _____

12 80의 약수

⇨ _____

② 배수

정답 · 29쪽

○ 배수를 가장 작은 수부터 4개 구해 보시오.

① 3의 배수

⇨ _____

② 7의 배수

⇨ _____

③ 11의 배수

⇨ _____

④ 14의 배수

⇨ _____

⑤ 23의 배수

⇨ _____

⑥ 26의 배수

⇨ _____

⑦ 35의 배수

⇨ _____

⑧ 49의 배수

⇨ _____

⑨ 52의 배수

⇨ _____

⑩ 61의 배수

⇨ _____

⑪ 75의 배수

⇨ _____

⑫ 80의 배수

⇨ _____

3 **공약수, 최대공약수** 정답 • 29쪽

○ 두 수의 약수, 공약수, 최대공약수를 각각 구해 보시오.

1 6 8

6의 약수 : _____

8의 약수 : _____

⇨ 공약수 : _____

최대공약수 : _____

2 10 15

10의 약수 : _____

15의 약수 : _____

⇨ 공약수 : _____

최대공약수 : _____

3 12 30

12의 약수 : _____

30의 약수 : _____

⇨ 공약수 : _____

최대공약수 : _____

4 20 16

20의 약수 : _____

16의 약수 : _____

⇨ 공약수 : _____

최대공약수 : _____

5 27 36

27의 약수 : _____

36의 약수 : _____

⇨ 공약수 : _____

최대공약수 : _____

6 40 56

40의 약수 : _____

56의 약수 : _____

⇨ 공약수 : _____

최대공약수 : _____

4 **곱셈식을 이용하여 최대공약수를 구하는 방법**

정답 • 29쪽

○ 두 수를 각각 여러 수의 곱으로 나타내고 최대공약수를 구해 보시오.

①   9   15

•9 = _____

•15 = _____

➪ 최대공약수: _____

②   26   39

•26 = _____

•39 = _____

➪ 최대공약수: _____

③   32   20

•32 = _____

•20 = _____

➪ 최대공약수: _____

④   35   49

•35 = _____

•49 = _____

➪ 최대공약수: _____

⑤   42   36

•42 = _____

•36 = _____

➪ 최대공약수: _____

⑥   45   60

•45 = _____

•60 = _____

➪ 최대공약수: _____

⑦   50   40

•50 = _____

•40 = _____

➪ 최대공약수: _____

⑧   72   90

•72 = _____

•90 = _____

➪ 최대공약수: _____

5 공약수를 이용하여 최대공약수를 구하는 방법

정답 · 29쪽

○ 두 수를 공약수로 나누어 보고 최대공약수를 구해 보시오.

❶) 4   14

　　⇨ 최대공약수 (　　　　　　)

❷) 9   15

　　⇨ 최대공약수 (　　　　　　)

❸) 22   55

　　⇨ 최대공약수 (　　　　　　)

❹) 28   63

　　⇨ 최대공약수 (　　　　　　)

❺) 45   15

　　⇨ 최대공약수 (　　　　　　)

❻) 54   42

　　⇨ 최대공약수 (　　　　　　)

❼) 63   27

　　⇨ 최대공약수 (　　　　　　)

❽) 70   84

　　⇨ 최대공약수 (　　　　　　)

6 공배수, 최소공배수

정답 · 29쪽

○ 두 수의 배수, 공배수, 최소공배수를 각각 구해 보시오.
  (단, 배수는 가장 작은 수부터 5개, 공배수는 가장 작은 수부터 2개만 씁니다.)

① **2   5**

　2의 배수: _____
　5의 배수: _____
⇨　　공배수: _____
　최소공배수: _____

② **8   10**

　8의 배수: _____
　10의 배수: _____
⇨　　공배수: _____
　최소공배수: _____

③ **12   16**

　12의 배수 : _____
　16의 배수: _____
⇨　　공배수: _____
　최소공배수: _____

④ **14   35**

　14의 배수 : _____
　35의 배수: _____
⇨　　공배수: _____
　최소공배수: _____

⑤ **18   24**

　18의 배수 : _____
　24의 배수: _____
⇨　　공배수: _____
　최소공배수: _____

⑥ **27   45**

　27의 배수: _____
　45의 배수: _____
⇨　　공배수: _____
　최소공배수: _____

7 **곱셈식을 이용하여 최소공배수를 구하는 방법**

정답 • 29쪽

○ 두 수를 각각 여러 수의 곱으로 나타내고 최소공배수를 구해 보시오.

❶ | 10　　14 |

· 10 ＝ _____

· 14 ＝ _____

⇨ 최소공배수: _____

❷ | 12　　54 |

· 12 ＝ _____

· 54 ＝ _____

⇨ 최소공배수: _____

❸ | 20　　25 |

· 20 ＝ _____

· 25 ＝ _____

⇨ 최소공배수: _____

❹ | 21　　28 |

· 21 ＝ _____

· 28 ＝ _____

⇨ 최소공배수: _____

❺ | 24　　18 |

· 24 ＝ _____

· 18 ＝ _____

⇨ 최소공배수: _____

❻ | 44　　66 |

· 44 ＝ _____

· 66 ＝ _____

⇨ 최소공배수: _____

❼ | 63　　42 |

· 63 ＝ _____

· 42 ＝ _____

⇨ 최소공배수: _____

❽ | 75　　60 |

· 75 ＝ _____

· 60 ＝ _____

⇨ 최소공배수: _____

8 공약수를 이용하여 최소공배수를 구하는 방법

정답 · 29쪽

○ 두 수를 공약수로 나누어 보고 최소공배수를 구해 보시오.

1) 6   15

⇨ 최소공배수 (   )

2) 10   35

⇨ 최소공배수 (   )

3) 14   16

⇨ 최소공배수 (   )

4) 26   39

⇨ 최소공배수 (   )

5) 28   70

⇨ 최소공배수 (   )

6) 36   20

⇨ 최소공배수 (   )

7) 66   99

⇨ 최소공배수 (   )

8) 72   45

⇨ 최소공배수 (   )

1 두 양 사이의 관계

정답 · 30쪽

○ 두 양 사이의 대응 관계를 찾아 보시오.

1

삼각형의 수(개)	1	2	3	4	5	……
사각형의 수(개)	3					……

⇨ 사각형의 수는 삼각형의 수의 ☐ 배입니다.

2

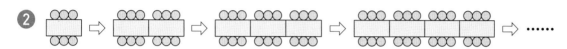

사각형의 수(개)	1	2	3	4	5	……
원의 수(개)	6					……

⇨ 원의 수는 사각형의 수의 ☐ 배입니다.

3

자전거의 수(대)	1	2	3	4	5	……
바퀴의 수(개)	2					……

⇨ 바퀴의 수는 자전거의 수의 ☐ 배입니다.

4

철봉 대의 수(개)	1	2	3	4	5	……
철봉 기둥의 수(개)	2					……

⇨ 철봉 기둥의 수는 철봉 대의 수보다 ☐ 개 더 많습니다.

2 대응 관계를 식으로 나타내기

정답 · 30쪽

○ 표를 완성하고 ■와 ▲ 사이의 대응 관계를 식으로 나타내어 보시오.

1

삼각형의 변은 3개입니다.						
삼각형의 수(개)	1	2	3	4	5	……
변의 수(개)						……

⇨ 삼각형의 수를 ■, 변의 수를 ▲라고 할 때 대응 관계를 식으로 나타내면

_____입니다.

2

피자 한 판은 똑같이 8조각으로 나누어져 있습니다.						
피자의 수(판)	1	2	3	4	5	……
조각의 수(개)						……

⇨ 피자의 수를 ■, 조각의 수를 ▲라고 할 때 대응 관계를 식으로 나타내면

_____입니다.

3

민지네 샤워기에서는 1분에 12 L의 물이 나옵니다.						
물이 나온 시간(분)	1	2	3	4	5	……
나온 물의 양(L)						……

⇨ 물이 나온 시간을 ■, 나온 물의 양을 ▲라고 할 때 대응 관계를 식으로 나타내면

_____입니다.

4

자전거가 1시간에 16 km를 달립니다.						
달린 시간(시간)	1	2	3	4	5	……
달린 거리(km)						……

⇨ 달린 시간을 ■, 달린 거리를 ▲라고 할 때 대응 관계를 식으로 나타내면

_____입니다.

3 **생활 속에서 대응 관계를 찾아 식으로 나타내기**

정답 · 30쪽

○ 그림에서 대응 관계를 찾아 식으로 나타내려고 합니다. 물음에 답하시오.

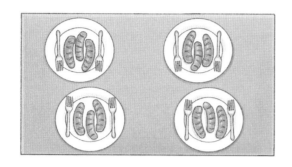 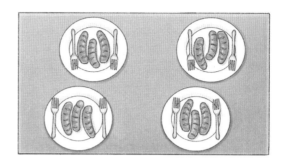

❶ 그림에서 서로 대응하는 두 양을 찾고 대응 관계를 써 보시오.

서로 대응하는 두 양		대응 관계
①	식탁의 수	접시의 수	
②	식탁의 수		
③	접시의 수		

❷ 위 **❶**에서 찾은 대응 관계를 식으로 나타내어 보시오.

①	식탁의 수를 ▦, 접시의 수를 ▲라고 할 때 대응 관계를 식으로 나타내면 [ ] 입니다.
②	식탁의 수를 ●, [ ]를 ★이라고 할 때 대응 관계를 식으로 나타내면 [ ] 입니다.
③	접시의 수를 ◆, [ ]를 ♥라고 할 때 대응 관계를 식으로 나타내면 [ ] 입니다.

크기가 같은 분수

정답 • 30쪽

○ 분모와 분자에 각각 0이 아닌 같은 수를 곱하여 크기가 같은 분수를 구하려고 합니다.
   분모가 작은 것부터 차례로 3개씩 써 보시오.

1 $\dfrac{1}{5}$ ⇨ (   )

2 $\dfrac{4}{7}$ ⇨ (   )

3 $\dfrac{3}{8}$ ⇨ (   )

4 $\dfrac{8}{9}$ ⇨ (   )

5 $\dfrac{2}{11}$ ⇨ (   )

6 $\dfrac{7}{12}$ ⇨ (   )

○ 분모와 분자를 각각 0이 아닌 같은 수로 나누어 크기가 같은 분수를 구하려고 합니다.
   분모가 큰 것부터 차례로 3개씩 써 보시오.

7 $\dfrac{8}{16}$ ⇨ (   )

8 $\dfrac{12}{18}$ ⇨ (   )

9 $\dfrac{18}{30}$ ⇨ (   )

10 $\dfrac{14}{42}$ ⇨ (   )

11 $\dfrac{48}{64}$ ⇨ (   )

12 $\dfrac{56}{70}$ ⇨ (   )

약분

정답 · 30쪽

○ 약분한 분수를 모두 써 보시오.

❶ $\dfrac{4}{12}$ ⇨ (   )

❷ $\dfrac{24}{30}$ ⇨ (   )

❸ $\dfrac{30}{40}$ ⇨ (   )

❹ $\dfrac{18}{45}$ ⇨ (   )

❺ $\dfrac{32}{56}$ ⇨ (   )

❻ $\dfrac{60}{72}$ ⇨ (   )

○ 기약분수로 나타내어 보시오.

❼ $\dfrac{6}{10}$ ⇨ (   )

❽ $\dfrac{4}{24}$ ⇨ (   )

❾ $\dfrac{10}{35}$ ⇨ (   )

❿ $\dfrac{42}{54}$ ⇨ (   )

⓫ $\dfrac{24}{64}$ ⇨ (   )

⓬ $\dfrac{72}{84}$ ⇨ (   )

3 통분

정답 • 30쪽

두 분모의 곱을 공통분모로 하여 통분해 보시오.

❶ $\left(\dfrac{1}{3}, \dfrac{1}{5} \right) \Rightarrow ($, $)$

❷ $\left(\dfrac{4}{9}, \dfrac{1}{2} \right) \Rightarrow ($, $)$

❸ $\left(\dfrac{5}{7}, \dfrac{3}{4} \right) \Rightarrow ($, $)$

❹ $\left(\dfrac{3}{5}, \dfrac{1}{8} \right) \Rightarrow ($, $)$

❺ $\left(\dfrac{2}{15}, \dfrac{2}{3} \right) \Rightarrow ($, $)$

❻ $\left(\dfrac{1}{4}, \dfrac{5}{12} \right) \Rightarrow ($, $)$

두 분모의 최소공배수를 공통분모로 하여 통분해 보시오.

❼ $\left(\dfrac{1}{4}, \dfrac{3}{8} \right) \Rightarrow ($, $)$

❽ $\left(\dfrac{1}{6}, \dfrac{3}{10} \right) \Rightarrow ($, $)$

❾ $\left(\dfrac{5}{9}, \dfrac{7}{12} \right) \Rightarrow ($, $)$

❿ $\left(\dfrac{9}{14}, \dfrac{4}{21} \right) \Rightarrow ($, $)$

⓫ $\left(\dfrac{5}{12}, \dfrac{8}{15} \right) \Rightarrow ($, $)$

⓬ $\left(\dfrac{3}{16}, \dfrac{9}{20} \right) \Rightarrow ($, $)$

분수의 크기 비교

정답 · 30쪽

◎ 분수의 크기를 비교하여 ◯ 안에 >, =, <를 알맞게 써넣으시오.

① $\dfrac{1}{2}$ ◯ $\dfrac{2}{5}$

② $\dfrac{2}{3}$ ◯ $\dfrac{3}{4}$

③ $\dfrac{3}{5}$ ◯ $\dfrac{5}{8}$

④ $\dfrac{5}{6}$ ◯ $\dfrac{7}{9}$

⑤ $\dfrac{3}{7}$ ◯ $\dfrac{5}{12}$

⑥ $\dfrac{4}{9}$ ◯ $\dfrac{11}{18}$

⑦ $\dfrac{3}{4}$ ◯ $\dfrac{9}{14}$

⑧ $\dfrac{5}{8}$ ◯ $\dfrac{7}{12}$

⑨ $\dfrac{9}{10}$ ◯ $\dfrac{13}{15}$

⑩ $\dfrac{17}{20}$ ◯ $\dfrac{7}{8}$

⑪ $\dfrac{9}{14}$ ◯ $\dfrac{19}{28}$

⑫ $\dfrac{2}{9}$ ◯ $\dfrac{7}{15}$

⑬ $\dfrac{7}{24}$ ◯ $\dfrac{9}{32}$

⑭ $\dfrac{11}{35}$ ◯ $\dfrac{2}{7}$

⑮ $\dfrac{1}{4}$ ◯ $\dfrac{5}{18}$

⑯ $\dfrac{16}{21}$ ◯ $\dfrac{7}{9}$

⑰ $\dfrac{7}{18}$ ◯ $\dfrac{3}{8}$

⑱ $\dfrac{5}{12}$ ◯ $\dfrac{3}{10}$

⑲ $\dfrac{5}{6}$ ◯ $\dfrac{17}{21}$

⑳ $\dfrac{9}{16}$ ◯ $\dfrac{23}{30}$

㉑ $\dfrac{6}{25}$ ◯ $\dfrac{9}{20}$

5 분수와 소수의 크기 비교

정답 • 31쪽

○ 분수와 소수의 크기를 비교하여 ◯ 안에 ＞, ＝, ＜를 알맞게 써넣으시오.

① $\dfrac{1}{2}$ ◯ 0.7

② $\dfrac{1}{5}$ ◯ 0.5

③ $\dfrac{3}{4}$ ◯ 0.7

④ $\dfrac{13}{20}$ ◯ 0.6

⑤ $\dfrac{8}{25}$ ◯ 0.15

⑥ $\dfrac{13}{50}$ ◯ 0.26

⑦ 0.4 ◯ $\dfrac{3}{5}$

⑧ 0.25 ◯ $\dfrac{1}{4}$

⑨ 0.6 ◯ $\dfrac{3}{20}$

⑩ 0.72 ◯ $\dfrac{16}{25}$

⑪ 0.3 ◯ $\dfrac{17}{40}$

⑫ 0.4 ◯ $\dfrac{9}{50}$

⑬ $1\dfrac{4}{5}$ ◯ 1.8

⑭ $3\dfrac{1}{4}$ ◯ 3.2

⑮ $1\dfrac{9}{25}$ ◯ 1.38

⑯ $2\dfrac{41}{50}$ ◯ 2.85

⑰ $2\dfrac{11}{20}$ ◯ 2.5

⑱ $1\dfrac{7}{30}$ ◯ 1.3

⑲ 1.6 ◯ $1\dfrac{1}{8}$

⑳ 3.5 ◯ $3\dfrac{13}{25}$

㉑ 2.9 ◯ $2\dfrac{6}{7}$

1 받아올림이 없는 분모가 다른 진분수의 덧셈

정답 · 31쪽

○ 계산을 하여 기약분수로 나타내어 보시오.

① $\dfrac{1}{3} + \dfrac{1}{4} =$

② $\dfrac{1}{4} + \dfrac{1}{10} =$

③ $\dfrac{1}{5} + \dfrac{1}{6} =$

④ $\dfrac{1}{6} + \dfrac{1}{8} =$

⑤ $\dfrac{1}{9} + \dfrac{1}{4} =$

⑥ $\dfrac{1}{8} + \dfrac{1}{10} =$

⑦ $\dfrac{3}{8} + \dfrac{1}{4} =$

⑧ $\dfrac{4}{9} + \dfrac{1}{3} =$

⑨ $\dfrac{1}{2} + \dfrac{2}{7} =$

⑩ $\dfrac{4}{5} + \dfrac{2}{15} =$

⑪ $\dfrac{3}{16} + \dfrac{3}{8} =$

⑫ $\dfrac{1}{4} + \dfrac{2}{5} =$

⑬ $\dfrac{1}{3} + \dfrac{3}{8} =$

⑭ $\dfrac{4}{5} + \dfrac{1}{7} =$

⑮ $\dfrac{2}{9} + \dfrac{5}{12} =$

⑯ $\dfrac{3}{5} + \dfrac{1}{8} =$

⑰ $\dfrac{1}{14} + \dfrac{5}{6} =$

⑱ $\dfrac{7}{12} + \dfrac{5}{16} =$

⑲ $\dfrac{9}{25} + \dfrac{3}{10} =$

⑳ $\dfrac{7}{20} + \dfrac{7}{30} =$

㉑ $\dfrac{2}{11} + \dfrac{3}{7} =$

2 받아올림이 있는 분모가 다른 진분수의 덧셈

정답 • 31쪽

○ 계산을 하여 기약분수로 나타내어 보시오.

① $\dfrac{2}{3} + \dfrac{4}{9} =$

② $\dfrac{9}{10} + \dfrac{4}{5} =$

③ $\dfrac{1}{2} + \dfrac{8}{9} =$

④ $\dfrac{7}{10} + \dfrac{3}{4} =$

⑤ $\dfrac{3}{8} + \dfrac{5}{6} =$

⑥ $\dfrac{3}{4} + \dfrac{5}{7} =$

⑦ $\dfrac{13}{15} + \dfrac{3}{10} =$

⑧ $\dfrac{1}{5} + \dfrac{6}{7} =$

⑨ $\dfrac{17}{18} + \dfrac{1}{4} =$

⑩ $\dfrac{7}{12} + \dfrac{11}{18} =$

⑪ $\dfrac{1}{8} + \dfrac{19}{20} =$

⑫ $\dfrac{7}{8} + \dfrac{3}{5} =$

⑬ $\dfrac{5}{14} + \dfrac{5}{6} =$

⑭ $\dfrac{5}{9} + \dfrac{11}{15} =$

⑮ $\dfrac{7}{16} + \dfrac{5}{6} =$

⑯ $\dfrac{12}{25} + \dfrac{31}{50} =$

⑰ $\dfrac{17}{20} + \dfrac{1}{6} =$

⑱ $\dfrac{18}{35} + \dfrac{7}{10} =$

⑲ $\dfrac{17}{18} + \dfrac{5}{8} =$

⑳ $\dfrac{9}{16} + \dfrac{13}{20} =$

㉑ $\dfrac{25}{32} + \dfrac{11}{24} =$

3 대분수의 덧셈

정답 • 31쪽

○ 계산을 하여 기약분수로 나타내어 보시오.

① $2\dfrac{1}{7}+1\dfrac{1}{2}=$

② $1\dfrac{1}{6}+2\dfrac{1}{8}=$

③ $2\dfrac{1}{9}+2\dfrac{1}{15}=$

④ $2\dfrac{1}{4}+2\dfrac{5}{8}=$

⑤ $1\dfrac{3}{5}+1\dfrac{1}{4}=$

⑥ $2\dfrac{2}{15}+5\dfrac{1}{10}=$

⑦ $1\dfrac{1}{9}+6\dfrac{7}{12}=$

⑧ $3\dfrac{5}{24}+3\dfrac{4}{9}=$

⑨ $3\dfrac{5}{14}+3\dfrac{5}{12}=$

⑩ $3\dfrac{7}{9}+1\dfrac{1}{3}=$

⑪ $3\dfrac{10}{21}+4\dfrac{6}{7}=$

⑫ $2\dfrac{5}{8}+3\dfrac{2}{3}=$

⑬ $1\dfrac{5}{6}+4\dfrac{4}{5}=$

⑭ $2\dfrac{1}{12}+3\dfrac{17}{18}=$

⑮ $4\dfrac{7}{10}+3\dfrac{5}{8}=$

⑯ $4\dfrac{3}{7}+2\dfrac{5}{6}=$

⑰ $5\dfrac{4}{11}+2\dfrac{3}{4}=$

⑱ $3\dfrac{1}{6}+2\dfrac{26}{27}=$

⑲ $2\dfrac{18}{35}+4\dfrac{9}{14}=$

⑳ $4\dfrac{7}{10}+1\dfrac{9}{16}=$

㉑ $3\dfrac{7}{12}+4\dfrac{15}{32}=$

4 진분수의 뺄셈

정답 • 31쪽

○ 계산을 하여 기약분수로 나타내어 보시오.

① $\dfrac{1}{2} - \dfrac{1}{12} =$

② $\dfrac{1}{4} - \dfrac{1}{5} =$

③ $\dfrac{1}{3} - \dfrac{1}{7} =$

④ $\dfrac{1}{5} - \dfrac{1}{8} =$

⑤ $\dfrac{1}{4} - \dfrac{1}{11} =$

⑥ $\dfrac{1}{15} - \dfrac{1}{20} =$

⑦ $\dfrac{3}{4} - \dfrac{5}{8} =$

⑧ $\dfrac{2}{3} - \dfrac{3}{5} =$

⑨ $\dfrac{5}{6} - \dfrac{2}{9} =$

⑩ $\dfrac{5}{7} - \dfrac{1}{3} =$

⑪ $\dfrac{9}{10} - \dfrac{5}{6} =$

⑫ $\dfrac{3}{4} - \dfrac{7}{18} =$

⑬ $\dfrac{13}{20} - \dfrac{3}{8} =$

⑭ $\dfrac{6}{7} - \dfrac{1}{6} =$

⑮ $\dfrac{8}{15} - \dfrac{4}{9} =$

⑯ $\dfrac{9}{16} - \dfrac{5}{24} =$

⑰ $\dfrac{21}{25} - \dfrac{7}{10} =$

⑱ $\dfrac{7}{11} - \dfrac{3}{5} =$

⑲ $\dfrac{29}{30} - \dfrac{11}{12} =$

⑳ $\dfrac{11}{14} - \dfrac{3}{10} =$

㉑ $\dfrac{13}{18} - \dfrac{7}{24} =$

5 받아내림이 없는 분모가 다른 대분수의 뺄셈

정답 · 31쪽

○ 계산을 하여 기약분수로 나타내어 보시오.

① $3\frac{1}{4}-1\frac{1}{10}=$

② $2\frac{1}{4}-1\frac{1}{7}=$

③ $5\frac{1}{4}-4\frac{1}{18}=$

④ $4\frac{1}{5}-2\frac{1}{8}=$

⑤ $7\frac{1}{5}-3\frac{1}{9}=$

⑥ $6\frac{1}{6}-1\frac{1}{20}=$

⑦ $3\frac{2}{3}-1\frac{2}{5}=$

⑧ $2\frac{4}{5}-1\frac{1}{4}=$

⑨ $5\frac{17}{20}-2\frac{3}{4}=$

⑩ $3\frac{5}{6}-2\frac{5}{8}=$

⑪ $6\frac{8}{15}-2\frac{3}{10}=$

⑫ $4\frac{4}{9}-1\frac{5}{12}=$

⑬ $5\frac{7}{10}-2\frac{5}{8}=$

⑭ $7\frac{9}{16}-1\frac{5}{24}=$

⑮ $4\frac{7}{8}-3\frac{6}{7}=$

⑯ $6\frac{11}{12}-5\frac{3}{5}=$

⑰ $8\frac{19}{30}-2\frac{11}{20}=$

⑱ $6\frac{7}{9}-3\frac{8}{21}=$

⑲ $7\frac{7}{24}-5\frac{7}{36}=$

⑳ $8\frac{11}{15}-6\frac{4}{25}=$

㉑ $8\frac{13}{24}-4\frac{9}{20}=$

6 받아내림이 있는 분모가 다른 대분수의 뺄셈

정답 · 32쪽

○ 계산을 하여 기약분수로 나타내어 보시오.

① $2\dfrac{1}{5}-1\dfrac{1}{4}=$

② $2\dfrac{1}{9}-1\dfrac{1}{5}=$

③ $3\dfrac{1}{20}-1\dfrac{1}{15}=$

④ $3\dfrac{2}{7}-2\dfrac{1}{2}=$

⑤ $4\dfrac{3}{4}-1\dfrac{9}{10}=$

⑥ $5\dfrac{7}{25}-2\dfrac{3}{5}=$

⑦ $7\dfrac{20}{27}-4\dfrac{8}{9}=$

⑧ $3\dfrac{1}{10}-1\dfrac{4}{15}=$

⑨ $3\dfrac{1}{3}-2\dfrac{8}{11}=$

⑩ $3\dfrac{6}{35}-1\dfrac{5}{7}=$

⑪ $5\dfrac{5}{18}-3\dfrac{3}{4}=$

⑫ $4\dfrac{3}{7}-1\dfrac{5}{6}=$

⑬ $7\dfrac{1}{6}-3\dfrac{16}{21}=$

⑭ $4\dfrac{7}{12}-2\dfrac{13}{16}=$

⑮ $6\dfrac{11}{50}-2\dfrac{7}{10}=$

⑯ $5\dfrac{5}{12}-4\dfrac{11}{20}=$

⑰ $6\dfrac{3}{10}-1\dfrac{11}{14}=$

⑱ $4\dfrac{2}{9}-2\dfrac{3}{8}=$

⑲ $6\dfrac{10}{39}-4\dfrac{15}{26}=$

⑳ $8\dfrac{3}{10}-4\dfrac{13}{16}=$

㉑ $9\dfrac{7}{45}-6\dfrac{23}{30}=$

1 정다각형의 둘레

정답 • 32쪽

○ 정다각형의 둘레를 구해 보시오.

1 9 cm

( )

2 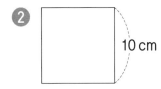 10 cm

( )

3 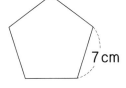 7 cm

( )

4  8 cm

( )

5 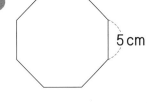 5 cm

( )

6 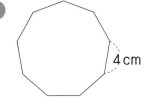 4 cm

( )

7 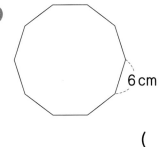 6 cm

( )

8 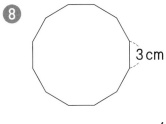 3 cm

( )

사각형의 둘레

정답 · 32쪽

○ 직사각형, 평행사변형, 마름모의 둘레를 구해 보시오.

❶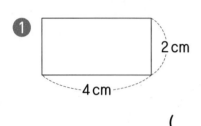

2 cm
4 cm

(   )

❷

7 cm
6 cm

(   )

❸

6 cm
9 cm

(   )

❹

6 cm
3 cm

(   )

❺

4 cm
7 cm

(   )

❻

8 cm
10 cm

(   )

❼

4 cm

(   )

❽

7 cm

(   )

3 1 cm^2, 1 m^2, 1 km^2 사이의 관계

정답 • 32쪽

○ ☐ 안에 알맞은 수를 써넣으시오.

① $4 \text{ m}^2 = $ ☐ cm^2

② $12 \text{ m}^2 = $ ☐ cm^2

③ $31 \text{ m}^2 = $ ☐ cm^2

④ $1.7 \text{ m}^2 = $ ☐ cm^2

⑤ $60000 \text{ cm}^2 = $ ☐ m^2

⑥ $350000 \text{ cm}^2 = $ ☐ m^2

⑦ $680000 \text{ cm}^2 = $ ☐ m^2

⑧ $49000 \text{ cm}^2 = $ ☐ m^2

⑨ $5 \text{ km}^2 = $ ☐ m^2

⑩ $14 \text{ km}^2 = $ ☐ m^2

⑪ $53 \text{ km}^2 = $ ☐ m^2

⑫ $2.5 \text{ km}^2 = $ ☐ m^2

⑬ $7000000 \text{ m}^2 = $ ☐ km^2

⑭ $22000000 \text{ m}^2 = $ ☐ km^2

⑮ $36000000 \text{ m}^2 = $ ☐ km^2

⑯ $5800000 \text{ m}^2 = $ ☐ km^2

직사각형의 넓이

정답 • 32쪽

○ 직사각형과 정사각형의 넓이를 구해 보시오.

1
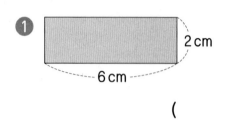

2 cm
6 cm

(   )

2
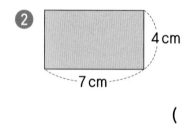

4 cm
7 cm

(   )

3
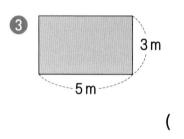

3 m
5 m

(   )

4
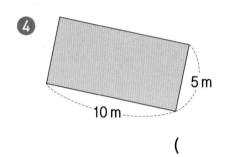

5 m
10 m

(   )

5
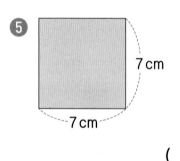

7 cm
7 cm

(   )

6
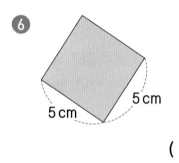

5 cm
5 cm

(   )

7
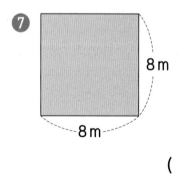

8 m
8 m

(   )

8
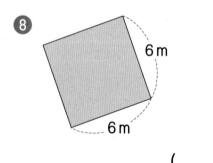

6 m
6 m

(   )

5 평행사변형의 넓이

정답 · 32쪽

○ 평행사변형의 넓이를 구해 보시오.

1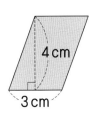

4 cm
3 cm

(   )

2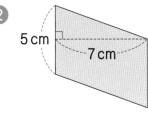

5 cm
7 cm

(   )

3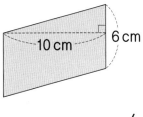

10 cm   6 cm

(   )

4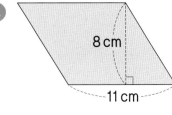

8 cm
11 cm

(   )

5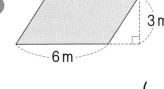

3 m
6 m

(   )

6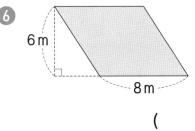

6 m
8 m

(   )

7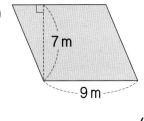

7 m
9 m

(   )

8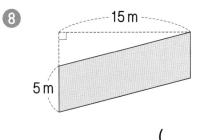

15 m
5 m

(   )

6 삼각형의 넓이

정답 • 32쪽

○ 삼각형의 넓이를 구해 보시오.

1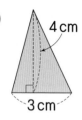
4 cm
3 cm

(   )

2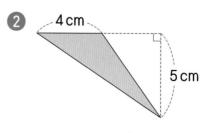
4 cm
5 cm

(   )

3
6 cm
8 cm

(   )

4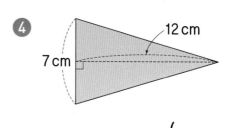
12 cm
7 cm

(   )

5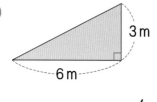
3 m
6 m

(   )

6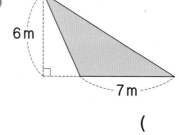
6 m
7 m

(   )

7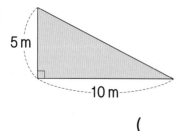
5 m
10 m

(   )

8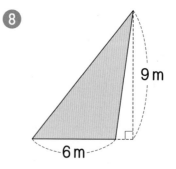
9 m
6 m

(   )

7 마름모의 넓이

정답 • 32쪽

○ 마름모의 넓이를 구해 보시오.

1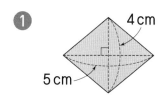
4 cm
5 cm

(   )

2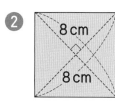
8 cm
8 cm

(   )

3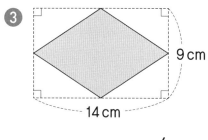
9 cm
14 cm

(   )

4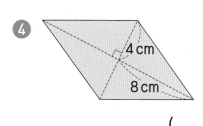
4 cm
8 cm

(   )

5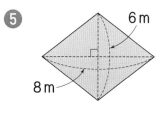
6 m
8 m

(   )

6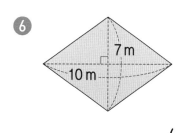
7 m
10 m

(   )

7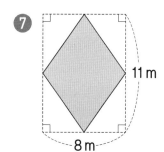
11 m
8 m

(   )

8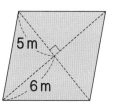
5 m
6 m

(   )

8 사다리꼴의 넓이

정답 · 32쪽

○ 사다리꼴의 넓이를 구해 보시오.

1

3 cm
4 cm
6 cm

(   )

2

6 cm
4 cm
8 cm

(   )

3

9 cm
6 cm
5 cm

(   )

4

10 cm
8 cm
9 cm

(   )

5

5 m
5 m
7 m

(   )

6

7 m
6 m
9 m

(   )

7

11 m
8 m
5 m

(   )

8

12 m
9 m
8 m

(   )

개념 ✚ 연산

정답

초등수학

9 단계

5·1

1. 자연수의 혼합 계산

① 덧셈과 뺄셈이 섞여 있는 식의 계산

1일차

8쪽		9쪽	
❶ 17	❽ 23	⓯ 8	㉒ 43
❷ 19	❾ 18	⓰ 13	㉓ 26
❸ 54	❿ 50	⓱ 19	㉔ 65
❹ 28	⓫ 58	⓲ 16	㉕ 45
❺ 36	⓬ 74	⓳ 24	㉖ 10
❻ 40	⓭ 76	⓴ 28	㉗ 27
❼ 59	⓮ 93	㉑ 39	㉘ 75

2일차

10쪽		11쪽	
❶ 16	❽ 9	⓯ 15	㉒ 31
❷ 23	❾ 55	⓰ 18	㉓ 66
❸ 60	❿ 63	⓱ 29	㉔ 63
❹ 79	⓫ 77	⓲ 32	㉕ 44
❺ 67	⓬ 84	⓳ 41	㉖ 28
❻ 71	⓭ 44	⓴ 31	㉗ 16
❼ 88	⓮ 38	㉑ 59	㉘ 99

② 곱셈과 나눗셈이 섞여 있는 식의 계산

3일차

12쪽		13쪽	
❶ 12	❽ 16	⓯ 2	㉒ 8
❷ 16	❾ 12	⓰ 5	㉓ 16
❸ 5	❿ 35	⓱ 7	㉔ 20
❹ 35	⓫ 10	⓲ 3	㉕ 63
❺ 20	⓬ 15	⓳ 8	㉖ 15
❻ 92	⓭ 30	⓴ 4	㉗ 3
❼ 10	⓮ 24	㉑ 3	㉘ 4

14쪽

❶ 16
❷ 12
❸ 35
❹ 63
❺ 20
❻ 72
❼ 30
❽ 15
❾ 48
❿ 84
⓫ 60
⓬ 12
⓭ 18
⓮ 39

15쪽

⓯ 2
⓰ 9
⓱ 4
⓲ 7
⓳ 6
⓴ 5
㉑ 11
㉒ 6
㉓ 33
㉔ 45
㉕ 12
㉖ 18
㉗ 4
㉘ 5

①~② 다르게 풀기

16쪽

❶ 40, 10
❷ 47, 33
❸ 60, 34
❹ 78, 26
❺ 123, 59
❻ 8, 2
❼ 64, 4
❽ 175, 7
❾ 72, 2
❿ 45, 5

17쪽

⓫ 26, 34
⓬ 87, 41
⓭ 86, 62
⓮ 26, 84
⓯ 54, 6
⓰ 104, 26
⓱ 1, 81
⓲ 18, 2
⓳ 16, 3, 4, 12

③ 덧셈, 뺄셈, 곱셈이 섞여 있는 식의 계산

18쪽

❶ 49
❷ 51
❸ 108
❹ 22
❺ 131
❻ 100
❼ 15
❽ 55
❾ 36
❿ 77
⓫ 47
⓬ 84
⓭ 135
⓮ 92

19쪽

⓯ 72
⓰ 88
⓱ 168
⓲ 91
⓳ 225
⓴ 124
㉑ 560
㉒ 35
㉓ 38
㉔ 126
㉕ 78
㉖ 136
㉗ 40
㉘ 209

20쪽

❶ 94
❷ 53
❸ 17
❹ 107
❺ 39
❻ 308
❼ 192
❽ 41
❾ 50
❿ 103
⓫ 35
⓬ 83
⓭ 50
⓮ 96

21쪽

⓯ 150
⓰ 88
⓱ 140
⓲ 195
⓳ 427
⓴ 204
㉑ 321
㉒ 52
㉓ 87
㉔ 162
㉕ 113
㉖ 124
㉗ 212
㉘ 35

④ 덧셈, 뺄셈, 나눗셈이 섞여 있는 식의 계산

8일차

22쪽

❶ 1
❷ 13
❸ 18
❹ 35
❺ 5
❻ 63
❼ 79

❽ 8
❾ 17
❿ 29
⓫ 10
⓬ 26
⓭ 51
⓮ 45

23쪽

⓯ 3
⓰ 5
⓱ 6
⓲ 7
⓳ 4
⓴ 21
㉑ 13

㉒ 8
㉓ 3
㉔ 12
㉕ 23
㉖ 60
㉗ 69
㉘ 75

9일차

24쪽

❶ 14
❷ 8
❸ 33
❹ 31
❺ 9
❻ 81
❼ 103

❽ 12
❾ 20
❿ 24
⓫ 62
⓬ 24
⓭ 124
⓮ 119

25쪽

⓯ 5
⓰ 12
⓱ 2
⓲ 3
⓳ 7
⓴ 23
㉑ 6

㉒ 15
㉓ 30
㉔ 43
㉕ 57
㉖ 9
㉗ 8
㉘ 6

⑤ 덧셈, 뺄셈, 곱셈, 나눗셈이 섞여 있는 식의 계산

10일차

26쪽

❶ 45
❷ 25
❸ 30
❹ 17
❺ 96
❻ 46
❼ 41

27쪽

❽ 29
❾ 21
❿ 2
⓫ 49
⓬ 11
⓭ 97
⓮ 72

⓯ 22
⓰ 286
⓱ 26
⓲ 2
⓳ 48
⓴ 19
㉑ 168

28쪽

❶ 7
❷ 29
❸ 32
❹ 27
❺ 20
❻ 23
❼ 32

❽ 62
❾ 16
❿ 99
⓫ 119
⓬ 186
⓭ 213
⓮ 160

29쪽

⓯ 6
⓰ 19
⓱ 5
⓲ 71
⓳ 49
⓴ 149
㉑ 95

㉒ 19
㉓ 91
㉔ 117
㉕ 128
㉖ 19
㉗ 68
㉘ 75

③ ~ ⑤ 다르게 풀기

30쪽

❶ 33, 15
❷ 27, 4
❸ 16, 140
❹ 64, 61
❺ 430, 312

❻ 17, 23
❼ 41, 25
❽ 46, 40
❾ 80, 30
❿ 29, 2

31쪽

⓫ 29, 41
⓬ 24, 12
⓭ 20, 5

⓮ 122, 32
⓯ 30, 54
⓰ 79, 34
⓱ 40, 4, 6, 3, 10

(평가)　**1. 자연수의 혼합 계산**

32쪽

1 22
2 29
3 16
4 37
5 24
6 20
7 4

8 10
9 19
10 260
11 95
12 106
13 27
14 2

33쪽

15 16
16 58
17 37
18 145
19 71
20 113

21 44, 18
22 108, 3
23 168, 72
24 80, 77
25 36, 129

🔗 틀린 문제는 클리닉 북에서 보충할 수 있습니다.

1　1쪽
2　1쪽
3　1쪽
4　1쪽
5　2쪽
6　2쪽
7　2쪽

8　2쪽
9　3쪽
10　3쪽
11　3쪽
12　3쪽
13　4쪽
14　4쪽

15　4쪽
16　4쪽
17　5쪽
18　5쪽
19　5쪽
20　5쪽

21　1쪽
22　2쪽
23　3쪽
24　4쪽
25　5쪽

2. 약수와 배수

① 약수

1일차

36쪽

❶ (위에서부터) 1, 2, 3 / 1, 3
❷ (위에서부터) 1, 2, 3, 4, 5 / 1, 5
❸ (위에서부터) 1, 2, 3, 4, 5, 6, 7, 8 / 1, 2, 4, 8

37쪽

❹ 1, 7
❺ 1, 2, 3, 4, 6, 12
❻ 1, 3, 5, 15
❼ 1, 3, 7, 21
❽ 1, 2, 3, 4, 6, 8, 12, 24
❾ 1, 2, 4, 7, 14, 28

❿ 1, 2, 3, 5, 6, 10, 15, 30
⓫ 1, 3, 11, 33
⓬ 1, 2, 3, 6, 7, 14, 21, 42
⓭ 1, 7, 49
⓮ 1, 2, 3, 6, 9, 18, 27, 54
⓯ 1, 5, 13, 65

2일차

38쪽

❶ 1, 2, 3, 6
❷ 1, 3, 9
❸ 1, 2, 5, 10
❹ 1, 11
❺ 1, 2, 7, 14
❻ 1, 2, 4, 8, 16

❼ 1, 17
❽ 1, 2, 3, 6, 9, 18
❾ 1, 2, 4, 5, 10, 20
❿ 1, 23
⓫ 1, 5, 25
⓬ 1, 2, 4, 8, 16, 32

39쪽

⓭ 1, 5, 7, 35
⓮ 1, 2, 3, 4, 6, 9, 12, 18, 36
⓯ 1, 3, 13, 39
⓰ 1, 2, 4, 11, 22, 44
⓱ 1, 3, 5, 9, 15, 45
⓲ 1, 2, 3, 4, 6, 8, 12, 16, 24, 48

⓳ 1, 2, 5, 10, 25, 50
⓴ 1, 3, 17, 51
㉑ 1, 3, 7, 9, 21, 63
㉒ 1, 2, 4, 17, 34, 68
㉓ 1, 3, 23, 69
㉔ 1, 2, 3, 4, 6, 8, 9, 12, 18, 24, 36, 72

② 배수

3일차

40쪽

❶ 3, 6, 9 / 3, 6, 9
❷ 7, 14, 21 / 7, 14, 21
❸ 15, 30, 45 / 15, 30, 45

41쪽

❹ 2, 4, 6, 8
❺ 5, 10, 15, 20
❻ 8, 16, 24, 32
❼ 13, 26, 39, 52
❽ 16, 32, 48, 64
❾ 18, 36, 54, 72

❿ 21, 42, 63, 84
⓫ 25, 50, 75, 100
⓬ 27, 54, 81, 108
⓭ 32, 64, 96, 128
⓮ 35, 70, 105, 140
⓯ 42, 84, 126, 168

4일차

42쪽

❶ 4, 8, 12, 16
❷ 6, 12, 18, 24
❸ 9, 18, 27, 36
❹ 10, 20, 30, 40
❺ 12, 24, 36, 48
❻ 17, 34, 51, 68

❼ 19, 38, 57, 76
❽ 20, 40, 60, 80
❾ 22, 44, 66, 88
❿ 23, 46, 69, 92
⓫ 24, 48, 72, 96
⓬ 29, 58, 87, 116

43쪽

⓭ 31, 62, 93, 124
⓮ 33, 66, 99, 132
⓯ 36, 72, 108, 144
⓰ 38, 76, 114, 152
⓱ 40, 80, 120, 160
⓲ 41, 82, 123, 164

⓳ 44, 88, 132, 176
⓴ 45, 90, 135, 180
㉑ 50, 100, 150, 200
㉒ 53, 106, 159, 212
㉓ 55, 110, 165, 220
㉔ 62, 124, 186, 248

①~② 다르게 풀기

44쪽

❶ 1, 2, 4, 8 / 1, 2, 4, 8

❷ 1, 2, 5, 10 / 1, 2, 5, 10

❸ 1, 2, 4, 8, 16 / 1, 2, 4, 8, 16

❹ 1, 2, 4, 7, 14, 28 / 1, 2, 4, 7, 14, 28

45쪽

❺ ○

❻ ×

❼ ×

❽ ○

❾ ○

❿ ×

⓫ ×

⓬ ○

⓭ ×

⓮ ×

⓯ ○

⓰ ○

③ 공약수, 최대공약수

46쪽

❶ 1, 2 / 2

❷ 1, 7 / 7

❸ 1, 2, 4 / 4

❹ 1, 2, 3, 4, 6, 12 / 12

47쪽

❺ 1, 2, 3, 6 / 1, 3, 5, 15 / 1, 3 / 3

❻ 1, 2, 4, 8 / 1, 2, 4, 5, 10, 20 / 1, 2, 4 / 4

❼ 1, 2, 4, 7, 14, 28 / 1, 5, 7, 35 / 1, 7 / 7

❽ 1, 2, 4, 5, 8, 10, 20, 40 / 1, 2, 4, 7, 8, 14, 28, 56 / 1, 2, 4, 8 / 8

❾ 1, 3, 5, 9, 15, 45 / 1, 2, 3, 6, 9, 18 / 1, 3, 9 / 9

❿ 1, 2, 5, 10, 25, 50 / 1, 2, 3, 5, 6, 10, 15, 30 / 1, 2, 5, 10 / 10

④ 곱셈식을 이용하여 최대공약수를 구하는 방법

48쪽

❶ 3, 3 / 3

❷ 5, 5 / 5

❸ 5, 5 / 5

❹ 7, 5 / 4

49쪽

❺ 13, 13 / 13

❻ 7, 7 / 14

❼ 5, 5 / 15

❽ 5, 7 / 10

❾ 예 3×5, 5×5 / 5

❿ 예 3×7, 7×7 / 7

⓫ 예 2×13, $2 \times 2 \times 13$ / 26

⓬ 예 3×11, $2 \times 2 \times 11$ / 11

⓭ 예 $2 \times 3 \times 7$, $2 \times 3 \times 5$ / 6

⓮ 예 $3 \times 3 \times 5$, $3 \times 3 \times 3$ / 9

⓯ 예 $2 \times 3 \times 11$, $3 \times 3 \times 11$ / 33

⓰ 예 $3 \times 5 \times 5$, $2 \times 5 \times 5$ / 25

8일차

50쪽

① 예 2×2×3, 3×7 / 3
② 예 3×5, 2×2×5 / 5
③ 예 2×2×2×2, 2×2×2×3 / 8
④ 예 2×3×3, 3×3×3 / 9
⑤ 예 2×3×5, 2×2×3×5 / 30
⑥ 예 5×7, 2×2×2×7 / 7
⑦ 예 3×13, 2×2×13 / 13
⑧ 예 2×2×2×5, 2×2×2×2×2 / 8

51쪽

⑨ 예 2×2×11, 2×2×7 / 4
⑩ 예 3×3×5, 3×3×7 / 9
⑪ 예 2×5×5, 2×2×2×2×5 / 10
⑫ 예 2×3×3×3, 2×2×3×3 / 18
⑬ 예 2×2×2×7, 2×3×7 / 14
⑭ 예 2×2×3×5, 3×5×5 / 15
⑮ 예 3×3×7, 2×2×3×7 / 21
⑯ 예 2×3×3×5, 2×2×2×3×3 / 18

5 공약수를 이용하여 최대공약수를 구하는 방법

9일차

52쪽

① 2 / 2
② 3 / 3
③ 2, 2 / 4
④ 2, 3 / 6
⑤ 5 / 5
⑥ 7 / 7
⑦ 3, 3 / 9
⑧ 2, 5 / 10

53쪽

⑨ 2) 6 10 / 2
     3 5

⑩ 5) 15 20 / 5
     3 4

⑪ 예 2) 28 16 / 4
     2) 14 8
       7 4

⑫ 예 2) 30 36 / 6
     3) 15 18
       5 6

⑬ 3) 33 27 / 3
     11 9

⑭ 7) 35 28 / 7
     5 4

⑮ 예 3) 45 75 / 15
     5) 15 25
       3 5

⑯ 예 3) 72 81 / 9
     3) 24 27
       8 9

10일차

54쪽

① 예 2) 20 24 / 4
     2) 10 12
       5 6

② 예 2) 24 16 / 8
     2) 12 8
     2) 6 4
       3 2

③ 예 2) 30 12 / 6
     3) 15 6
       5 2

④ 예 2) 32 48 / 16
     2) 16 24
     2) 8 12
     2) 4 6
       2 3

⑤ 예 3) 36 45 / 9
     3) 12 15
       4 5

⑥ 예 2) 40 56 / 8
     2) 20 28
     2) 10 14
       5 7

⑦ 예 2) 42 30 / 6
     3) 21 15
       7 5

⑧ 예 2) 48 72 / 24
     2) 24 36
     2) 12 18
     3) 6 9
       2 3

55쪽

⑨ 예 2) 52 64 / 4
     2) 26 32
      13 16

⑩ 예 2) 60 84 / 12
     2) 30 42
     3) 15 21
       5 7

⑪ 예 2) 70 42 / 14
     7) 35 21
       5 3

⑫ 예 2) 72 96 / 24
     2) 36 48
     2) 18 24
     3) 9 12
       3 4

⑬ 예 2) 78 52 / 26
     13) 39 26
       3 2

⑭ 예 2) 84 56 / 28
     2) 42 28
     7) 21 14
       3 2

⑮ 예 3) 90 81 / 9
     3) 30 27
      10 9

⑯ 예 2) 96 80 / 16
     2) 48 40
     2) 24 20
     2) 12 10
       6 5

⑥ 공배수, 최소공배수

11일차

56쪽

① 12, 24 / 12
② 18, 36 / 18
③ 30, 60 / 30
④ 36, 72 / 36

57쪽

⑤ 3, 6, 9, 12, 15 / 5, 10, 15, 20, 25 / 15, 30 / 15
⑥ 6, 12, 18, 24, 30 / 8, 16, 24, 32, 40 / 24, 48 / 24
⑦ 4, 8, 12, 16, 20 / 10, 20, 30, 40, 50 / 20, 40 / 20

⑧ 7, 14, 21, 28, 35 / 14, 28, 42, 56, 70 / 14, 28 / 14
⑨ 12, 24, 36, 48, 60 / 18, 36, 54, 72, 90 / 36, 72 / 36
⑩ 15, 30, 45, 60, 75 / 20, 40, 60, 80, 100 / 60, 120 / 60

⑦ 곱셈식을 이용하여 최소공배수를 구하는 방법

12일차

58쪽

① 2, 5 / 20
② 3, 7 / 63
③ 3, 7 / 84
④ 3, 5 / 90

⑤ 5, 5 / 100
⑥ 11, 11 / 165
⑦ 5, 5 / 225
⑧ 7, 3 / 189

59쪽

⑨ 예 $2 \times 3, 3 \times 5$ / 30
⑩ 예 $2 \times 2 \times 2, 2 \times 2 \times 5$ / 40
⑪ 예 $3 \times 5, 2 \times 3 \times 3$ / 90
⑫ 예 $3 \times 7, 2 \times 3 \times 7$ / 42

⑬ 예 $5 \times 5, 5 \times 7$ / 175
⑭ 예 $3 \times 3 \times 3, 3 \times 3 \times 5$ / 135
⑮ 예 $2 \times 3 \times 5, 2 \times 2 \times 3$ / 60
⑯ 예 $2 \times 3 \times 7, 3 \times 3 \times 7$ / 126

13일차

60쪽

① 예 $2 \times 2 \times 2, 2 \times 2 \times 3$ / 24
② 예 $2 \times 2 \times 3, 2 \times 2 \times 2 \times 2$ / 48
③ 예 $3 \times 5, 3 \times 3 \times 3$ / 135
④ 예 $2 \times 3 \times 3, 3 \times 7$ / 126

⑤ 예 $2 \times 2 \times 5, 2 \times 3 \times 5$ / 60
⑥ 예 $2 \times 2 \times 2 \times 3, 2 \times 2 \times 2 \times 5$ / 120
⑦ 예 $5 \times 5, 3 \times 3 \times 5$ / 225
⑧ 예 $3 \times 3 \times 3, 2 \times 2 \times 3 \times 3$ / 108

61쪽

⑨ 예 $2 \times 2 \times 7, 2 \times 3 \times 7$ / 84
⑩ 예 $2 \times 3 \times 5, 2 \times 5 \times 5$ / 150
⑪ 예 $2 \times 2 \times 3 \times 3, 2 \times 2 \times 5$ / 180
⑫ 예 $2 \times 2 \times 11, 3 \times 11$ / 132

⑬ 예 $3 \times 3 \times 5, 2 \times 2 \times 2 \times 3 \times 3$ / 360
⑭ 예 $2 \times 2 \times 2 \times 7, 2 \times 2 \times 2 \times 3$ / 168
⑮ 예 $3 \times 3 \times 3 \times 3, 2 \times 3 \times 3 \times 3$ / 162
⑯ 예 $2 \times 3 \times 3 \times 5, 2 \times 2 \times 3 \times 5$ / 180

62쪽

❶ 2 / 12

❷ 3 / 45

❸ 2, 2 / 24

❹ 2, 3 / 90

❺ 7 / 84

❻ 5 / 50

❼ 2, 7 / 84

❽ 3, 3 / 108

63쪽

❾ 2) 10　12 / 60
　　　　5　　6

❿ 7) 14　21 / 42
　　　　2　　3

⓫ 예　3) 15　45 / 45
　　　5) 5　15
　　　　　1　　3

⓬ 예　2) 16　20 / 80
　　　2) 8　10
　　　　　4　　5

⓭ 5) 20　35 / 140
　　　　4　　7

⓮ 11) 22　33 / 66
　　　　2　　3

⓯ 예　3) 27　18 / 54
　　　3) 9　6
　　　　　3　　2

⓰ 예　2) 30　40 / 120
　　　5) 15　20
　　　　　3　　4

64쪽

❶ 예　2) 12　18 / 36
　　　3) 6　9
　　　　　2　　3

❷ 예　3) 18　45 / 90
　　　3) 6　15
　　　　　2　　5

❸ 예　2) 24　36 / 72
　　　2) 12　18
　　　3) 6　9
　　　　　2　　3

❹ 예　2) 32　48 / 96
　　　2) 16　24
　　　2) 8　12
　　　2) 4　6
　　　　　2　　3

❺ 예　2) 36　20 / 180
　　　2) 18　10
　　　　　9　　5

❻ 예　3) 42　63 / 126
　　　7) 14　21
　　　　　2　　3

❼ 예　3) 45　90 / 90
　　　3) 15　30
　　　5) 5　10
　　　　　1　　2

❽ 예　2) 48　72 / 144
　　　2) 24　36
　　　2) 12　18
　　　3) 6　9
　　　　　2　　3

65쪽

❾ 예　2) 52　24 / 312
　　　2) 26　12
　　　　　13　　6

❿ 예　2) 56　42 / 168
　　　7) 28　21
　　　　　4　　3

⓫ 예　2) 60　30 / 60
　　　3) 30　15
　　　5) 10　5
　　　　　2　　1

⓬ 예　2) 64　80 / 320
　　　2) 32　40
　　　2) 16　20
　　　2) 8　10
　　　　　4　　5

⓭ 예　2) 70　50 / 350
　　　5) 35　25
　　　　　7　　5

⓮ 예　2) 78　52 / 156
　　　13) 39　26
　　　　　3　　2

⓯ 예　3) 81　54 / 162
　　　3) 27　18
　　　3) 9　6
　　　　　3　　2

⓰ 예　2) 96　72 / 288
　　　2) 48　36
　　　2) 24　18
　　　3) 12　9
　　　　　4　　3

❸ ~ ❽ 다르게 풀기

66쪽

❶ 예　3×3, 3×5
　　/ 3, 45

❷ 예　2×3×3,
　　2×3×7 / 6, 126

❸ 예　2×2×3×3,
　　2×2×5 / 4, 180

❹ 예　2) 12　28 / 4, 84
　　　2) 6　14
　　　　　3　　7

❺ 예　3) 30　45 / 15, 90
　　　5) 10　15
　　　　　2　　3

❻ 예　2) 48　36 / 12, 144
　　　2) 24　18
　　　3) 12　9
　　　　　4　　3

67쪽

❼ 2, 24

❽ 3, 135

❾ 6, 36

❿ 5, 150

⓫ 8, 160

⓬ 14, 168

⓭ 18, 360

⓮ 27, 162

17일차

68쪽

1 1, 2, 4
2 1, 3, 9, 27
3 1, 2, 4, 5, 8, 10, 20, 40
4 7, 14, 21, 28, 35
5 11, 22, 33, 44, 55
6 30, 60, 90, 120, 150

7 ◯
8 ✕
9 ◯
10 ◯
11 ✕
12 ◯

69쪽

13 1, 3, 9 / 9
14 1, 2, 4, 8 / 8
15 36, 72 / 36
16 30, 60 / 30

17 7, 84
18 6, 90
19 18, 108
20 16, 480

🔗 틀린 문제는 클리닉 북에서 보충할 수 있습니다.

1 7쪽	7 7, 8쪽	13 9쪽	17 10, 11, 13, 14쪽
2 7쪽	8 7, 8쪽	14 9쪽	18 10, 11, 13, 14쪽
3 7쪽	9 7, 8쪽	15 12쪽	19 10, 11, 13, 14쪽
4 8쪽	10 7, 8쪽	16 12쪽	20 10, 11, 13, 14쪽
5 8쪽	11 7, 8쪽		
6 8쪽	12 7, 8쪽		

3. 규칙과 대응

① 두 양 사이의 관계

1일차

72쪽

❶ 3, 4, 5 / 1
❷ 4, 6, 8 / 2
❸ 6, 9, 12 / 3

73쪽

❹ 4, 6, 8, 10 / 2
❺ 3, 4, 5, 6 / 1
❻ 10, 15, 20, 25 / 5

2일차

74쪽

❶ 3, 6, 9, 12 / ■×3=▲ 또는 ▲÷3=■

❷ 15, 16, 17, 18 / ■+3=▲ 또는 ▲−3=■

❸ 6, 12, 18, 24 / ■×6=▲ 또는 ▲÷6=■

75쪽

❹ 8, 16, 24, 32, 40 / ■×8=▲ 또는 ▲÷8=■

❺ 11, 12, 13, 14, 15 / ■+5=▲ 또는 ▲−5=■

❻ 70, 140, 210, 280, 350 / ■×70=▲ 또는 ▲÷70=■

③ 생활 속에서 대응 관계를 찾아 식으로 나타내기

3일차

76쪽

❶ 예 팔걸이의 수 / 1

❷ 예 걸린 시간 / 50

❸ 예 입장료의 값 / 3000

77쪽

❹ (위에서부터) 예 의자의 수를 6으로 나누면 탁자의 수입니다.

／ 예 접시의 수, 조각 케이크의 수를 4로 나누면 접시의 수입니다.

／ 예 접시의 수, 접시의 수를 2로 나누면 탁자의 수입니다.

❺ ① 예 ▲÷6=■ 또는 ■×6=▲

② 예 접시의 수 / ★÷4=● 또는 ●×4=★

③ 예 접시의 수 / ♥÷2=◆ 또는 ◆×2=♥

평가 **3. 규칙과 대응**

4일차

78쪽

1 8, 12, 16 / 4

2 4, 5, 6 / 2

3 8, 12, 16 / 2

4 6, 9, 12 / 3

5 12, 18, 24 / 6

6 18, 27, 36 / 9

79쪽

7 4, 6, 8 / ■×2=▲

　　또는 ▲÷2=■

8 10, 15, 20 / ■×5=▲

　　또는 ▲÷5=■

9 16, 17, 18 / ■+10=▲

　　또는 ▲−10=■

10 예 음료의 수

　　／ (음료의 수)×42=(설탕의 양)

11 예 앉은 사람의 수

　　／ (의자의 수)×3=(앉은 사람의 수)

12 예 도막의 수

　　／ (자른 횟수)+1=(도막의 수)

🔗 틀린 문제는 클리닉 북에서 보충할 수 있습니다.

1　15쪽

2　15쪽

3　15쪽

4　15쪽

5　15쪽

6　15쪽

7　16쪽

8　16쪽

9　16쪽

10　17쪽

11　17쪽

12　17쪽

4. 약분과 통분

① 크기가 같은 분수

82쪽

❶ $\dfrac{2}{6}$ ❻ $\dfrac{10}{45}$

❷ $\dfrac{9}{12}$ ❼ $\dfrac{28}{40}$

❸ 4, 4   ❽ 2, 2

❹ 5, 5   ❾ 6, 6

❺ 7, 7, 49   ❿ 3, 3, 12

83쪽

⓫ $\dfrac{2}{3}$ ⓰ $\dfrac{4}{17}$

⓬ $\dfrac{1}{4}$ ⓱ $\dfrac{5}{6}$

⓭ 3, 3   ⓲ 7, 7

⓮ 5, 5   ⓳ 4, 4

⓯ 6, 6, 8   ⓴ 2, 2, 37

84쪽

❶ $\dfrac{2}{4}, \dfrac{3}{6}, \dfrac{4}{8}$ ❽ $\dfrac{8}{18}, \dfrac{12}{27}, \dfrac{16}{36}$

❷ $\dfrac{4}{6}, \dfrac{6}{9}, \dfrac{8}{12}$ ❾ $\dfrac{6}{20}, \dfrac{9}{30}, \dfrac{12}{40}$

❸ $\dfrac{2}{8}, \dfrac{3}{12}, \dfrac{4}{16}$ ❿ $\dfrac{22}{24}, \dfrac{33}{36}, \dfrac{44}{48}$

❹ $\dfrac{6}{10}, \dfrac{9}{15}, \dfrac{12}{20}$ ⓫ $\dfrac{18}{26}, \dfrac{27}{39}, \dfrac{36}{52}$

❺ $\dfrac{10}{12}, \dfrac{15}{18}, \dfrac{20}{24}$ ⓬ $\dfrac{14}{30}, \dfrac{21}{45}, \dfrac{28}{60}$

❻ $\dfrac{12}{14}, \dfrac{18}{21}, \dfrac{24}{28}$ ⓭ $\dfrac{10}{36}, \dfrac{15}{54}, \dfrac{20}{72}$

❼ $\dfrac{14}{16}, \dfrac{21}{24}, \dfrac{28}{32}$ ⓮ $\dfrac{22}{40}, \dfrac{33}{60}, \dfrac{44}{80}$

85쪽

⓯ $\dfrac{3}{6}, \dfrac{2}{4}, \dfrac{1}{2}$ ㉒ $\dfrac{12}{32}, \dfrac{6}{16}, \dfrac{3}{8}$

⓰ $\dfrac{4}{12}, \dfrac{2}{6}, \dfrac{1}{3}$ ㉓ $\dfrac{14}{35}, \dfrac{4}{10}, \dfrac{2}{5}$

⓱ $\dfrac{6}{15}, \dfrac{4}{10}, \dfrac{2}{5}$ ㉔ $\dfrac{8}{36}, \dfrac{4}{18}, \dfrac{2}{9}$

⓲ $\dfrac{12}{21}, \dfrac{8}{14}, \dfrac{4}{7}$ ㉕ $\dfrac{32}{40}, \dfrac{16}{20}, \dfrac{8}{10}$

⓳ $\dfrac{18}{24}, \dfrac{12}{16}, \dfrac{9}{12}$ ㉖ $\dfrac{7}{42}, \dfrac{2}{12}, \dfrac{1}{6}$

⓴ $\dfrac{18}{27}, \dfrac{12}{18}, \dfrac{6}{9}$ ㉗ $\dfrac{35}{45}, \dfrac{14}{18}, \dfrac{7}{9}$

㉑ $\dfrac{5}{20}, \dfrac{3}{12}, \dfrac{1}{4}$ ㉘ $\dfrac{42}{48}, \dfrac{28}{32}, \dfrac{21}{24}$

② 약분

86쪽

❶ 1   ❺ 7

❷ 2   ❻ 9, 3

❸ 6, 3   ❼ 3, 1

❹ 2, 1   ❽ 8, 4, 2

87쪽

❾ 1   ⓰ 2   ㉓ 5

❿ 2   ⓱ 3   ㉔ 5

⓫ 2   ⓲ 5   ㉕ 5

⓬ 3   ⓳ 9   ㉖ 1

⓭ 3   ⓴ 4   ㉗ 5

⓮ 7   ㉑ 4   ㉘ 9

⓯ 1   ㉒ 5   ㉙ 7

88쪽

① $\frac{2}{4}$, $\frac{1}{2}$

② $\frac{8}{12}$, $\frac{4}{6}$, $\frac{2}{3}$

③ $\frac{6}{9}$, $\frac{2}{3}$

④ $\frac{4}{20}$, $\frac{2}{10}$, $\frac{1}{5}$

⑤ $\frac{20}{25}$, $\frac{8}{10}$, $\frac{4}{5}$

⑥ $\frac{9}{18}$, $\frac{3}{6}$, $\frac{1}{2}$

⑦ $\frac{15}{20}$, $\frac{9}{12}$, $\frac{3}{4}$

⑧ $\frac{14}{35}$, $\frac{4}{10}$, $\frac{2}{5}$

⑨ $\frac{6}{36}$, $\frac{4}{24}$, $\frac{3}{18}$, $\frac{2}{12}$, $\frac{1}{6}$

⑩ $\frac{10}{15}$, $\frac{2}{3}$

⑪ $\frac{7}{28}$, $\frac{3}{12}$, $\frac{1}{4}$

⑫ $\frac{27}{45}$, $\frac{18}{30}$, $\frac{9}{15}$, $\frac{6}{10}$, $\frac{3}{5}$

⑬ $\frac{23}{46}$, $\frac{2}{4}$, $\frac{1}{2}$

⑭ $\frac{40}{48}$, $\frac{20}{24}$, $\frac{10}{12}$, $\frac{5}{6}$

89쪽

⑮ $\frac{2}{3}$

⑯ $\frac{4}{5}$

⑰ $\frac{4}{5}$

⑱ $\frac{1}{3}$

⑲ $\frac{7}{9}$

⑳ $\frac{7}{12}$

㉑ $\frac{5}{9}$

㉒ $\frac{6}{7}$

㉓ $\frac{5}{7}$

㉔ $\frac{4}{7}$

㉕ $\frac{4}{5}$

㉖ $\frac{1}{2}$

㉗ $\frac{2}{3}$

㉘ $\frac{5}{6}$

③ 통분

90쪽

① 3, 2, $\frac{3}{6}$, $\frac{4}{6}$

② 6, 3, $\frac{6}{18}$, $\frac{15}{18}$

③ 7, 4, $\frac{21}{28}$, $\frac{8}{28}$

④ 9, 5, $\frac{27}{45}$, $\frac{10}{45}$

⑤ 8, 7, $\frac{40}{56}$, $\frac{49}{56}$

⑥ 4, 8, $\frac{12}{32}$, $\frac{24}{32}$

⑦ 7, 9, $\frac{49}{63}$, $\frac{36}{63}$

91쪽

⑧ 3, 2, $\frac{9}{12}$, $\frac{2}{12}$

⑨ 2, $\frac{4}{10}$, $\frac{7}{10}$

⑩ 3, 2, $\frac{3}{24}$, $\frac{14}{24}$

⑪ 3, 2, $\frac{27}{42}$, $\frac{16}{42}$

⑫ 3, 5, $\frac{24}{45}$, $\frac{10}{45}$

⑬ 2, 3, $\frac{10}{36}$, $\frac{33}{36}$

⑭ 3, 2, $\frac{39}{60}$, $\frac{34}{60}$

92쪽

① $\frac{9}{18}$, $\frac{2}{18}$

② $\frac{15}{20}$, $\frac{4}{20}$

③ $\frac{14}{21}$, $\frac{15}{21}$

④ $\frac{15}{27}$, $\frac{18}{27}$

⑤ $\frac{14}{35}$, $\frac{30}{35}$

⑥ $\frac{13}{39}$, $\frac{24}{39}$

⑦ $\frac{12}{48}$, $\frac{44}{48}$

⑧ $\frac{40}{48}$, $\frac{18}{48}$

⑨ $\frac{48}{54}$, $\frac{9}{54}$

⑩ $\frac{42}{56}$, $\frac{20}{56}$

⑪ $\frac{55}{66}$, $\frac{12}{66}$

⑫ $\frac{40}{70}$, $\frac{49}{70}$

⑬ $\frac{45}{75}$, $\frac{40}{75}$

⑭ $\frac{70}{80}$, $\frac{56}{80}$

93쪽

⑮ $\frac{2}{6}$, $\frac{1}{6}$

⑯ $\frac{3}{10}$, $\frac{4}{10}$

⑰ $\frac{8}{18}$, $\frac{5}{18}$

⑱ $\frac{9}{21}$, $\frac{2}{21}$

⑲ $\frac{20}{24}$, $\frac{15}{24}$

⑳ $\frac{22}{36}$, $\frac{9}{36}$

㉑ $\frac{33}{36}$, $\frac{14}{36}$

㉒ $\frac{35}{40}$, $\frac{18}{40}$

㉓ $\frac{40}{45}$, $\frac{12}{45}$

㉔ $\frac{15}{50}$, $\frac{16}{50}$

㉕ $\frac{21}{60}$, $\frac{35}{60}$

㉖ $\frac{14}{63}$, $\frac{12}{63}$

㉗ $\frac{10}{72}$, $\frac{21}{72}$

㉘ $\frac{26}{80}$, $\frac{25}{80}$

④ 분수의 크기 비교

7일 차

94쪽

❶ 3, 4, <
❷ 21, 20, >
❸ 18, 20, <
❹ 9, 12, <
❺ 33, 40, <
❻ 49, 36, >
❼ 10, 13, <

95쪽

❽ 3, 2, >
❾ 9, 8, >
❿ 20, 15, >
⓫ 15, 28, <
⓬ 20, 27, <
⓭ 52, 63, <
⓮ 36, 35, >

8일 차

96쪽

❶ <	❽ <	⓯ >
❷ <	❾ <	⓰ >
❸ >	❿ >	⓱ <
❹ <	⓫ >	⓲ >
❺ >	⓬ <	⓳ <
❻ >	⓭ >	⓴ <
❼ <	⓮ >	㉑ <

97쪽

㉒ >	㉙ >	㊱ <
㉓ <	㉚ <	㊲ >
㉔ >	㉛ >	㊳ >
㉕ >	㉜ <	㊴ >
㉖ >	㉝ >	㊵ <
㉗ <	㉞ <	㊶ <
㉘ <	㉟ >	㊷ <

비법 강의 외우면 **빨라지는 계산 비법**

9일 차

98쪽

❶ 0.5
❷ 0.25
❸ 0.2
❹ 0.125
❺ 0.1
❻ 0.05
❼ 0.04
❽ 0.025
❾ 0.02
❿ 0.01

99쪽

⓫ 0.75
⓬ 0.4
⓭ 0.6
⓮ 0.8
⓯ 0.375
⓰ 0.625
⓱ 0.875
⓲ $\frac{1}{2}$
⓳ $\frac{1}{4}$
⓴ $\frac{1}{5}$
㉑ $\frac{1}{8}$
㉒ $\frac{1}{20}$
㉓ $\frac{1}{50}$
㉔ $\frac{1}{1000}$

100쪽

❶ 0.5, <
❷ 0.4, <
❸ 0.75, >
❹ 3, 3, 4, <
❺ 9, 4, 9, 8, >

101쪽

❻ >
❼ <
❽ =
❾ <
❿ <
⑪ >
⑫ >

⑬ =
⑭ <
⑮ >
⑯ <
⑰ >
⑱ <
⑲ >

⑳ >
㉑ >
㉒ <
㉓ =
㉔ <
㉕ >
㉖ >

평가 **4. 약분과 통분**

102쪽

1 예 $\dfrac{6}{8}, \dfrac{9}{12}, \dfrac{12}{16}$

2 예 $\dfrac{10}{22}, \dfrac{15}{33}, \dfrac{20}{44}$

3 예 $\dfrac{24}{50}, \dfrac{36}{75}, \dfrac{48}{100}$

4 예 $\dfrac{16}{20}, \dfrac{8}{10}, \dfrac{4}{5}$

5 예 $\dfrac{13}{26}, \dfrac{2}{4}, \dfrac{1}{2}$

6 예 $\dfrac{9}{36}, \dfrac{6}{24}, \dfrac{3}{12}$

7 $\dfrac{4}{10}, \dfrac{2}{5}$

8 $\dfrac{18}{27}, \dfrac{12}{18}, \dfrac{6}{9}, \dfrac{4}{6}, \dfrac{2}{3}$

9 $\dfrac{7}{21}, \dfrac{3}{9}, \dfrac{1}{3}$

10 $\dfrac{3}{7}$

11 $\dfrac{1}{4}$

12 $\dfrac{5}{6}$

103쪽

13 예 $\dfrac{6}{8}, \dfrac{7}{8}$

14 예 $\dfrac{7}{21}, \dfrac{3}{21}$

15 예 $\dfrac{15}{36}, \dfrac{8}{36}$

16 예 $\dfrac{15}{40}, \dfrac{24}{40}$

17 예 $\dfrac{22}{55}, \dfrac{40}{55}$

18 예 $\dfrac{36}{80}, \dfrac{55}{80}$

19 >
20 <
21 <
22 >
23 <
24 =
25 >

🔗 틀린 문제는 클리닉 북에서 보충할 수 있습니다.

1	19쪽	7	20쪽	13	21쪽	19	22쪽
2	19쪽	8	20쪽	14	21쪽	20	22쪽
3	19쪽	9	20쪽	15	21쪽	21	22쪽
4	19쪽	10	20쪽	16	21쪽	22	22쪽
5	19쪽	11	20쪽	17	21쪽	23	23쪽
6	19쪽	12	20쪽	18	21쪽	24	23쪽
						25	23쪽

5. 분수의 덧셈과 뺄셈

① 받아올림이 없는 분모가 다른 진분수의 덧셈

1일차

106쪽

❶ $\dfrac{5}{6}$

❷ $\dfrac{9}{20}$

❸ $\dfrac{7}{24}$

❹ $\dfrac{11}{28}$

❺ $\dfrac{7}{36}$

❻ $\dfrac{9}{40}$

❼ $\dfrac{18}{77}$

❽ $\dfrac{7}{8}$

❾ $\dfrac{7}{9}$

❿ $\dfrac{9}{10}$

⓫ $\dfrac{11}{12}$

⓬ $\dfrac{11}{14}$

⓭ $\dfrac{14}{15}$

⓮ $\dfrac{17}{18}$

107쪽

⓯ $\dfrac{17}{20}$

⓰ $\dfrac{17}{20}$

⓱ $\dfrac{23}{24}$

⓲ $\dfrac{19}{24}$

⓳ $\dfrac{19}{28}$

⓴ $\dfrac{9}{10}$

㉑ $\dfrac{31}{33}$

㉒ $\dfrac{31}{35}$

㉓ $\dfrac{37}{40}$

㉔ $\dfrac{41}{45}$

㉕ $\dfrac{45}{56}$

㉖ $\dfrac{53}{60}$

㉗ $\dfrac{59}{60}$

㉘ $\dfrac{59}{63}$

㉙ $\dfrac{23}{35}$

㉚ $\dfrac{67}{72}$

㉛ $\dfrac{55}{72}$

㉜ $\dfrac{41}{75}$

㉝ $\dfrac{71}{84}$

㉞ $\dfrac{29}{45}$

㉟ $\dfrac{97}{110}$

2일차

108쪽

❶ $\dfrac{1}{2}$

❷ $\dfrac{7}{10}$

❸ $\dfrac{5}{18}$

❹ $\dfrac{11}{24}$

❺ $\dfrac{13}{36}$

❻ $\dfrac{16}{55}$

❼ $\dfrac{11}{60}$

❽ $\dfrac{5}{8}$

❾ $\dfrac{5}{9}$

❿ $\dfrac{1}{2}$

⓫ $\dfrac{7}{12}$

⓬ $\dfrac{13}{15}$

⓭ $\dfrac{13}{18}$

⓮ $\dfrac{19}{20}$

⓯ $\dfrac{19}{21}$

⓰ $\dfrac{13}{24}$

⓱ $\dfrac{17}{24}$

⓲ $\dfrac{25}{28}$

⓳ $\dfrac{29}{30}$

⓴ $\dfrac{29}{30}$

㉑ $\dfrac{7}{9}$

109쪽

㉒ $\dfrac{29}{36}$

㉓ $\dfrac{31}{36}$

㉔ $\dfrac{41}{42}$

㉕ $\dfrac{37}{45}$

㉖ $\dfrac{41}{48}$

㉗ $\dfrac{35}{48}$

㉘ $\dfrac{47}{56}$

㉙ $\dfrac{53}{60}$

㉚ $\dfrac{41}{60}$

㉛ $\dfrac{47}{66}$

㉜ $\dfrac{9}{14}$

㉝ $\dfrac{43}{72}$

㉞ $\dfrac{50}{81}$

㉟ $\dfrac{71}{84}$

㊱ $\dfrac{53}{90}$

㊲ $\dfrac{44}{45}$

㊳ $\dfrac{54}{91}$

㊴ $\dfrac{82}{99}$

㊵ $\dfrac{89}{100}$

㊶ $\dfrac{73}{110}$

㊷ $\dfrac{119}{144}$

② 받아올림이 있는 분모가 다른 진분수의 덧셈

110쪽

❶ $1\frac{2}{9}$

❷ $1\frac{1}{10}$

❸ $1\frac{1}{2}$

❹ $1\frac{1}{12}$

❺ $1\frac{5}{12}$

❻ $1\frac{1}{4}$

❼ $1\frac{1}{18}$

❽ $1\frac{5}{18}$

❾ $1\frac{1}{6}$

❿ $1\frac{4}{21}$

⓫ $1\frac{7}{24}$

⓬ $1\frac{13}{24}$

⓭ $1\frac{1}{28}$

⓮ $1\frac{13}{30}$

111쪽

⓯ $1\frac{7}{30}$

⓰ $1\frac{3}{35}$

⓱ $1\frac{5}{36}$

⓲ $1\frac{5}{36}$

⓳ $1\frac{11}{36}$

⓴ $1\frac{11}{40}$

㉑ $1\frac{1}{40}$

㉒ $1\frac{11}{42}$

㉓ $1\frac{1}{14}$

㉔ $1\frac{11}{45}$

㉕ $1\frac{5}{48}$

㉖ $1\frac{13}{48}$

㉗ $1\frac{13}{60}$

㉘ $1\frac{13}{60}$

㉙ $1\frac{22}{63}$

㉚ $1\frac{17}{70}$

㉛ $1\frac{5}{84}$

㉜ $1\frac{31}{90}$

㉝ $1\frac{11}{96}$

㉞ $1\frac{28}{99}$

㉟ $1\frac{59}{120}$

112쪽

❶ $1\frac{1}{6}$

❷ $1\frac{3}{8}$

❸ $1\frac{2}{9}$

❹ $1\frac{3}{10}$

❺ $1\frac{1}{10}$

❻ $1\frac{7}{12}$

❼ $1\frac{3}{14}$

❽ $1\frac{1}{15}$

❾ $1\frac{13}{18}$

❿ $1\frac{11}{20}$

⓫ $1\frac{1}{4}$

⓬ $1\frac{8}{21}$

⓭ $1\frac{1}{3}$

⓮ $1\frac{1}{24}$

⓯ $1\frac{1}{24}$

⓰ $1\frac{1}{8}$

⓱ $1\frac{1}{30}$

⓲ $1\frac{13}{30}$

⓳ $1\frac{8}{35}$

⓴ $1\frac{13}{36}$

㉑ $1\frac{17}{36}$

113쪽

㉒ $1\frac{9}{40}$

㉓ $1\frac{3}{40}$

㉔ $1\frac{21}{40}$

㉕ $1\frac{5}{42}$

㉖ $1\frac{11}{42}$

㉗ $1\frac{23}{45}$

㉘ $1\frac{4}{15}$

㉙ $1\frac{17}{50}$

㉚ $1\frac{24}{55}$

㉛ $1\frac{5}{56}$

㉜ $1\frac{7}{60}$

㉝ $1\frac{17}{60}$

㉞ $1\frac{5}{72}$

㉟ $1\frac{23}{77}$

㊱ $1\frac{29}{84}$

㊲ $1\frac{19}{85}$

㊳ $1\frac{23}{90}$

㊴ $1\frac{10}{91}$

㊵ $1\frac{17}{100}$

㊶ $1\frac{11}{120}$

㊷ $1\frac{25}{144}$

③ 대분수의 덧셈

5일 차

114쪽

1. $2\frac{7}{10}$
2. $4\frac{5}{12}$
3. $3\frac{8}{15}$
4. $3\frac{4}{21}$
5. $5\frac{13}{30}$
6. $4\frac{13}{36}$
7. $2\frac{11}{60}$
8. $2\frac{11}{18}$
9. $3\frac{13}{20}$
10. $2\frac{19}{24}$
11. $6\frac{23}{36}$
12. $3\frac{43}{45}$
13. $5\frac{37}{63}$
14. $4\frac{89}{96}$

115쪽

15. $5\frac{1}{4}$
16. $4\frac{1}{8}$
17. $3\frac{1}{2}$
18. $3\frac{1}{12}$
19. $6\frac{1}{14}$
20. $4\frac{7}{16}$
21. $5\frac{5}{18}$
22. $5\frac{1}{20}$
23. $4\frac{2}{21}$
24. $7\frac{7}{24}$
25. $3\frac{7}{30}$
26. $5\frac{1}{30}$
27. $4\frac{11}{36}$
28. $5\frac{9}{40}$
29. $3\frac{1}{42}$
30. $4\frac{14}{45}$
31. $8\frac{11}{48}$
32. $5\frac{9}{56}$
33. $9\frac{23}{60}$
34. $6\frac{25}{72}$
35. $7\frac{17}{80}$

6일 차

116쪽

1. $2\frac{5}{8}$
2. $7\frac{7}{12}$
3. $5\frac{3}{5}$
4. $2\frac{3}{10}$
5. $5\frac{12}{35}$
6. $6\frac{16}{39}$
7. $6\frac{3}{20}$
8. $3\frac{5}{8}$
9. $3\frac{8}{9}$
10. $6\frac{3}{4}$
11. $7\frac{19}{24}$
12. $4\frac{7}{10}$
13. $3\frac{31}{36}$
14. $4\frac{33}{40}$
15. $3\frac{41}{42}$
16. $3\frac{38}{45}$
17. $8\frac{39}{50}$
18. $3\frac{53}{56}$
19. $7\frac{53}{60}$
20. $4\frac{73}{80}$
21. $8\frac{44}{45}$

117쪽

22. $5\frac{1}{2}$
23. $3\frac{1}{12}$
24. $4\frac{5}{14}$
25. $6\frac{7}{15}$
26. $5\frac{3}{20}$
27. $4\frac{1}{24}$
28. $4\frac{17}{28}$
29. $7\frac{7}{30}$
30. $6\frac{3}{40}$
31. $9\frac{1}{6}$
32. $7\frac{2}{45}$
33. $7\frac{5}{48}$
34. $5\frac{28}{55}$
35. $6\frac{15}{56}$
36. $8\frac{20}{63}$
37. $4\frac{13}{72}$
38. $3\frac{4}{75}$
39. $4\frac{23}{84}$
40. $7\frac{1}{88}$
41. $8\frac{8}{45}$
42. $7\frac{7}{108}$

① ~ ③ 다르게 풀기

7일 차

118쪽

1. $\frac{7}{12}$
2. $1\frac{4}{15}$
3. $2\frac{7}{18}$
4. $5\frac{13}{28}$
5. $1\frac{1}{10}$
6. $2\frac{24}{35}$
7. $\frac{29}{40}$
8. $5\frac{15}{56}$

119쪽

9. $3\frac{11}{14}$
10. $1\frac{7}{20}$
11. $\frac{13}{24}$
12. $4\frac{5}{24}$
13. $2\frac{9}{10}$
14. $\frac{41}{48}$
15. $7\frac{11}{60}$
16. $1\frac{1}{45}$
17. $4\frac{1}{2}, 7\frac{3}{5}, 12\frac{1}{10}$

8일 차

120쪽

❶ $\dfrac{1}{6}$

❷ $\dfrac{1}{10}$

❸ $\dfrac{1}{12}$

❹ $\dfrac{1}{18}$

❺ $\dfrac{2}{35}$

❻ $\dfrac{2}{45}$

❼ $\dfrac{1}{60}$

❽ $\dfrac{1}{4}$

❾ $\dfrac{1}{9}$

❿ $\dfrac{1}{10}$

⓫ $\dfrac{5}{12}$

⓬ $\dfrac{1}{14}$

⓭ $\dfrac{7}{15}$

⓮ $\dfrac{1}{18}$

121쪽

⓯ $\dfrac{7}{20}$

⓰ $\dfrac{1}{4}$

⓱ $\dfrac{9}{20}$

⓲ $\dfrac{8}{21}$

⓳ $\dfrac{7}{24}$

⓴ $\dfrac{5}{24}$

㉑ $\dfrac{13}{28}$

㉒ $\dfrac{11}{30}$

㉓ $\dfrac{9}{35}$

㉔ $\dfrac{5}{36}$

㉕ $\dfrac{13}{36}$

㉖ $\dfrac{7}{40}$

㉗ $\dfrac{1}{14}$

㉘ $\dfrac{4}{21}$

㉙ $\dfrac{17}{45}$

㉚ $\dfrac{22}{45}$

㉛ $\dfrac{5}{48}$

㉜ $\dfrac{13}{60}$

㉝ $\dfrac{13}{72}$

㉞ $\dfrac{35}{88}$

㉟ $\dfrac{5}{104}$

9일 차

122쪽

❶ $\dfrac{1}{8}$

❷ $\dfrac{5}{14}$

❸ $\dfrac{2}{15}$

❹ $\dfrac{3}{20}$

❺ $\dfrac{1}{10}$

❻ $\dfrac{1}{40}$

❼ $\dfrac{2}{63}$

❽ $\dfrac{1}{10}$

❾ $\dfrac{1}{2}$

❿ $\dfrac{5}{12}$

⓫ $\dfrac{7}{12}$

⓬ $\dfrac{1}{12}$

⓭ $\dfrac{4}{15}$

⓮ $\dfrac{1}{16}$

⓯ $\dfrac{7}{18}$

⓰ $\dfrac{11}{18}$

⓱ $\dfrac{1}{20}$

⓲ $\dfrac{9}{20}$

⓳ $\dfrac{17}{24}$

⓴ $\dfrac{11}{24}$

㉑ $\dfrac{15}{28}$

123쪽

㉒ $\dfrac{7}{30}$

㉓ $\dfrac{7}{30}$

㉔ $\dfrac{11}{35}$

㉕ $\dfrac{11}{36}$

㉖ $\dfrac{7}{36}$

㉗ $\dfrac{1}{40}$

㉘ $\dfrac{11}{40}$

㉙ $\dfrac{23}{42}$

㉚ $\dfrac{11}{42}$

㉛ $\dfrac{13}{48}$

㉜ $\dfrac{27}{56}$

㉝ $\dfrac{11}{60}$

㉞ $\dfrac{13}{60}$

㉟ $\dfrac{13}{63}$

㊱ $\dfrac{5}{66}$

㊲ $\dfrac{31}{72}$

㊳ $\dfrac{41}{72}$

㊴ $\dfrac{19}{75}$

㊵ $\dfrac{31}{80}$

㊶ $\dfrac{17}{84}$

㊷ $\dfrac{7}{96}$

⑤ 받아내림이 없는 분모가 다른 대분수의 뺄셈

10일 차

124쪽

❶ $1\dfrac{1}{6}$

❷ $3\dfrac{3}{10}$

❸ $1\dfrac{2}{15}$

❹ $\dfrac{1}{24}$

❺ $2\dfrac{3}{28}$

❻ $1\dfrac{1}{36}$

❼ $2\dfrac{3}{70}$

❽ $2\dfrac{1}{4}$

❾ $1\dfrac{1}{3}$

❿ $4\dfrac{5}{9}$

⓫ $2\dfrac{3}{10}$

⓬ $1\dfrac{7}{12}$

⓭ $1\dfrac{1}{6}$

⓮ $\dfrac{4}{15}$

125쪽

⓯ $2\dfrac{1}{15}$

⓰ $5\dfrac{3}{16}$

⓱ $1\dfrac{9}{20}$

⓲ $4\dfrac{7}{22}$

⓳ $\dfrac{1}{24}$

⓴ $1\dfrac{7}{24}$

㉑ $2\dfrac{1}{8}$

㉒ $4\dfrac{13}{28}$

㉓ $\dfrac{8}{15}$

㉔ $1\dfrac{1}{30}$

㉕ $2\dfrac{11}{35}$

㉖ $3\dfrac{11}{36}$

㉗ $4\dfrac{14}{39}$

㉘ $\dfrac{7}{40}$

㉙ $1\dfrac{7}{40}$

㉚ $1\dfrac{28}{45}$

㉛ $2\dfrac{1}{56}$

㉜ $\dfrac{17}{60}$

㉝ $2\dfrac{40}{63}$

㉞ $4\dfrac{12}{35}$

㉟ $5\dfrac{23}{72}$

11일 차

126쪽

❶ $1\dfrac{1}{6}$

❷ $3\dfrac{1}{18}$

❸ $\dfrac{1}{20}$

❹ $2\dfrac{4}{21}$

❺ $2\dfrac{1}{30}$

❻ $1\dfrac{1}{56}$

❼ $1\dfrac{1}{90}$

❽ $4\dfrac{1}{6}$

❾ $2\dfrac{1}{2}$

❿ $2\dfrac{1}{8}$

⓫ $3\dfrac{1}{8}$

⓬ $3\dfrac{1}{9}$

⓭ $\dfrac{1}{10}$

⓮ $2\dfrac{3}{10}$

⓯ $2\dfrac{5}{12}$

⓰ $4\dfrac{3}{4}$

⓱ $\dfrac{1}{4}$

⓲ $4\dfrac{3}{14}$

⓳ $2\dfrac{1}{15}$

⓴ $3\dfrac{1}{15}$

㉑ $5\dfrac{7}{16}$

127쪽

㉒ $5\dfrac{5}{18}$

㉓ $2\dfrac{7}{20}$

㉔ $2\dfrac{8}{21}$

㉕ $3\dfrac{11}{24}$

㉖ $2\dfrac{5}{24}$

㉗ $1\dfrac{13}{30}$

㉘ $\dfrac{10}{33}$

㉙ $3\dfrac{19}{36}$

㉚ $\dfrac{14}{39}$

㉛ $4\dfrac{13}{40}$

㉜ $4\dfrac{11}{42}$

㉝ $3\dfrac{29}{48}$

㉞ $1\dfrac{25}{54}$

㉟ $2\dfrac{34}{55}$

㊱ $3\dfrac{7}{30}$

㊲ $6\dfrac{11}{65}$

㊳ $\dfrac{39}{70}$

㊴ $3\dfrac{35}{72}$

㊵ $1\dfrac{37}{84}$

㊶ $3\dfrac{7}{45}$

㊷ $4\dfrac{7}{96}$

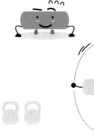

12일 차

128쪽

① $1\dfrac{5}{6}$

② $2\dfrac{13}{15}$

③ $2\dfrac{17}{18}$

④ $1\dfrac{19}{24}$

⑤ $\dfrac{25}{28}$

⑥ $1\dfrac{39}{40}$

⑦ $4\dfrac{67}{90}$

⑧ $1\dfrac{3}{4}$

⑨ $3\dfrac{1}{2}$

⑩ $\dfrac{5}{8}$

⑪ $2\dfrac{3}{8}$

⑫ $1\dfrac{7}{9}$

⑬ $3\dfrac{7}{12}$

⑭ $2\dfrac{5}{12}$

129쪽

⑮ $2\dfrac{14}{15}$

⑯ $2\dfrac{5}{18}$

⑰ $3\dfrac{19}{20}$

⑱ $\dfrac{10}{21}$

⑲ $1\dfrac{19}{24}$

⑳ $\dfrac{23}{24}$

㉑ $2\dfrac{15}{28}$

㉒ $2\dfrac{11}{30}$

㉓ $\dfrac{7}{30}$

㉔ $3\dfrac{24}{35}$

㉕ $2\dfrac{35}{36}$

㉖ $4\dfrac{19}{36}$

㉗ $1\dfrac{29}{40}$

㉘ $3\dfrac{7}{15}$

㉙ $3\dfrac{29}{50}$

㉚ $\dfrac{51}{56}$

㉛ $2\dfrac{47}{60}$

㉜ $1\dfrac{17}{20}$

㉝ $2\dfrac{37}{70}$

㉞ $4\dfrac{53}{72}$

㉟ $\dfrac{97}{108}$

13일 차

130쪽

① $2\dfrac{2}{3}$

② $\dfrac{11}{12}$

③ $2\dfrac{19}{20}$

④ $1\dfrac{33}{35}$

⑤ $1\dfrac{35}{36}$

⑥ $3\dfrac{37}{40}$

⑦ $3\dfrac{53}{56}$

⑧ $\dfrac{1}{2}$

⑨ $1\dfrac{5}{8}$

⑩ $1\dfrac{8}{9}$

⑪ $\dfrac{7}{10}$

⑫ $2\dfrac{1}{2}$

⑬ $1\dfrac{11}{12}$

⑭ $4\dfrac{5}{6}$

⑮ $1\dfrac{13}{14}$

⑯ $1\dfrac{14}{15}$

⑰ $4\dfrac{13}{15}$

⑱ $\dfrac{13}{18}$

⑲ $1\dfrac{17}{18}$

⑳ $2\dfrac{19}{20}$

㉑ $\dfrac{17}{24}$

131쪽

㉒ $3\dfrac{5}{6}$

㉓ $3\dfrac{17}{26}$

㉔ $\dfrac{25}{28}$

㉕ $6\dfrac{23}{30}$

㉖ $1\dfrac{17}{30}$

㉗ $3\dfrac{25}{36}$

㉘ $1\dfrac{23}{40}$

㉙ $6\dfrac{17}{40}$

㉚ $2\dfrac{19}{42}$

㉛ $2\dfrac{37}{45}$

㉜ $4\dfrac{43}{48}$

㉝ $1\dfrac{37}{56}$

㉞ $\dfrac{49}{60}$

㉟ $4\dfrac{37}{63}$

㊱ $2\dfrac{69}{70}$

㊲ $2\dfrac{68}{75}$

㊳ $4\dfrac{67}{80}$

㊴ $1\dfrac{83}{84}$

㊵ $\dfrac{26}{45}$

㊶ $2\dfrac{31}{99}$

㊷ $2\dfrac{77}{120}$

④ ~ ⑥ 다르게 풀기

14일 차

132쪽

① $\dfrac{1}{2}$

② $1\dfrac{5}{6}$

③ $2\dfrac{7}{15}$

④ $1\dfrac{13}{20}$

⑤ $1\dfrac{17}{24}$

⑥ $\dfrac{13}{36}$

⑦ $\dfrac{23}{40}$

⑧ $\dfrac{23}{56}$

133쪽

⑨ $2\dfrac{5}{6}$

⑩ $\dfrac{7}{12}$

⑪ $3\dfrac{1}{20}$

⑫ $\dfrac{7}{40}$

⑬ $4\dfrac{26}{45}$

⑭ $5\dfrac{7}{48}$

⑮ $2\dfrac{41}{50}$

⑯ $\dfrac{37}{80}$

⑰ $2\dfrac{2}{3}, 1\dfrac{1}{2}, 1\dfrac{1}{6}$

비법 강의 초등에서 푸는 방정식 계산 비법

134쪽

❶ $\dfrac{4}{15}$, $\dfrac{4}{15}$

❷ $1\dfrac{4}{5}$, $1\dfrac{4}{5}$

❸ $\dfrac{51}{56}$, $\dfrac{51}{56}$

❹ $\dfrac{9}{10}$, $\dfrac{9}{10}$

❺ $1\dfrac{7}{24}$, $1\dfrac{7}{24}$

❻ $3\dfrac{5}{8}$, $3\dfrac{5}{8}$

135쪽

❼ $\dfrac{1}{12}$, $\dfrac{1}{12}$

❽ $\dfrac{13}{24}$, $\dfrac{13}{24}$

❾ $2\dfrac{7}{15}$, $2\dfrac{7}{15}$

❿ $1\dfrac{11}{12}$, $1\dfrac{11}{12}$

⓫ $3\dfrac{5}{18}$, $3\dfrac{5}{18}$

⓬ $\dfrac{1}{6}$, $\dfrac{1}{6}$

⓭ $\dfrac{7}{15}$, $\dfrac{7}{15}$

⓮ $1\dfrac{1}{4}$, $1\dfrac{1}{4}$

⓯ $\dfrac{9}{10}$, $\dfrac{9}{10}$

⓰ $2\dfrac{31}{48}$, $2\dfrac{31}{48}$

평가 5. 분수의 덧셈과 뺄셈

136쪽

1 $\dfrac{3}{4}$

2 $\dfrac{13}{18}$

3 $\dfrac{23}{24}$

4 $1\dfrac{5}{12}$

5 $1\dfrac{1}{6}$

6 $1\dfrac{7}{36}$

7 $1\dfrac{21}{40}$

8 $3\dfrac{7}{10}$

9 $2\dfrac{17}{21}$

10 $7\dfrac{7}{24}$

11 $6\dfrac{2}{15}$

12 $\dfrac{2}{9}$

13 $\dfrac{23}{40}$

14 $\dfrac{5}{42}$

137쪽

15 $2\dfrac{2}{9}$

16 $1\dfrac{1}{12}$

17 $2\dfrac{9}{40}$

18 $3\dfrac{9}{10}$

19 $\dfrac{9}{14}$

20 $1\dfrac{13}{24}$

21 $3\dfrac{23}{36}$

22 $1\dfrac{1}{10}$

23 $7\dfrac{5}{16}$

24 $\dfrac{1}{2}$

25 $1\dfrac{13}{15}$

🔗 틀린 문제는 클리닉 북에서 보충할 수 있습니다.

1 25쪽	8 27쪽	15 29쪽	22 26쪽
2 25쪽	9 27쪽	16 29쪽	23 27쪽
3 25쪽	10 27쪽	17 29쪽	24 28쪽
4 26쪽	11 27쪽	18 30쪽	25 30쪽
5 26쪽	12 28쪽	19 30쪽	
6 26쪽	13 28쪽	20 30쪽	
7 26쪽	14 28쪽	21 30쪽	

6. 다각형의 둘레와 넓이

① 정다각형의 둘레

1일차

140쪽

❶ 20 cm

❷ 35 cm

❸ 36 cm

❹ 40 cm

141쪽

❺ 24 cm

❻ 48 cm

❼ 55 cm

❽ 60 cm

❾ 56 cm

❿ 54 cm

⓫ 80 cm

⓬ 60 cm

② 사각형의 둘레

2일차

142쪽

❶ 14 cm

❷ 20 cm

❸ 24 cm

❹ 26 cm

143쪽

❺ 16 cm

❻ 20 cm

❼ 22 cm

❽ 30 cm

❾ 12 cm

❿ 16 cm

⓫ 20 cm

⓬ 28 cm

3일차

144쪽

❶ 20 cm

❷ 32 cm

❸ 36 cm

❹ 52 cm

❺ 24 cm

❻ 28 cm

❼ 40 cm

❽ 42 cm

145쪽

❾ 18 cm

❿ 34 cm

⓫ 42 cm

⓬ 48 cm

⓭ 24 cm

⓮ 36 cm

⓯ 48 cm

⓰ 52 cm

③ 1 cm², 1 m², 1 km² 사이의 관계

4일차

146쪽

❶ 20000

❷ 140000

❸ 290000

❹ 4000000

❺ 23000000

❻ 36000000

147쪽

❼ 50000

❽ 680000

❾ 35000

❿ 9

⓫ 42

⓬ 60

⓭ 8.7

⓮ 3000000

⓯ 42000000

⓰ 2700000

⓱ 8

⓲ 31

⓳ 50

⓴ 3.3

148쪽

❶ 30000
❷ 70000
❸ 110000
❹ 460000
❺ 780000
❻ 14000
❼ 5000

❽ 8
❾ 10
❿ 37
⓫ 63
⓬ 90
⓭ 3.9
⓮ 0.6

149쪽

⓯ 2000000
⓰ 6000000
⓱ 15000000
⓲ 34000000
⓳ 79000000
⓴ 2100000
㉑ 1620000

㉒ 4
㉓ 9
㉔ 55
㉕ 68
㉖ 87
㉗ 4.9
㉘ 0.8

④ 직사각형의 넓이

150쪽

❶ 20 cm^2
❷ 24 cm^2
❸ 27 cm^2
❹ 32 cm^2

151쪽

❺ 24 cm^2
❻ 35 cm^2
❼ 54 cm^2
❽ 60 cm^2

❾ 16 cm^2
❿ 49 cm^2
⓫ 64 cm^2
⓬ 100 cm^2

152쪽

❶ 40 cm^2
❷ 54 cm^2
❸ 77 cm^2
❹ 156 cm^2

❺ 30 m^2
❻ 60 m^2
❼ 72 m^2
❽ 224 m^2

153쪽

❾ 25 cm^2
❿ 81 cm^2
⓫ 121 cm^2
⓬ 169 cm^2

⓭ 4 m^2
⓮ 36 m^2
⓯ 144 m^2
⓰ 225 m^2

⑤ 평행사변형의 넓이

154쪽

❶ 12 cm^2
❷ 15 cm^2
❸ 24 cm^2
❹ 25 cm^2

155쪽

❺ 20 cm^2
❻ 28 cm^2
❼ 35 cm^2
❽ 49 cm^2

❾ 30 m^2
❿ 45 m^2
⓫ 56 m^2
⓬ 60 m^2

156쪽

❶ 60 cm²
❷ 77 cm²
❸ 108 cm²
❹ 130 cm²

❺ 132 cm²
❻ 128 cm²
❼ 143 cm²
❽ 180 cm²

157쪽

❾ 54 m²
❿ 64 m²
⓫ 80 m²
⓬ 98 m²

⓭ 108 m²
⓮ 150 m²
⓯ 117 m²
⓰ 196 m²

⑥ 삼각형의 넓이

158쪽

❶ 6 cm²
❷ 10 cm²
❸ 15 cm²
❹ 21 cm²

159쪽

❺ 20 cm²
❻ 27 cm²
❼ 32 cm²
❽ 33 cm²

❾ 21 m²
❿ 35 m²
⓫ 44 m²
⓬ 48 m²

160쪽

❶ 30 cm²
❷ 36 cm²
❸ 48 cm²
❹ 77 cm²

❺ 49 cm²
❻ 52 cm²
❼ 75 cm²
❽ 96 cm²

161쪽

❾ 28 m²
❿ 50 m²
⓫ 84 m²
⓬ 90 m²

⓭ 60 m²
⓮ 66 m²
⓯ 80 m²
⓰ 112 m²

⑦ 마름모의 넓이

162쪽

❶ 9 cm²
❷ 18 cm²
❸ 20 cm²
❹ 21 cm²

163쪽

❺ 25 cm²
❻ 32 cm²
❼ 35 cm²
❽ 56 cm²

❾ 15 m²
❿ 16 m²
⓫ 36 m²
⓬ 42 m²

164쪽

❶ 30 cm²
❷ 44 cm²
❸ 50 cm²
❹ 84 cm²

❺ 52 cm²
❻ 99 cm²
❼ 90 cm²
❽ 100 cm²

165쪽

❾ 45 m²
❿ 78 m²
⓫ 60 m²
⓬ 96 m²

⓭ 30 m²
⓮ 120 m²
⓯ 84 m²
⓰ 126 m²

⑧ 사다리꼴의 넓이

166쪽
❶ 12 cm²
❷ 20 cm²
❸ 21 cm²
❹ 30 cm²

167쪽
❺ 36 cm²
❻ 49 cm²
❼ 60 cm²
❽ 64 cm²

❾ 25 m²
❿ 42 m²
⓫ 48 m²
⓬ 68 m²

168쪽
❶ 40 cm²
❷ 64 cm²
❸ 104 cm²
❹ 120 cm²

❺ 63 cm²
❻ 99 cm²
❼ 126 cm²
❽ 195 cm²

169쪽
❾ 49 m²
❿ 68 m²
⓫ 72 m²
⓬ 108 m²

⓭ 52 m²
⓮ 72 m²
⓯ 115 m²
⓰ 143 m²

평가 **6. 다각형의 둘레와 넓이**

170쪽
1 21 cm
2 32 cm
3 18 cm
4 24 cm
5 32 cm

6 90000
7 35
8 12000000
9 64
10 30 cm²
11 49 cm²
12 33 m²

171쪽
13 77 cm²
14 130 m²
15 28 cm²
16 66 m²

17 48 cm²
18 63 m²
19 56 cm²
20 95 m²

🔗 틀린 문제는 클리닉 북에서 보충할 수 있습니다.

1 31쪽
2 31쪽
3 32쪽
4 32쪽
5 32쪽

6 33쪽
7 33쪽
8 33쪽
9 33쪽
10 34쪽
11 34쪽
12 34쪽

13 35쪽
14 35쪽
15 36쪽
16 36쪽

17 37쪽
18 37쪽
19 38쪽
20 38쪽

1. 자연수의 혼합 계산

1쪽 ① 덧셈과 뺄셈이 섞여 있는 식의 계산

① 18   ② 37
③ 59   ④ 70
⑤ 13   ⑥ 45
⑦ 51   ⑧ 43
⑨ 8   ⑩ 10
⑪ 30   ⑫ 19
⑬ 69   ⑭ 26
⑮ 54   ⑯ 31

2쪽 ② 곱셈과 나눗셈이 섞여 있는 식의 계산

① 15   ② 54
③ 16   ④ 88
⑤ 135   ⑥ 48
⑦ 10   ⑧ 72
⑨ 5   ⑩ 2
⑪ 7   ⑫ 5
⑬ 4   ⑭ 16
⑮ 72   ⑯ 7

3쪽 ③ 덧셈, 뺄셈, 곱셈이 섞여 있는 식의 계산

① 33   ② 49
③ 16   ④ 103
⑤ 45   ⑥ 22
⑦ 52   ⑧ 65
⑨ 65   ⑩ 54
⑪ 96   ⑫ 160
⑬ 18   ⑭ 94
⑮ 98   ⑯ 57

4쪽 ④ 덧셈, 뺄셈, 나눗셈이 섞여 있는 식의 계산

① 19   ② 9
③ 38   ④ 53
⑤ 15   ⑥ 44
⑦ 49   ⑧ 38
⑨ 3   ⑩ 5
⑪ 7   ⑫ 5
⑬ 31   ⑭ 22
⑮ 36   ⑯ 82

5쪽 ⑤ 덧셈, 뺄셈, 곱셈, 나눗셈이 섞여 있는 식의 계산

① 19   ② 27
③ 49   ④ 72
⑤ 39   ⑥ 26
⑦ 38   ⑧ 41
⑨ 3   ⑩ 22
⑪ 7   ⑫ 93
⑬ 86   ⑭ 61
⑮ 67   ⑯ 120

2. 약수와 배수

7쪽 ① 약수

① 1, 2, 4   ② 1, 13
③ 1, 2, 11, 22   ④ 1, 2, 13, 26
⑤ 1, 2, 17, 34   ⑥ 1, 2, 19, 38
⑦ 1, 2, 23, 46   ⑧ 1, 2, 3, 6, 9, 18, 27, 54
⑨ 1, 2, 4, 8, 16, 32, 64
⑩ 1, 2, 3, 6, 11, 22, 33, 66
⑪ 1, 2, 3, 6, 13, 26, 39, 78
⑫ 1, 2, 4, 5, 8, 10, 16, 20, 40, 80

① 3, 6, 9, 12
② 7, 14, 21, 28
③ 11, 22, 33, 44
④ 14, 28, 42, 56
⑤ 23, 46, 69, 92
⑥ 26, 52, 78, 104
⑦ 35, 70, 105, 140
⑧ 49, 98, 147, 196
⑨ 52, 104, 156, 208
⑩ 61, 122, 183, 244
⑪ 75, 150, 225, 300
⑫ 80, 160, 240, 320

7 예 $3\,)\,\underline{63\quad 27}$ / 9
$\qquad 3\,)\,\underline{21\quad\ \ 9}$
$\qquad\qquad 7\quad\ \ 3$

8 예 $2\,)\,\underline{70\quad 84}$ / 14
$\qquad 7\,)\,\underline{35\quad 42}$
$\qquad\qquad 5\quad\ \ 6$

9쪽 3 공약수, 최대공약수

① 1, 2, 3, 6 / 1, 2, 4, 8 / 1, 2 / 2
② 1, 2, 5, 10 / 1, 3, 5, 15 / 1, 5 / 5
③ 1, 2, 3, 4, 6, 12 / 1, 2, 3, 5, 6, 10, 15, 30 / 1, 2, 3, 6 / 6
④ 1, 2, 4, 5, 10, 20 / 1, 2, 4, 8, 16 / 1, 2, 4 / 4
⑤ 1, 3, 9, 27 / 1, 2, 3, 4, 6, 9, 12, 18, 36 / 1, 3, 9 / 9
⑥ 1, 2, 4, 5, 8, 10, 20, 40 / 1, 2, 4, 7, 8, 14, 28, 56
/ 1, 2, 4, 8 / 8

12쪽 6 공배수, 최소공배수

① 2, 4, 6, 8, 10 / 5, 10, 15, 20, 25 / 10, 20 / 10
② 8, 16, 24, 32, 40 / 10, 20, 30, 40, 50 / 40, 80 / 40
③ 12, 24, 36, 48, 60 / 16, 32, 48, 64, 80 / 48, 96 / 48
④ 14, 28, 42, 56, 70 / 35, 70, 105, 140, 175 / 70, 140 / 70
⑤ 18, 36, 54, 72, 90 / 24, 48, 72, 96, 120 / 72, 144 / 72
⑥ 27, 54, 81, 108, 135 / 45, 90, 135, 180, 225
/ 135, 270 / 135

10쪽 4 곱셈식을 이용하여 최대공약수를 구하는 방법

① 예 3×3, 3×5 / 3
② 예 2×13, 3×13 / 13
③ 예 $2\times 2\times 2\times 2\times 2$, $2\times 2\times 5$ / 4
④ 예 5×7, 7×7 / 7
⑤ 예 $2\times 3\times 7$, $2\times 2\times 3\times 3$ / 6
⑥ 예 $3\times 3\times 5$, $2\times 2\times 3\times 5$ / 15
⑦ 예 $2\times 5\times 5$, $2\times 2\times 2\times 5$ / 10
⑧ 예 $2\times 2\times 2\times 3\times 3$, $2\times 3\times 3\times 5$ / 18

13쪽 7 곱셈식을 이용하여 최소공배수를 구하는 방법

① 예 2×5, 2×7 / 70
② 예 $2\times 2\times 3$, $2\times 3\times 3\times 3$ / 108
③ 예 $2\times 2\times 5$, 5×5 / 100
④ 예 3×7, $2\times 2\times 7$ / 84
⑤ 예 $2\times 2\times 2\times 3$, $2\times 3\times 3$ / 72
⑥ 예 $2\times 2\times 11$, $2\times 3\times 11$ / 132
⑦ 예 $3\times 3\times 7$, $2\times 3\times 7$ / 126
⑧ 예 $3\times 5\times 5$, $2\times 2\times 3\times 5$ / 300

11쪽 5 공약수를 이용하여 최대공약수를 구하는 방법

① $2\,)\,\underline{4\quad 14}$ / 2
$\qquad 2\quad\ \ 7$

② $3\,)\,\underline{9\quad 15}$ / 3
$\qquad 3\quad\ \ 5$

③ $11\,)\,\underline{22\quad 55}$ / 11
$\qquad\ \ 2\quad\ \ 5$

④ $7\,)\,\underline{28\quad 63}$ / 7
$\qquad 4\quad\ \ 9$

⑤ 예 $3\,)\,\underline{45\quad 15}$ / 15
$\qquad 5\,)\,\underline{15\quad\ \ 5}$
$\qquad\qquad 3\quad\ \ 1$

⑥ 예 $2\,)\,\underline{54\quad 42}$ / 6
$\qquad 3\,)\,\underline{27\quad 21}$
$\qquad\qquad 9\quad\ \ 7$

14쪽 8 공약수를 이용하여 최소공배수를 구하는 방법

① $3\,)\,\underline{6\quad 15}$ / 30
$\qquad 2\quad\ \ 5$

② $5\,)\,\underline{10\quad 35}$ / 70
$\qquad 2\quad\ \ 7$

③ $2\,)\,\underline{14\quad 16}$ / 112
$\qquad 7\quad\ \ 8$

④ $13\,)\,\underline{26\quad 39}$ / 78
$\qquad\ \ 2\quad\ \ 3$

⑤ 예 $2\,)\,\underline{28\quad 70}$ / 140
$\qquad 7\,)\,\underline{14\quad 35}$
$\qquad\qquad 2\quad\ \ 5$

⑥ 예 $2\,)\,\underline{36\quad 20}$ / 180
$\qquad 2\,)\,\underline{18\quad 10}$
$\qquad\qquad 9\quad\ \ 5$

⑦ 예 $3\,)\,\underline{66\quad 99}$ / 198
$\qquad 11\,)\,\underline{22\quad 33}$
$\qquad\qquad\ \ 2\quad\ \ 3$

⑧ 예 $3\,)\,\underline{72\quad 45}$ / 360
$\qquad 3\,)\,\underline{24\quad 15}$
$\qquad\qquad 8\quad\ \ 5$

3. 규칙과 대응

15쪽 **1** 두 양 사이의 관계

❶ 6, 9, 12, 15 / 3

❷ 12, 18, 24, 30 / 6

❸ 4, 6, 8, 10 / 2

❹ 3, 4, 5, 6 / 1

16쪽 **2** 대응 관계를 식으로 나타내기

❶ 3, 6, 9, 12, 15 / ▥×3=▲ 또는 ▲÷3=▥

❷ 8, 16, 24, 32, 40 / ▥×8=▲ 또는 ▲÷8=▥

❸ 12, 24, 36, 48, 60 / ▥×12=▲ 또는 ▲÷12=▥

❹ 16, 32, 48, 64, 80 / ▥×16=▲ 또는 ▲÷16=▥

17쪽 **3** 생활 속에서 대응 관계를 찾아 식으로 나타내기

❶ ① 예 접시의 수를 4로 나누면 식탁의 수입니다.

② 예 포크의 수

/ 포크의 수를 8로 나누면 식탁의 수입니다.

③ 예 소시지의 수

/ 소시지의 수를 3으로 나누면 접시의 수입니다.

❷ ① 예 ▲÷4=▥ 또는 ▥×4=▲

② 예 포크의 수, ★÷8=● 또는 ●×8=★

③ 예 소시지의 수, ♥÷3=◆ 또는 ◆×3=♥

4. 약분과 통분

19쪽 **1** 크기가 같은 분수

❶ $\frac{2}{10}$, $\frac{3}{15}$, $\frac{4}{20}$

❷ $\frac{8}{14}$, $\frac{12}{21}$, $\frac{16}{28}$

❸ $\frac{6}{16}$, $\frac{9}{24}$, $\frac{12}{32}$

❹ $\frac{16}{18}$, $\frac{24}{27}$, $\frac{32}{36}$

❺ $\frac{4}{22}$, $\frac{6}{33}$, $\frac{8}{44}$

❻ $\frac{14}{24}$, $\frac{21}{36}$, $\frac{28}{48}$

❼ $\frac{4}{8}$, $\frac{2}{4}$, $\frac{1}{2}$

❽ $\frac{6}{9}$, $\frac{4}{6}$, $\frac{2}{3}$

❾ $\frac{9}{15}$, $\frac{6}{10}$, $\frac{3}{5}$

❿ $\frac{7}{21}$, $\frac{2}{6}$, $\frac{1}{3}$

⓫ $\frac{24}{32}$, $\frac{12}{16}$, $\frac{6}{8}$

⓬ $\frac{28}{35}$, $\frac{8}{10}$, $\frac{4}{5}$

20쪽 **2** 약분

❶ $\frac{2}{6}$, $\frac{1}{3}$

❷ $\frac{12}{15}$, $\frac{8}{10}$, $\frac{4}{5}$

❸ $\frac{15}{20}$, $\frac{6}{8}$, $\frac{3}{4}$

❹ $\frac{6}{15}$, $\frac{2}{5}$

❺ $\frac{16}{28}$, $\frac{8}{14}$, $\frac{4}{7}$

❻ $\frac{30}{36}$, $\frac{20}{24}$, $\frac{15}{18}$, $\frac{10}{12}$, $\frac{5}{6}$

❼ $\frac{3}{5}$

❽ $\frac{1}{6}$

❾ $\frac{2}{7}$

❿ $\frac{7}{9}$

⓫ $\frac{3}{8}$

⓬ $\frac{6}{7}$

21쪽 **3** 통분

❶ $\frac{5}{15}$, $\frac{3}{15}$

❷ $\frac{8}{18}$, $\frac{9}{18}$

❸ $\frac{20}{28}$, $\frac{21}{28}$

❹ $\frac{24}{40}$, $\frac{5}{40}$

❺ $\frac{6}{45}$, $\frac{30}{45}$

❻ $\frac{12}{48}$, $\frac{20}{48}$

❼ $\frac{2}{8}$, $\frac{3}{8}$

❽ $\frac{5}{30}$, $\frac{9}{30}$

❾ $\frac{20}{36}$, $\frac{21}{36}$

❿ $\frac{27}{42}$, $\frac{8}{42}$

⓫ $\frac{25}{60}$, $\frac{32}{60}$

⓬ $\frac{15}{80}$, $\frac{36}{80}$

22쪽 **4** 분수의 크기 비교

❶ >   ❷ <   ❸ <

❹ >   ❺ >   ❻ <

❼ >   ❽ >   ❾ >

❿ <   ⓫ <   ⓬ <

⓭ >   ⓮ >   ⓯ <

⓰ <   ⓱ >   ⓲ >

⓳ >   ⓴ <   ㉑ <

23쪽 ⑤ 분수와 소수의 크기 비교

❶ $<$　　❷ $<$　　❸ $>$

❹ $>$　　❺ $>$　　❻ $=$

❼ $<$　　❽ $=$　　❾ $>$

❿ $>$　　⓫ $<$　　⓬ $>$

⓭ $=$　　⓮ $>$　　⓯ $<$

⓰ $<$　　⓱ $>$　　⓲ $<$

⓳ $>$　　⓴ $<$　　㉑ $>$

5. 분수의 덧셈과 뺄셈

25쪽 ① 받아올림이 없는 분모가 다른 진분수의 덧셈

❶ $\dfrac{7}{12}$　　❷ $\dfrac{7}{20}$　　❸ $\dfrac{11}{30}$

❹ $\dfrac{7}{24}$　　❺ $\dfrac{13}{36}$　　❻ $\dfrac{9}{40}$

❼ $\dfrac{5}{8}$　　❽ $\dfrac{7}{9}$　　❾ $\dfrac{11}{14}$

❿ $\dfrac{14}{15}$　　⓫ $\dfrac{9}{16}$　　⓬ $\dfrac{13}{20}$

⓭ $\dfrac{17}{24}$　　⓮ $\dfrac{33}{35}$　　⓯ $\dfrac{23}{36}$

⓰ $\dfrac{29}{40}$　　⓱ $\dfrac{19}{21}$　　⓲ $\dfrac{43}{48}$

⓳ $\dfrac{33}{50}$　　⓴ $\dfrac{7}{12}$　　㉑ $\dfrac{47}{77}$

26쪽 ② 받아올림이 있는 분모가 다른 진분수의 덧셈

❶ $1\dfrac{1}{9}$　　❷ $1\dfrac{7}{10}$　　❸ $1\dfrac{7}{18}$

❹ $1\dfrac{9}{20}$　　❺ $1\dfrac{5}{24}$　　❻ $1\dfrac{13}{28}$

❼ $1\dfrac{1}{6}$　　❽ $1\dfrac{2}{35}$　　❾ $1\dfrac{7}{36}$

❿ $1\dfrac{7}{36}$　　⓫ $1\dfrac{3}{40}$　　⓬ $1\dfrac{19}{40}$

⓭ $1\dfrac{4}{21}$　　⓮ $1\dfrac{13}{45}$　　⓯ $1\dfrac{13}{48}$

⓰ $1\dfrac{1}{10}$　　⓱ $1\dfrac{1}{60}$　　⓲ $1\dfrac{3}{14}$

⓳ $1\dfrac{41}{72}$　　⓴ $1\dfrac{17}{80}$　　㉑ $1\dfrac{23}{96}$

27쪽 ③ 대분수의 덧셈

❶ $3\dfrac{9}{14}$　　❷ $3\dfrac{7}{24}$　　❸ $4\dfrac{8}{45}$

❹ $4\dfrac{7}{8}$　　❺ $2\dfrac{17}{20}$　　❻ $7\dfrac{7}{30}$

❼ $7\dfrac{25}{36}$　　❽ $6\dfrac{47}{72}$　　❾ $6\dfrac{65}{84}$

❿ $5\dfrac{1}{9}$　　⓫ $8\dfrac{1}{3}$　　⓬ $6\dfrac{7}{24}$

⓭ $6\dfrac{19}{30}$　　⓮ $6\dfrac{1}{36}$　　⓯ $8\dfrac{13}{40}$

⓰ $7\dfrac{11}{42}$　　⓱ $8\dfrac{5}{44}$　　⓲ $6\dfrac{7}{54}$

⓳ $7\dfrac{11}{70}$　　⓴ $6\dfrac{21}{80}$　　㉑ $8\dfrac{5}{96}$

28쪽 ④ 진분수의 뺄셈

❶ $\dfrac{5}{12}$　　❷ $\dfrac{1}{20}$　　❸ $\dfrac{4}{21}$

❹ $\dfrac{3}{40}$　　❺ $\dfrac{7}{44}$　　❻ $\dfrac{1}{60}$

❼ $\dfrac{1}{8}$　　❽ $\dfrac{1}{15}$　　❾ $\dfrac{11}{18}$

❿ $\dfrac{8}{21}$　　⓫ $\dfrac{1}{15}$　　⓬ $\dfrac{13}{36}$

⓭ $\dfrac{11}{40}$　　⓮ $\dfrac{29}{42}$　　⓯ $\dfrac{4}{45}$

⓰ $\dfrac{17}{48}$　　⓱ $\dfrac{7}{50}$　　⓲ $\dfrac{2}{55}$

⓳ $\dfrac{1}{20}$　　⓴ $\dfrac{17}{35}$　　㉑ $\dfrac{31}{72}$

29쪽 ⑤ 받아내림이 없는 분모가 다른 대분수의 뺄셈

❶ $2\dfrac{3}{20}$　　❷ $1\dfrac{3}{28}$　　❸ $1\dfrac{7}{36}$

❹ $2\dfrac{3}{40}$　　❺ $4\dfrac{4}{45}$　　❻ $5\dfrac{7}{60}$

❼ $2\dfrac{4}{15}$　　❽ $1\dfrac{11}{20}$　　❾ $3\dfrac{1}{10}$

❿ $1\dfrac{5}{24}$　　⓫ $4\dfrac{7}{30}$　　⓬ $3\dfrac{1}{36}$

⓭ $3\dfrac{3}{40}$　　⓮ $6\dfrac{17}{48}$　　⓯ $1\dfrac{1}{56}$

⓰ $1\dfrac{19}{60}$　　⓱ $6\dfrac{1}{12}$　　⓲ $3\dfrac{25}{63}$

⓳ $2\dfrac{7}{72}$　　⓴ $2\dfrac{43}{75}$　　㉑ $4\dfrac{11}{120}$

30쪽 6 받아내림이 있는 분모가 다른 대분수의 뺄셈

1 $\dfrac{19}{20}$ **2** $\dfrac{41}{45}$ **3** $1\dfrac{59}{60}$

4 $\dfrac{11}{14}$ **5** $2\dfrac{17}{20}$ **6** $2\dfrac{17}{25}$

7 $2\dfrac{23}{27}$ **8** $1\dfrac{5}{6}$ **9** $\dfrac{20}{33}$

10 $1\dfrac{16}{35}$ **11** $1\dfrac{19}{36}$ **12** $2\dfrac{25}{42}$

13 $3\dfrac{17}{42}$ **14** $1\dfrac{37}{48}$ **15** $3\dfrac{13}{25}$

16 $\dfrac{13}{15}$ **17** $4\dfrac{18}{35}$ **18** $1\dfrac{61}{72}$

19 $1\dfrac{53}{78}$ **20** $3\dfrac{39}{80}$ **21** $2\dfrac{7}{18}$

6. 다각형의 둘레와 넓이

31쪽 1 정다각형의 둘레

1 27 cm **2** 40 cm
3 35 cm **4** 48 cm
5 40 cm **6** 36 cm
7 60 cm **8** 36 cm

32쪽 2 사각형의 둘레

1 12 cm **2** 26 cm
3 30 cm **4** 18 cm
5 22 cm **6** 36 cm
7 16 cm **8** 28 cm

33쪽 3 1 cm^2, 1 m^2, 1 km^2 사이의 관계

1 40000 **2** 120000
3 310000 **4** 17000
5 6 **6** 35
7 68 **8** 4.9

34쪽 4 직사각형의 넓이

1 12 cm^2 **2** 28 cm^2
3 15 m^2 **4** 50 m^2
5 49 cm^2 **6** 25 cm^2
7 64 m^2 **8** 36 m^2

35쪽 5 평행사변형의 넓이

1 12 cm^2 **2** 35 cm^2
3 60 cm^2 **4** 88 cm^2
5 18 m^2 **6** 48 m^2
7 63 m^2 **8** 75 m^2

36쪽 6 삼각형의 넓이

1 6 cm^2 **2** 10 cm^2
3 24 cm^2 **4** 42 cm^2
5 9 m^2 **6** 21 m^2
7 25 m^2 **8** 27 m^2

37쪽 7 마름모의 넓이

1 10 cm^2 **2** 32 cm^2
3 63 cm^2 **4** 64 cm^2
5 24 m^2 **6** 35 m^2
7 44 m^2 **8** 60 m^2

38쪽 8 사다리꼴의 넓이

1 18 cm^2 **2** 28 cm^2
3 42 cm^2 **4** 76 cm^2
5 30 m^2 **6** 48 m^2
7 64 m^2 **8** 90 m^2

수와 연산

1학년

1-1 9까지의 수
- 1부터 9까지의 수
- 수로 순서 나타내기
- 수의 순서
- 1만큼 더 큰 수, 1만큼 더 작은 수 / 0
- 수의 크기 비교

1-1 덧셈과 뺄셈
- 9까지의 수 모으기와 가르기
- 덧셈 알아보기, 덧셈하기
- 뺄셈 알아보기, 뺄셈하기
- 0이 있는 덧셈과 뺄셈

1-1 50까지의 수
- 10 / 십몇
- 19까지의 수 모으기와 가르기
- 10개씩 묶어 세기 / 50까지의 수 세기
- 수의 순서
- 수의 크기 비교

1-2 100까지의 수
- 60, 70, 80, 90
- 99까지의 수
- 수의 순서
- 수의 크기 비교
- 짝수와 홀수

1-2 덧셈과 뺄셈
- 계산 결과가 한 자리 수인 세 수의 덧셈과 뺄셈
- 100이 되는 더하기
- 10에서 빼기
- 두 수의 합이 10인 세 수의 덧셈

- 받아올림이 있는 (몇)+(몇)
- 받아내림이 있는 (십몇)-(몇)

- 받아올림이 없는 (몇십몇)+(몇), (몇십)+(몇십), (몇십몇)+(몇십몇)
- 받아내림이 없는 (몇십몇)-(몇), (몇십)-(몇십), (몇십몇)-(몇십몇)

수와 연산

2학년

2-1 세 자리 수
- 100 / 몇백
- 세 자리 수
- 각 자리의 숫자가 나타내는 값
- 뛰어 세기
- 수의 크기 비교

2-1 덧셈과 뺄셈
- 받아올림이 있는 (두 자리 수)+(한 자리 수), (두 자리 수)+(두 자리 수)
- 받아내림이 있는 (두 자리 수)-(한 자리 수), (몇십)-(몇십몇), (두 자리 수)-(두 자리 수)
- 세 수의 계산
- 덧셈과 뺄셈의 관계를 식으로 나타내기
- □가 사용된 덧셈식을 만들고 □의 값 구하기
- □가 사용된 뺄셈식을 만들고 □의 값 구하기

2-1 곱셈
- 여러 가지 방법으로 세어 보기
- 묶어 세기
- 몇의 몇 배
- 곱셈 알아보기
- 곱셈식

2-2 네 자리 수
- 1000 / 몇천
- 네 자리 수
- 각 자리의 숫자가 나타내는 값
- 뛰어 세기
- 수의 크기 비교

2-2 곱셈구구
- 2단 곱셈구구
- 5단 곱셈구구
- 3단, 6단 곱셈구구
- 4단, 8단 곱셈구구
- 7단 곱셈구구
- 9단 곱셈구구
- 1단 곱셈구구 / 0의 곱
- 곱셈표

3학년

3-1 덧셈과 뺄셈
- (세 자리 수)+(세 자리 수)
- (세 자리 수)-(세 자리 수)

3-1 나눗셈
- 똑같이 나누어 보기
- 곱셈과 나눗셈의 관계
- 나눗셈의 몫을 곱셈식으로 구하기
- 나눗셈의 몫을 곱셈구구로 구하기

3-1 곱셈
- (몇십)×(몇)
- (몇십몇)×(몇)

3-1 분수와 소수
- 똑같이 나누어 보기
- 분수
- 분모가 같은 분수의 크기 비교
- 단위분수의 크기 비교
- 소수
- 소수의 크기 비교

3-2 곱셈
- (세 자리 수)×(한 자리 수)
- (몇십)×(몇십), (몇십몇)×(몇십)
- (몇)×(몇십몇)
- (몇십몇)×(몇십몇)

3-2 나눗셈
- (몇십)÷(몇)
- (몇십몇)÷(몇)
- (세 자리 수)÷(한 자리 수)

3-2 분수
- 분수로 나타내기
- 분수만큼은 얼마인지 알아보기
- 진분수, 가분수, 자연수, 대분수
- 분모가 같은 분수의 크기 비교

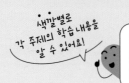

색깔별로 각 주제의 학습 내용을 알 수 있어요!

자연수	자연수의 혼합 계산	분수의 곱셈과 나눗셈
자연수의 덧셈과 뺄셈	분수의 덧셈과 뺄셈	소수의 곱셈과 나눗셈
자연수의 곱셈과 나눗셈	소수의 덧셈과 뺄셈	

4학년

4-1 큰 수
- 10000 / 다섯 자리 수
- 십만, 백만, 천만
- 억, 조
- 뛰어 세기
- 수의 크기 비교

4-1 곱셈과 나눗셈
- (세 자리 수)×(몇십)
- (세 자리 수)×(두 자리 수)
- (세 자리 수)÷(몇십)
- (두 자리 수)÷(두 자리 수),
  (세 자리 수)÷(두 자리 수)

4-2 분수의 덧셈과 뺄셈
- 두 진분수의 덧셈
- 두 진분수의 뺄셈, 1−(진분수)
- 대분수의 덧셈
- (자연수)−(분수)
- (대분수)−(대분수), (대분수)−(가분수)

4-2 소수의 덧셈과 뺄셈
- 소수 두 자리 수 / 소수 세 자리 수
- 소수의 크기 비교
- 소수 사이의 관계
- 소수 한 자리 수의 덧셈과 뺄셈
- 소수 두 자리 수의 덧셈과 뺄셈

5학년

5-1 자연수의 혼합 계산
- 덧셈과 뺄셈이 섞여 있는 식
- 곱셈과 나눗셈이 섞여 있는 식
- 덧셈, 뺄셈, 곱셈이 섞여 있는 식
- 덧셈, 뺄셈, 나눗셈이 섞여 있는 식
- 덧셈, 뺄셈, 곱셈, 나눗셈이 섞여 있는 식

5-1 약수와 배수
- 약수와 배수
- 약수와 배수의 관계
- 공약수와 최대공약수
- 공배수와 최소공배수

5-1 약분과 통분
- 크기가 같은 분수
- 약분
- 통분
- 분수의 크기 비교
- 분수와 소수의 크기 비교

5-1 분수의 덧셈과 뺄셈
- 진분수의 덧셈
- 대분수의 덧셈
- 진분수의 뺄셈
- 대분수의 뺄셈

5-2 수와 범위와 어림하기
- 이상, 이하, 초과, 미만
- 올림, 버림, 반올림

5-2 분수의 곱셈
- (분수)×(자연수)
- (자연수)×(분수)
- (진분수)×(진분수)
- (대분수)×(대분수)

5-2 소수의 곱셈
- (소수)×(자연수)
- (자연수)×(소수)
- (소수)×(소수)
- 곱의 소수점의 위치

6학년

6-1 분수의 나눗셈
- (자연수)÷(자연수)의 몫을 분수로 나타내기
- (분수)÷(자연수)
- (대분수)÷(자연수)

6-1 소수의 나눗셈
- (소수)÷(자연수)
- (자연수)÷(자연수)의 몫을 소수로 나타내기
- 몫의 소수점 위치 확인하기

6-2 분수의 나눗셈
- (분수)÷(분수)
- (분수)÷(분수)를 (분수)×(분수)로 나타내기
- (자연수)÷(분수), (가분수)÷(분수),
  (대분수)÷(분수)

6-2 소수의 나눗셈
- (소수)÷(소수)
- (자연수)÷(소수)
- 소수의 나눗셈의 몫을 반올림하여 나타내기

﹢ 교과서에 따라 3~4학년군, 5~6학년 내에서
학기별로 수록된 단원 또는 학습 내용의 순서가
다를 수 있습니다.

개념 + 연산

메인 북

초등수학

11
단계

6·1

구성과 특징

개념 + 드릴

기억에 오래 남는 **한 컷 개념**과 **계산력 강화**를 위한
드릴 문제 4쪽으로 수와 연산을 익혀요.

연산

계산력
강화 단원

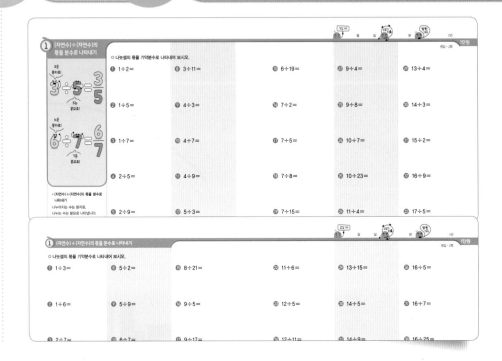

개념 + 익힘

기억에 오래 남는 **한 컷 개념**과 **기초 개념 강화**를 위한
익힘 문제 2쪽으로 도형, 측정 등을 익혀요.

도형, 측정 등

기초 개념
강화 단원

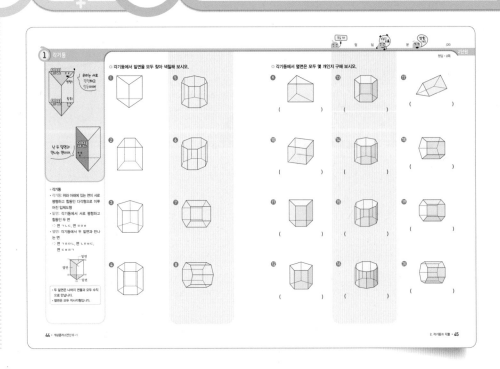

매일 2쪽으로 연산력을 강화해요!

적용
다양한 유형의 연산 문제에 **적용 능력**을 키워요.

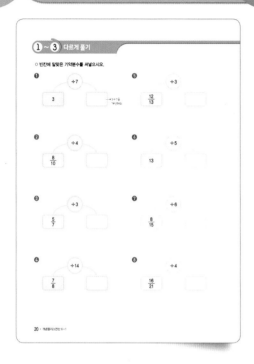

특강
비법 강의로 빠르고 정확한 **연산력을 강화**해요.

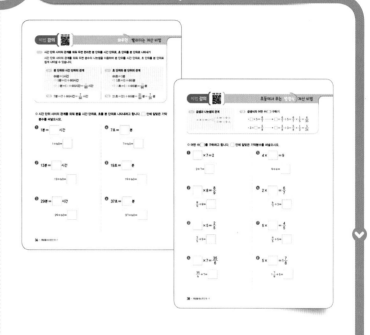

외우면 빨라지는 자주 나오는 계산의 결과를 외워 계산 시간을 줄여요.

초등에서 푸는 방정식 □를 사용한 식에서 □의 값을 구하는 방법을 익혀요.

평가로 마무리~!

평가
단원별로 **연산력을 평가**해요.

클리닉 북

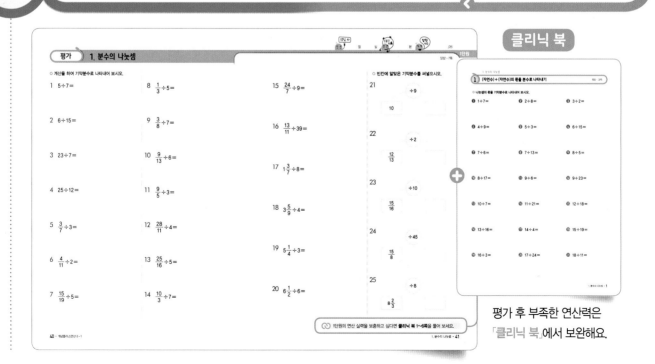

평가 후 부족한 연산력은 「클리닉 북」에서 보완해요.

차례

분수의 나눗셈

학습 내용	학습 회차	걸린 시간
① (자연수)÷(자연수)의 몫을 분수로 나타내기	1일 차	/7분
	2일 차	/9분
② 분자가 자연수의 배수인 (진분수)÷(자연수)	3일 차	/12분
	4일 차	/14분
③ 분자가 자연수의 배수가 아닌 (진분수)÷(자연수)	5일 차	/12분
	6일 차	/14분
① ~ ③ 다르게 풀기	7일 차	/9분
④ 분자가 자연수의 배수인 (가분수)÷(자연수)	8일 차	/12분
	9일 차	/14분
⑤ 분자가 자연수의 배수가 아닌 (가분수)÷(자연수)	10일 차	/12분
	11일 차	/14분
⑥ (대분수)÷(자연수)	12일 차	/13분
	13일 차	/15분
④ ~ ⑥ 다르게 풀기	14일 차	/9분
비법 강의 외우면 빨라지는 계산 비법	15일 차	/8분
비법 강의 초등에서 푸는 방정식 계산 비법	16일 차	/9분
평가 1. 분수의 나눗셈	17일 차	/13분

계산력 상승!

헛 둘! 헛 둘!

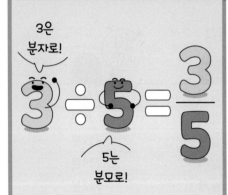

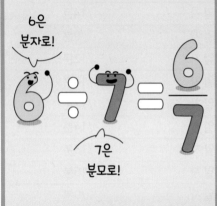

● (자연수)÷(자연수)의 몫을 분수로
  나타내기

나누어지는 수는 분자로,
나누는 수는 분모로 나타냅니다.

$$3 \div 5 = \frac{3}{5}$$

$$\blacktriangle \div \bullet = \frac{\blacktriangle}{\bullet}$$

○ 나눗셈의 몫을 기약분수로 나타내어 보시오.

❶ $1 \div 2 =$

❷ $1 \div 5 =$

❸ $1 \div 7 =$

❹ $2 \div 5 =$

❺ $2 \div 9 =$

❻ $3 \div 2 =$

❼ $3 \div 4 =$

❽ $3 \div 11 =$

❾ $4 \div 3 =$

❿ $4 \div 7 =$

⓫ $4 \div 9 =$

⓬ $5 \div 3 =$

⓭ $5 \div 8 =$

⓮ $6 \div 17 =$

⑮ 6÷19＝

⑯ 7÷2＝

⑰ 7÷5＝

⑱ 7÷8＝

⑲ 7÷15＝

⑳ 8÷3＝

㉑ 8÷5＝

㉒ 9÷4＝

㉓ 9÷8＝

㉔ 10÷7＝

㉕ 10÷23＝

㉖ 11÷4＝

㉗ 11÷19＝

㉘ 12÷7＝

㉙ 13÷4＝

㉚ 14÷3＝

㉛ 15÷2＝

㉜ 16÷9＝

㉝ 17÷5＝

㉞ 17÷21＝

㉟ 18÷7＝

1 (자연수)÷(자연수)의 몫을 분수로 나타내기

○ 나눗셈의 몫을 기약분수로 나타내어 보시오.

❶ $1 \div 3 =$

❽ $5 \div 2 =$

⑮ $8 \div 21 =$

❷ $1 \div 6 =$

❾ $5 \div 9 =$

⑯ $9 \div 5 =$

❸ $2 \div 7 =$

❿ $6 \div 7 =$

⑰ $9 \div 17 =$

❹ $2 \div 11 =$

⑪ $6 \div 13 =$

⑱ $10 \div 3 =$

❺ $3 \div 8 =$

⑫ $7 \div 4 =$

⑲ $10 \div 19 =$

❻ $3 \div 10 =$

⑬ $7 \div 12 =$

⑳ $10 \div 21 =$

❼ $4 \div 11 =$

⑭ $8 \div 7 =$

㉑ $11 \div 5 =$

㉒ $11 \div 6 =$

㉓ $12 \div 5 =$

㉔ $12 \div 11 =$

㉕ $12 \div 13 =$

㉖ $12 \div 19 =$

㉗ $13 \div 2 =$

㉘ $13 \div 3 =$

㉙ $13 \div 15 =$

㉚ $14 \div 5 =$

㉛ $14 \div 9 =$

㉜ $14 \div 23 =$

㉝ $15 \div 4 =$

㉞ $15 \div 7 =$

㉟ $15 \div 16 =$

㊱ $16 \div 5 =$

㊲ $16 \div 7 =$

㊳ $16 \div 25 =$

㊴ $17 \div 3 =$

㊵ $17 \div 4 =$

㊶ $17 \div 23 =$

㊷ $18 \div 5 =$

4가 2로
나누어떨어져!

분자 4를   자연수 2로

나눠!

분모는
그대로!

• 분자가 자연수의 배수인
  (진분수)÷(자연수)
분자를 자연수로 나눕니다.

$$\frac{4}{5} \div 2 = \frac{4 \div 2}{5} = \frac{2}{5}$$

$$\frac{\triangle}{\bullet} \div \blacksquare = \frac{\triangle \div \blacksquare}{\bullet}$$

○ 계산을 하여 기약분수로 나타내어 보시오.

1 $\frac{2}{3} \div 2 =$

2 $\frac{3}{4} \div 3 =$

3 $\frac{2}{5} \div 2 =$

4 $\frac{3}{5} \div 3 =$

5 $\frac{4}{5} \div 4 =$

6 $\frac{4}{6} \div 2 =$

7 $\frac{5}{6} \div 5 =$

8 $\frac{4}{7} \div 2 =$

9 $\frac{6}{7} \div 2 =$

10 $\frac{6}{7} \div 3 =$

11 $\frac{3}{8} \div 3 =$

12 $\frac{5}{8} \div 5 =$

13 $\frac{6}{8} \div 2 =$

14 $\frac{6}{9} \div 3 =$

⑮ $\dfrac{7}{9} \div 7 =$

⑯ $\dfrac{8}{9} \div 2 =$

⑰ $\dfrac{8}{9} \div 4 =$

⑱ $\dfrac{6}{10} \div 2 =$

⑲ $\dfrac{9}{10} \div 3 =$

⑳ $\dfrac{8}{11} \div 2 =$

㉑ $\dfrac{9}{11} \div 3 =$

㉒ $\dfrac{10}{11} \div 5 =$

㉓ $\dfrac{8}{12} \div 2 =$

㉔ $\dfrac{10}{12} \div 5 =$

㉕ $\dfrac{6}{13} \div 3 =$

㉖ $\dfrac{10}{13} \div 5 =$

㉗ $\dfrac{9}{14} \div 3 =$

㉘ $\dfrac{12}{14} \div 4 =$

㉙ $\dfrac{6}{15} \div 2 =$

㉚ $\dfrac{13}{15} \div 13 =$

㉛ $\dfrac{9}{16} \div 3 =$

㉜ $\dfrac{14}{16} \div 7 =$

㉝ $\dfrac{8}{17} \div 4 =$

㉞ $\dfrac{15}{17} \div 5 =$

㉟ $\dfrac{12}{18} \div 6 =$

○ 계산을 하여 기약분수로 나타내어 보시오.

1 $\dfrac{3}{6} \div 3 =$

2 $\dfrac{2}{7} \div 2 =$

3 $\dfrac{4}{7} \div 4 =$

4 $\dfrac{6}{7} \div 2 =$

5 $\dfrac{4}{8} \div 2 =$

6 $\dfrac{6}{8} \div 3 =$

7 $\dfrac{4}{9} \div 2 =$

8 $\dfrac{5}{9} \div 5 =$

9 $\dfrac{4}{10} \div 2 =$

10 $\dfrac{7}{10} \div 7 =$

11 $\dfrac{6}{11} \div 2 =$

12 $\dfrac{6}{11} \div 3 =$

13 $\dfrac{10}{11} \div 2 =$

14 $\dfrac{7}{12} \div 7 =$

15 $\dfrac{8}{12} \div 4 =$

16 $\dfrac{10}{12} \div 2 =$

17 $\dfrac{8}{13} \div 4 =$

18 $\dfrac{9}{13} \div 3 =$

19 $\dfrac{12}{13} \div 4 =$

20 $\dfrac{12}{13} \div 6 =$

21 $\dfrac{6}{14} \div 3 =$

㉒ $\dfrac{11}{14} \div 11 =$

㉓ $\dfrac{12}{14} \div 6 =$

㉔ $\dfrac{13}{14} \div 13 =$

㉕ $\dfrac{6}{15} \div 3 =$

㉖ $\dfrac{8}{15} \div 2 =$

㉗ $\dfrac{8}{15} \div 4 =$

㉘ $\dfrac{14}{15} \div 7 =$

㉙ $\dfrac{8}{16} \div 4 =$

㉚ $\dfrac{10}{16} \div 5 =$

㉛ $\dfrac{13}{16} \div 13 =$

㉜ $\dfrac{6}{17} \div 2 =$

㉝ $\dfrac{8}{17} \div 2 =$

㉞ $\dfrac{12}{17} \div 6 =$

㉟ $\dfrac{16}{17} \div 8 =$

㊱ $\dfrac{14}{18} \div 7 =$

㊲ $\dfrac{15}{18} \div 3 =$

㊳ $\dfrac{10}{19} \div 5 =$

㊴ $\dfrac{16}{19} \div 4 =$

㊵ $\dfrac{18}{19} \div 3 =$

㊶ $\dfrac{10}{20} \div 5 =$

㊷ $\dfrac{16}{20} \div 4 =$

3 분자가 자연수의 배수가 아닌 (진분수)÷(자연수)

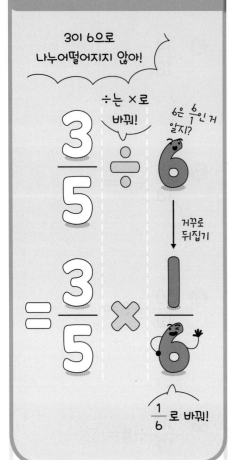

3이 6으로 나누어떨어지지 않아!

÷는 ×로 바꿔!

6은 $\frac{6}{1}$인 거 알지?

거꾸로 뒤집기

$\frac{1}{6}$로 바꿔!

● 분자가 자연수의 배수가 아닌 (진분수)÷(자연수)

나누는 수인 (자연수)를 $\frac{1}{(자연수)}$로 바꾼 다음 곱하여 계산합니다.

$$\frac{3}{5}÷6=\frac{\overset{1}{3}}{5}\times\frac{1}{\underset{2}{6}}=\frac{1}{10}$$

$$\frac{▲}{●}÷■=\frac{▲}{●}\times\frac{1}{■}$$

○ 계산을 하여 기약분수로 나타내어 보시오.

❶ $\frac{1}{2}÷4=$

❷ $\frac{1}{3}÷2=$

❸ $\frac{2}{3}÷3=$

❹ $\frac{1}{4}÷3=$

❺ $\frac{3}{4}÷4=$

❻ $\frac{2}{5}÷4=$

❼ $\frac{3}{5}÷2=$

❽ $\frac{4}{5}÷8=$

❾ $\frac{1}{6}÷7=$

❿ $\frac{5}{6}÷2=$

⓫ $\frac{5}{6}÷10=$

⓬ $\frac{1}{7}÷9=$

⓭ $\frac{2}{7}÷5=$

⓮ $\frac{3}{7}÷9=$

⑮ $\dfrac{4}{7} \div 12 =$

⑯ $\dfrac{3}{8} \div 4 =$

⑰ $\dfrac{3}{8} \div 6 =$

⑱ $\dfrac{5}{8} \div 10 =$

⑲ $\dfrac{7}{8} \div 11 =$

⑳ $\dfrac{1}{9} \div 4 =$

㉑ $\dfrac{2}{9} \div 7 =$

㉒ $\dfrac{4}{9} \div 10 =$

㉓ $\dfrac{3}{10} \div 6 =$

㉔ $\dfrac{7}{10} \div 4 =$

㉕ $\dfrac{7}{10} \div 14 =$

㉖ $\dfrac{4}{11} \div 5 =$

㉗ $\dfrac{6}{11} \div 9 =$

㉘ $\dfrac{9}{11} \div 6 =$

㉙ $\dfrac{5}{12} \div 15 =$

㉚ $\dfrac{2}{13} \div 7 =$

㉛ $\dfrac{6}{13} \div 4 =$

㉜ $\dfrac{9}{14} \div 2 =$

㉝ $\dfrac{7}{15} \div 4 =$

㉞ $\dfrac{8}{15} \div 16 =$

㉟ $\dfrac{7}{16} \div 21 =$

○ 계산을 하여 기약분수로 나타내어 보시오.

❶ $\dfrac{1}{2} \div 5 =$

❷ $\dfrac{1}{3} \div 4 =$

❸ $\dfrac{2}{3} \div 4 =$

❹ $\dfrac{1}{4} \div 2 =$

❺ $\dfrac{3}{4} \div 2 =$

❻ $\dfrac{3}{4} \div 6 =$

❼ $\dfrac{3}{4} \div 9 =$

❽ $\dfrac{2}{5} \div 6 =$

❾ $\dfrac{2}{5} \div 7 =$

❿ $\dfrac{3}{5} \div 9 =$

⓫ $\dfrac{4}{5} \div 6 =$

⓬ $\dfrac{4}{5} \div 10 =$

⓭ $\dfrac{5}{6} \div 3 =$

⓮ $\dfrac{5}{6} \div 15 =$

⓯ $\dfrac{2}{7} \div 7 =$

⓰ $\dfrac{3}{7} \div 8 =$

⓱ $\dfrac{4}{7} \div 8 =$

⓲ $\dfrac{4}{7} \div 16 =$

⓳ $\dfrac{3}{8} \div 9 =$

⓴ $\dfrac{3}{8} \div 12 =$

㉑ $\dfrac{5}{8} \div 11 =$

㉒ $\dfrac{7}{8} \div 5 =$

㉓ $\dfrac{2}{9} \div 3 =$

㉔ $\dfrac{4}{9} \div 12 =$

㉕ $\dfrac{7}{9} \div 14 =$

㉖ $\dfrac{3}{10} \div 12 =$

㉗ $\dfrac{9}{10} \div 6 =$

㉘ $\dfrac{3}{11} \div 7 =$

㉙ $\dfrac{8}{11} \div 24 =$

㉚ $\dfrac{10}{11} \div 4 =$

㉛ $\dfrac{5}{12} \div 10 =$

㉜ $\dfrac{7}{12} \div 3 =$

㉝ $\dfrac{7}{13} \div 14 =$

㉞ $\dfrac{9}{13} \div 4 =$

㉟ $\dfrac{12}{13} \div 24 =$

㊱ $\dfrac{5}{14} \div 3 =$

㊲ $\dfrac{9}{14} \div 6 =$

㊳ $\dfrac{13}{14} \div 3 =$

㊴ $\dfrac{4}{15} \div 8 =$

㊵ $\dfrac{7}{15} \div 14 =$

㊶ $\dfrac{3}{16} \div 9 =$

㊷ $\dfrac{9}{16} \div 12 =$

○ 빈칸에 알맞은 기약분수를 써넣으시오.

①

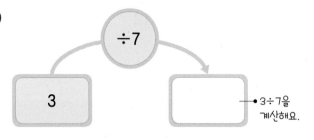

$\div 7$

3

→ 3÷7을
계산해요.

②

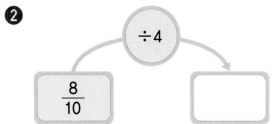

$\div 4$

$\dfrac{8}{10}$

③

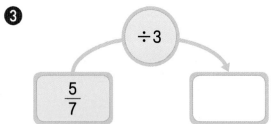

$\div 3$

$\dfrac{5}{7}$

④

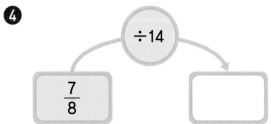

$\div 14$

$\dfrac{7}{8}$

⑤

$\div 3$

$\dfrac{12}{13}$

⑥

$\div 5$

13

⑦

$\div 6$

$\dfrac{8}{15}$

⑧

$\div 4$

$\dfrac{16}{21}$

1단원

정답 • 4쪽

9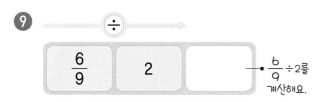

$\dfrac{6}{9}$ ÷ 2를 계산해요.

10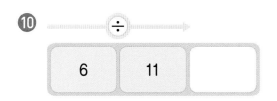

11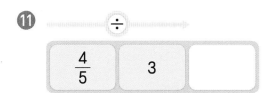

12

13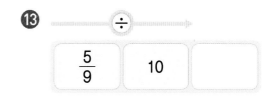

14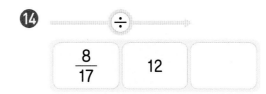

15

16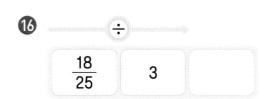

문장제 속 연산

17 식혜 $\dfrac{3}{4}$ L를 5명이 똑같이 나누어 마시려고 합니다. 한 사람이 마실 수 있는 식혜는 몇 L인지 구해 보시오.

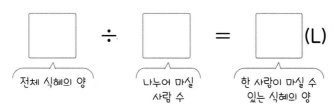

| | ÷ | | = | | (L) |

전체 식혜의 양   나누어 마실 사람 수   한 사람이 마실 수 있는 식혜의 양

분자가 자연수의 배수인
(가분수) ÷ (자연수)

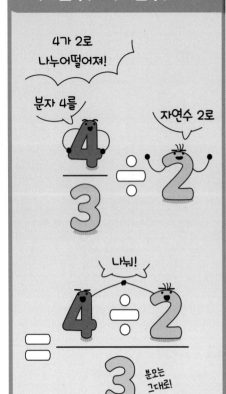

• 분자가 자연수의 배수인
 (가분수) ÷ (자연수)
분자를 자연수로 나눕니다.

$$\frac{4}{3} \div 2 = \frac{4 \div 2}{3} = \frac{2}{3}$$

$$\frac{\triangle}{\bullet} \div \blacksquare = \frac{\triangle \div \blacksquare}{\bullet}$$

○ 계산을 하여 기약분수로 나타내어 보시오.

❶ $\frac{3}{2} \div 3 =$

❷ $\frac{4}{3} \div 4 =$

❸ $\frac{7}{4} \div 7 =$

❹ $\frac{9}{4} \div 3 =$

❺ $\frac{6}{5} \div 3 =$

❻ $\frac{8}{5} \div 2 =$

❼ $\frac{12}{5} \div 6 =$

❽ $\frac{16}{5} \div 4 =$

❾ $\frac{11}{6} \div 11 =$

❿ $\frac{8}{7} \div 4 =$

⓫ $\frac{12}{7} \div 3 =$

⓬ $\frac{15}{7} \div 3 =$

⓭ $\frac{20}{7} \div 4 =$

⓮ $\frac{24}{7} \div 6 =$

⑮ $\dfrac{13}{8} \div 13 =$

⑯ $\dfrac{15}{8} \div 5 =$

⑰ $\dfrac{14}{9} \div 2 =$

⑱ $\dfrac{16}{9} \div 8 =$

⑲ $\dfrac{20}{9} \div 4 =$

⑳ $\dfrac{28}{9} \div 7 =$

㉑ $\dfrac{27}{10} \div 3 =$

㉒ $\dfrac{12}{11} \div 4 =$

㉓ $\dfrac{15}{11} \div 5 =$

㉔ $\dfrac{16}{11} \div 8 =$

㉕ $\dfrac{18}{11} \div 9 =$

㉖ $\dfrac{28}{11} \div 7 =$

㉗ $\dfrac{36}{11} \div 9 =$

㉘ $\dfrac{13}{12} \div 13 =$

㉙ $\dfrac{25}{12} \div 5 =$

㉚ $\dfrac{14}{13} \div 2 =$

㉛ $\dfrac{15}{13} \div 5 =$

㉜ $\dfrac{18}{13} \div 9 =$

㉝ $\dfrac{15}{14} \div 3 =$

㉞ $\dfrac{16}{15} \div 4 =$

㉟ $\dfrac{22}{15} \div 11 =$

○ 계산을 하여 기약분수로 나타내어 보시오.

1 $\dfrac{5}{2} \div 5 =$

2 $\dfrac{8}{3} \div 4 =$

3 $\dfrac{15}{4} \div 5 =$

4 $\dfrac{21}{4} \div 7 =$

5 $\dfrac{12}{5} \div 3 =$

6 $\dfrac{12}{5} \div 4 =$

7 $\dfrac{16}{5} \div 8 =$

8 $\dfrac{24}{5} \div 8 =$

9 $\dfrac{9}{7} \div 3 =$

10 $\dfrac{10}{7} \div 5 =$

11 $\dfrac{16}{7} \div 8 =$

12 $\dfrac{18}{7} \div 6 =$

13 $\dfrac{32}{7} \div 8 =$

14 $\dfrac{40}{7} \div 8 =$

15 $\dfrac{9}{8} \div 3 =$

16 $\dfrac{25}{8} \div 5 =$

17 $\dfrac{10}{9} \div 10 =$

18 $\dfrac{16}{9} \div 4 =$

19 $\dfrac{18}{9} \div 9 =$

20 $\dfrac{28}{9} \div 4 =$

21 $\dfrac{35}{9} \div 7 =$

㉒ $\dfrac{17}{10} \div 17 =$

㉓ $\dfrac{12}{11} \div 6 =$

㉔ $\dfrac{14}{11} \div 2 =$

㉕ $\dfrac{16}{11} \div 4 =$

㉖ $\dfrac{20}{11} \div 2 =$

㉗ $\dfrac{21}{11} \div 7 =$

㉘ $\dfrac{24}{11} \div 3 =$

㉙ $\dfrac{24}{11} \div 6 =$

㉚ $\dfrac{36}{11} \div 6 =$

㉛ $\dfrac{14}{13} \div 7 =$

㉜ $\dfrac{15}{13} \div 3 =$

㉝ $\dfrac{16}{13} \div 2 =$

㉞ $\dfrac{16}{13} \div 4 =$

㉟ $\dfrac{18}{13} \div 6 =$

㊱ $\dfrac{45}{13} \div 9 =$

㊲ $\dfrac{15}{14} \div 5 =$

㊳ $\dfrac{27}{14} \div 3 =$

㊴ $\dfrac{16}{15} \div 8 =$

㊵ $\dfrac{26}{15} \div 13 =$

㊶ $\dfrac{28}{15} \div 7 =$

㊷ $\dfrac{32}{15} \div 4 =$

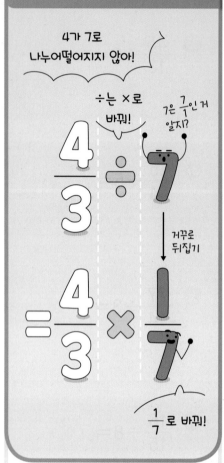

4가 7로
나누어떨어지지 않아!

÷는 ×로
바꿔!

7은 $\frac{7}{1}$인 거
알지?

$\frac{4}{3}$ ÷ 7

거꾸로
뒤집기

$= \frac{4}{3} \times \frac{1}{7}$

$\frac{1}{7}$ 로 바꿔!

- 분자가 자연수의 배수가 아닌
  (가분수)÷(자연수)

나누는 수인 (자연수)를 $\dfrac{1}{(자연수)}$로
바꾼 다음 곱하여 계산합니다.

$$\frac{4}{3} \div 7 = \frac{4}{3} \times \frac{1}{7} = \frac{4}{21}$$

$$\frac{\blacktriangle}{\bullet} \div \blacksquare = \frac{\blacktriangle}{\bullet} \times \frac{1}{\blacksquare}$$

○ 계산을 하여 기약분수로 나타내어 보시오.

❶ $\dfrac{3}{2} \div 2 =$

❷ $\dfrac{3}{2} \div 4 =$

❸ $\dfrac{5}{2} \div 4 =$

❹ $\dfrac{7}{2} \div 3 =$

❺ $\dfrac{4}{3} \div 3 =$

❻ $\dfrac{5}{3} \div 3 =$

❼ $\dfrac{7}{3} \div 2 =$

❽ $\dfrac{7}{3} \div 5 =$

❾ $\dfrac{8}{3} \div 6 =$

❿ $\dfrac{7}{4} \div 3 =$

⓫ $\dfrac{9}{4} \div 5 =$

⓬ $\dfrac{9}{4} \div 7 =$

⓭ $\dfrac{11}{4} \div 3 =$

⓮ $\dfrac{6}{5} \div 8 =$

⑮ $\dfrac{6}{5} \div 12 =$

⑯ $\dfrac{7}{5} \div 14 =$

⑰ $\dfrac{8}{5} \div 6 =$

⑱ $\dfrac{9}{5} \div 6 =$

⑲ $\dfrac{7}{6} \div 8 =$

⑳ $\dfrac{7}{6} \div 10 =$

㉑ $\dfrac{11}{6} \div 22 =$

㉒ $\dfrac{8}{7} \div 12 =$

㉓ $\dfrac{9}{7} \div 12 =$

㉔ $\dfrac{9}{7} \div 18 =$

㉕ $\dfrac{12}{7} \div 10 =$

㉖ $\dfrac{9}{8} \div 4 =$

㉗ $\dfrac{11}{8} \div 33 =$

㉘ $\dfrac{11}{9} \div 5 =$

㉙ $\dfrac{13}{9} \div 7 =$

㉚ $\dfrac{16}{9} \div 14 =$

㉛ $\dfrac{13}{10} \div 26 =$

㉜ $\dfrac{17}{10} \div 8 =$

㉝ $\dfrac{13}{11} \div 26 =$

㉞ $\dfrac{15}{11} \div 9 =$

㉟ $\dfrac{25}{12} \div 15 =$

○ 계산을 하여 기약분수로 나타내어 보시오.

① $\dfrac{5}{2} \div 3 =$

② $\dfrac{7}{2} \div 5 =$

③ $\dfrac{4}{3} \div 5 =$

④ $\dfrac{5}{3} \div 7 =$

⑤ $\dfrac{5}{3} \div 10 =$

⑥ $\dfrac{7}{3} \div 3 =$

⑦ $\dfrac{8}{3} \div 12 =$

⑧ $\dfrac{8}{3} \div 10 =$

⑨ $\dfrac{7}{4} \div 4 =$

⑩ $\dfrac{7}{4} \div 14 =$

⑪ $\dfrac{9}{4} \div 6 =$

⑫ $\dfrac{11}{4} \div 5 =$

⑬ $\dfrac{15}{4} \div 10 =$

⑭ $\dfrac{7}{5} \div 3 =$

⑮ $\dfrac{8}{5} \div 16 =$

⑯ $\dfrac{9}{5} \div 12 =$

⑰ $\dfrac{12}{5} \div 8 =$

⑱ $\dfrac{12}{5} \div 10 =$

⑲ $\dfrac{7}{6} \div 9 =$

⑳ $\dfrac{11}{6} \div 4 =$

㉑ $\dfrac{13}{6} \div 26 =$

㉒ $\dfrac{8}{7} \div 5 =$

㉓ $\dfrac{9}{7} \div 15 =$

㉔ $\dfrac{12}{7} \div 24 =$

㉕ $\dfrac{15}{7} \div 20 =$

㉖ $\dfrac{9}{8} \div 6 =$

㉗ $\dfrac{11}{8} \div 6 =$

㉘ $\dfrac{13}{8} \div 39 =$

㉙ $\dfrac{15}{8} \div 6 =$

㉚ $\dfrac{17}{8} \div 34 =$

㉛ $\dfrac{10}{9} \div 7 =$

㉜ $\dfrac{10}{9} \div 8 =$

㉝ $\dfrac{14}{9} \div 12 =$

㉞ $\dfrac{16}{9} \div 10 =$

㉟ $\dfrac{28}{9} \div 8 =$

㊱ $\dfrac{11}{10} \div 7 =$

㊲ $\dfrac{11}{10} \div 33 =$

㊳ $\dfrac{12}{11} \div 20 =$

㊴ $\dfrac{14}{11} \div 10 =$

㊵ $\dfrac{16}{11} \div 14 =$

㊶ $\dfrac{13}{12} \div 39 =$

㊷ $\dfrac{19}{12} \div 38 =$

(대분수)÷(자연수)는
(가분수)÷(자연수)와 같은
방법으로 계산해!

● 분자가 자연수의 배수인
  (대분수)÷(자연수)

대분수를 가분수로 나타낸 후
분자를 자연수로 나눕니다.

$$1\frac{3}{5} \div 2 = \frac{8}{5} \div 2 = \frac{8 \div 2}{5} = \frac{4}{5}$$

● 분자가 자연수의 배수가 아닌
  (대분수)÷(자연수)

대분수를 가분수로 나타낸 후
나누는 수인 (자연수)를 $\dfrac{1}{(자연수)}$ 로

바꾼 다음 곱하여 계산합니다.

$$1\frac{3}{5} \div 6 = \frac{8}{5} \div 6 = \frac{\overset{4}{\cancel{8}}}{5} \times \frac{1}{\underset{3}{\cancel{6}}} = \frac{4}{15}$$

○ 계산을 하여 기약분수로 나타내어 보시오.

❶ $1\dfrac{1}{2} \div 2 =$

❷ $1\dfrac{1}{3} \div 2 =$

❸ $1\dfrac{2}{3} \div 3 =$

❹ $1\dfrac{1}{4} \div 2 =$

❺ $1\dfrac{3}{5} \div 4 =$

❻ $1\dfrac{4}{5} \div 3 =$

❼ $1\dfrac{4}{5} \div 6 =$

❽ $1\dfrac{1}{6} \div 14 =$

❾ $1\dfrac{5}{6} \div 2 =$

❿ $1\dfrac{3}{7} \div 4 =$

⓫ $1\dfrac{7}{9} \div 8 =$

⓬ $2\dfrac{2}{3} \div 6 =$

⓭ $2\dfrac{2}{5} \div 4 =$

⓮ $2\dfrac{4}{5} \div 14 =$

⑮ $2\dfrac{5}{6} \div 3 =$

⑯ $2\dfrac{2}{7} \div 4 =$

⑰ $2\dfrac{5}{8} \div 2 =$

⑱ $2\dfrac{2}{9} \div 5 =$

⑲ $2\dfrac{4}{9} \div 2 =$

⑳ $3\dfrac{1}{3} \div 6 =$

㉑ $3\dfrac{2}{3} \div 22 =$

㉒ $3\dfrac{3}{4} \div 5 =$

㉓ $3\dfrac{2}{5} \div 2 =$

㉔ $3\dfrac{4}{7} \div 5 =$

㉕ $3\dfrac{3}{8} \div 18 =$

㉖ $4\dfrac{2}{3} \div 9 =$

㉗ $4\dfrac{4}{5} \div 4 =$

㉘ $4\dfrac{4}{7} \div 2 =$

㉙ $5\dfrac{1}{3} \div 5 =$

㉚ $5\dfrac{4}{5} \div 2 =$

㉛ $6\dfrac{2}{3} \div 4 =$

㉜ $6\dfrac{1}{9} \div 5 =$

㉝ $7\dfrac{1}{3} \div 4 =$

㉞ $8\dfrac{4}{5} \div 11 =$

㉟ $9\dfrac{3}{4} \div 3 =$

6 (대분수) ÷ (자연수)

○ 계산을 하여 기약분수로 나타내어 보시오.

① $1\dfrac{1}{2} \div 3 =$

② $1\dfrac{1}{3} \div 3 =$

③ $1\dfrac{3}{4} \div 2 =$

④ $1\dfrac{3}{4} \div 4 =$

⑤ $1\dfrac{2}{5} \div 4 =$

⑥ $1\dfrac{3}{5} \div 8 =$

⑦ $1\dfrac{5}{7} \div 3 =$

⑧ $1\dfrac{5}{7} \div 8 =$

⑨ $1\dfrac{7}{8} \div 5 =$

⑩ $1\dfrac{4}{9} \div 2 =$

⑪ $2\dfrac{1}{2} \div 10 =$

⑫ $2\dfrac{2}{3} \div 2 =$

⑬ $2\dfrac{3}{4} \div 11 =$

⑭ $2\dfrac{2}{5} \div 6 =$

⑮ $2\dfrac{3}{5} \div 7 =$

⑯ $2\dfrac{5}{6} \div 2 =$

⑰ $2\dfrac{3}{8} \div 4 =$

⑱ $2\dfrac{4}{9} \div 6 =$

⑲ $3\dfrac{1}{3} \div 4 =$

⑳ $3\dfrac{3}{4} \div 3 =$

㉑ $3\dfrac{4}{5} \div 2 =$

㉒ $3\dfrac{5}{7} \div 13 =$

㉙ $5\dfrac{2}{3} \div 3 =$

㊱ $6\dfrac{2}{9} \div 4 =$

㉓ $3\dfrac{3}{8} \div 3 =$

㉚ $5\dfrac{3}{4} \div 4 =$

㊲ $7\dfrac{1}{5} \div 3 =$

㉔ $3\dfrac{7}{9} \div 4 =$

㉛ $5\dfrac{5}{6} \div 7 =$

㊳ $7\dfrac{2}{9} \div 25 =$

㉕ $4\dfrac{2}{3} \div 28 =$

㉜ $5\dfrac{4}{7} \div 6 =$

㊴ $8\dfrac{2}{3} \div 4 =$

㉖ $4\dfrac{1}{5} \div 7 =$

㉝ $6\dfrac{2}{3} \div 8 =$

㊵ $8\dfrac{2}{7} \div 6 =$

㉗ $4\dfrac{2}{5} \div 2 =$

㉞ $6\dfrac{3}{4} \div 18 =$

㊶ $9\dfrac{3}{7} \div 6 =$

㉘ $4\dfrac{5}{7} \div 3 =$

㉟ $6\dfrac{3}{7} \div 5 =$

㊷ $9\dfrac{5}{8} \div 11 =$

○ 빈칸에 알맞은 기약분수를 써넣으시오.

1 $\frac{8}{5}$ ÷4 ☐ ← $\frac{8}{5}$ ÷4를 계산해요.

5 $2\frac{4}{5}$ ÷6 ☐

2 $\frac{5}{4}$ ÷10 ☐

6 $\frac{24}{11}$ ÷8 ☐

3 $1\frac{7}{9}$ ÷4 ☐

7 $\frac{39}{4}$ ÷6 ☐

4 $\frac{13}{7}$ ÷3 ☐

8 $3\frac{3}{8}$ ÷9 ☐

⑨

$1\dfrac{5}{7}$ ÷ 4   → $1\dfrac{5}{7} \div 4$를 계산해요.

⑬

$\dfrac{32}{9}$ ÷ 8

⑩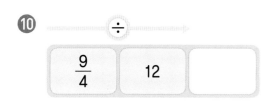

$\dfrac{9}{4}$ ÷ 12

⑭

$\dfrac{20}{3}$ ÷ 4

⑪

$\dfrac{21}{8}$ ÷ 7

⑮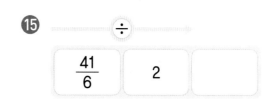

$\dfrac{41}{6}$ ÷ 2

⑫

$3\dfrac{3}{5}$ ÷ 8

⑯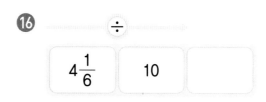

$4\dfrac{1}{6}$ ÷ 10

문장제 속 연산

⑰ 똑같은 페인트 3통으로 벽면 $5\dfrac{3}{8}$ m²를 칠했습니다. 페인트 한 통으로 칠한 벽면의 넓이는 몇 m²인지 구해 보시오.

□ ÷ □ = □ (m²)

칠한 벽면의   사용한 페인트의   한 통으로 칠한
전체 넓이   통 수   벽면의 넓이

+−×÷ **시간 단위 사이의 관계를 외워 두면 편리한 분 단위를 시간 단위로, 초 단위를 분 단위로 나타내기**

시간 단위 사이의 관계를 외워 두면 분수의 나눗셈을 이용하여 분 단위를 시간 단위로, 초 단위를 분 단위로 쉽게 나타낼 수 있습니다.

원리 분 단위와 시간 단위의 관계

60분＝1시간

⇨ 1분＝(1÷60)시간

⇨ ■분＝(■÷60)시간＝$\dfrac{■}{60}$시간

적용 7분＝(7÷60)시간＝$\dfrac{7}{60}$ 시간

원리 초 단위와 분 단위의 관계

60초＝1분

⇨ 1초＝(1÷60)분

⇨ ■초＝(■÷60)분＝$\dfrac{■}{60}$분

적용 21초＝(21÷60)분＝$\dfrac{21}{60}$ 분＝$\dfrac{7}{20}$ 분

○ 시간 단위 사이의 관계를 외워 분을 시간 단위로, 초를 분 단위로 나타내려고 합니다. ☐ 안에 알맞은 기약분수를 써넣으시오.

❶ 1분＝☐시간

1÷60＝☐

❷ 13분＝☐시간

13÷60＝☐

❸ 29분＝☐시간

29÷60＝☐

❹ 7초＝☐분

7÷60＝☐

❺ 19초＝☐분

19÷60＝☐

❻ 37초＝☐분

37÷60＝☐

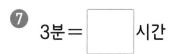
⑦ 3분 = ☐ 시간

3÷60 = ☐

⑧ 10분 = ☐ 시간

10÷60 = ☐

⑨ 15분 = ☐ 시간

15÷60 = ☐

⑩ 30분 = ☐ 시간

30÷60 = ☐

⑪ 45분 = ☐ 시간

45÷60 = ☐

⑫ 4초 = ☐ 분

4÷60 = ☐

⑬ 12초 = ☐ 분

12÷60 = ☐

⑭ 20초 = ☐ 분

20÷60 = ☐

⑮ 36초 = ☐ 분

36÷60 = ☐

⑯ 50초 = ☐ 분

50÷60 = ☐

원리 곱셈과 나눗셈의 관계

$$\blacktriangle \times \bullet = \blacksquare \Rightarrow \begin{cases} \blacktriangle = \blacksquare \div \bullet \\ \bullet = \blacksquare \div \blacktriangle \end{cases}$$

적용 곱셈식의 어떤 수(□) 구하기

$$\cdot\ \square \times 5 = \frac{6}{7} \longrightarrow \square = \frac{6}{7} \div 5 = \frac{6}{7} \times \frac{1}{5} = \frac{6}{35}$$

$$\cdot\ 3 \times \square = \frac{5}{8} \longrightarrow \square = \frac{5}{8} \div 3 = \frac{5}{8} \times \frac{1}{3} = \frac{5}{24}$$

○ 어떤 수(□)를 구하려고 합니다. □ 안에 알맞은 기약분수를 써넣으시오.

❶ $\boxed{} \times 7 = 2$

$2 \div 7 = \boxed{}$

❺ $4 \times \boxed{} = 9$

$9 \div 4 = \boxed{}$

❷ $\boxed{} \times 8 = \dfrac{8}{9}$

$\dfrac{8}{9} \div 8 = \boxed{}$

❻ $2 \times \boxed{} = \dfrac{6}{7}$

$\dfrac{6}{7} \div 2 = \boxed{}$

❸ $\boxed{} \times 5 = \dfrac{2}{5}$

$\dfrac{2}{5} \div 5 = \boxed{}$

❼ $5 \times \boxed{} = \dfrac{4}{5}$

$\dfrac{4}{5} \div 5 = \boxed{}$

❹ $\boxed{} \times 7 = \dfrac{35}{6}$

$\dfrac{35}{6} \div 7 = \boxed{}$

❽ $5 \times \boxed{} = 1\dfrac{7}{8}$

$1\dfrac{7}{8} \div 5 = \boxed{}$

9 $\boxed{} \times 5 = 3$

$3 \div 5 = \boxed{}$

10 $\boxed{} \times 3 = \dfrac{12}{13}$

$\dfrac{12}{13} \div 3 = \boxed{}$

11 $\boxed{} \times 4 = \dfrac{7}{10}$

$\dfrac{7}{10} \div 4 = \boxed{}$

12 $\boxed{} \times 8 = \dfrac{40}{7}$

$\dfrac{40}{7} \div 8 = \boxed{}$

13 $\boxed{} \times 9 = 5\dfrac{1}{7}$

$5\dfrac{1}{7} \div 9 = \boxed{}$

14 $7 \times \boxed{} = 22$

$22 \div 7 = \boxed{}$

15 $7 \times \boxed{} = \dfrac{14}{19}$

$\dfrac{14}{19} \div 7 = \boxed{}$

16 $4 \times \boxed{} = \dfrac{11}{15}$

$\dfrac{11}{15} \div 4 = \boxed{}$

17 $9 \times \boxed{} = \dfrac{55}{8}$

$\dfrac{55}{8} \div 9 = \boxed{}$

18 $11 \times \boxed{} = 5\dfrac{3}{4}$

$5\dfrac{3}{4} \div 11 = \boxed{}$

○ 계산을 하여 기약분수로 나타내어 보시오.

1 $5 \div 7 =$

2 $6 \div 15 =$

3 $23 \div 7 =$

4 $25 \div 12 =$

5 $\dfrac{3}{7} \div 3 =$

6 $\dfrac{4}{11} \div 2 =$

7 $\dfrac{15}{19} \div 5 =$

8 $\dfrac{1}{3} \div 5 =$

9 $\dfrac{3}{8} \div 7 =$

10 $\dfrac{9}{13} \div 6 =$

11 $\dfrac{9}{5} \div 3 =$

12 $\dfrac{28}{11} \div 4 =$

13 $\dfrac{25}{16} \div 5 =$

14 $\dfrac{10}{3} \div 7 =$

15 $\dfrac{24}{7} \div 9 =$

16 $\dfrac{13}{11} \div 39 =$

17 $1\dfrac{3}{7} \div 8 =$

18 $3\dfrac{5}{9} \div 4 =$

19 $5\dfrac{1}{4} \div 3 =$

20 $6\dfrac{1}{2} \div 6 =$

○ 빈칸에 알맞은 기약분수를 써넣으시오.

21
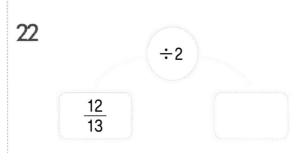

$\div 9$

10

22
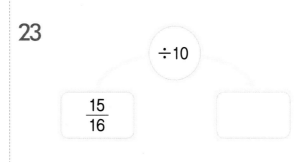

$\div 2$

$\dfrac{12}{13}$

23
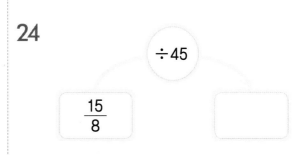

$\div 10$

$\dfrac{15}{16}$

24

$\div 45$

$\dfrac{15}{8}$

25

$\div 8$

$8\dfrac{2}{3}$

1단원의 연산 실력을 보충하고 싶다면 클리닉 북 1~6쪽을 풀어 보세요.

각기둥과 각뿔

학습 내용	학습 회차	걸린 시간
1 각기둥	1일 차	/5분
2 각기둥의 이름과 구성 요소	2일 차	/6분
3 각기둥의 전개도	3일 차	/4분
4 각뿔	4일 차	/5분
5 각뿔의 이름과 구성 요소	5일 차	/6분
평가 2. 각기둥과 각뿔	6일 차	/14분

기초력 상승!

헛 둘! 헛 둘!

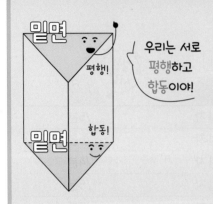

밑면

우리는 서로 평행하고 합동이야!

평행!

밑면

합동!

난 두 밑면과 만나는 면이야.

옆면

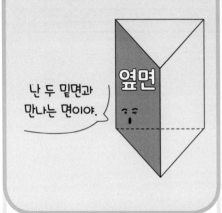

• **각기둥**

• 각기둥: 위와 아래에 있는 면이 서로 평행하고 합동인 다각형으로 이루어진 입체도형

• 밑면: 각기둥에서 서로 평행하고 합동인 두 면

⇨ 면 ㄱㄴㄷ, 면 ㄹㅁㅂ

• 옆면: 각기둥에서 두 밑면과 만나는 면

⇨ 면 ㄱㄹㅁㄴ, 면 ㄴㅁㅂㄷ, 면 ㄷㅂㄹㄱ

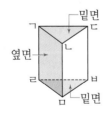

밑면
ㄱ
ㄷ
ㄴ
옆면
ㄹ
ㅂ
ㅁ
밑면

• 두 밑면은 나머지 면들과 모두 수직으로 만납니다.

• 옆면은 모두 직사각형입니다.

○ 각기둥에서 밑면을 모두 찾아 색칠해 보시오.

❶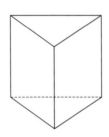

❷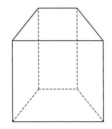

❸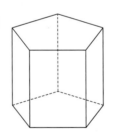

❹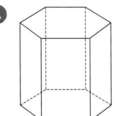

❺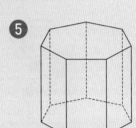

❻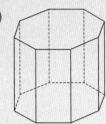

❼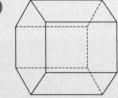

❽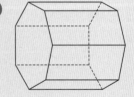

◎ 각기둥에서 옆면은 모두 몇 개인지 구해 보시오.

9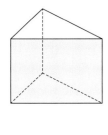

(　　　　　)

13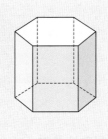

(　　　　　)

17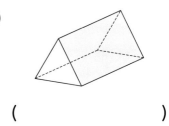

(　　　　　)

10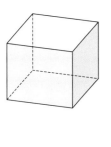

(　　　　　)

14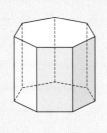

(　　　　　)

18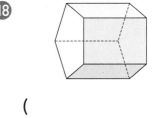

(　　　　　)

11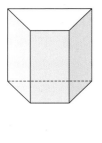

(　　　　　)

15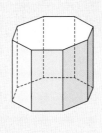

(　　　　　)

19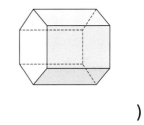

(　　　　　)

12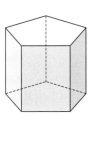

(　　　　　)

16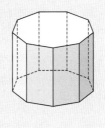

(　　　　　)

20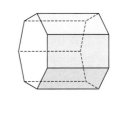

(　　　　　)

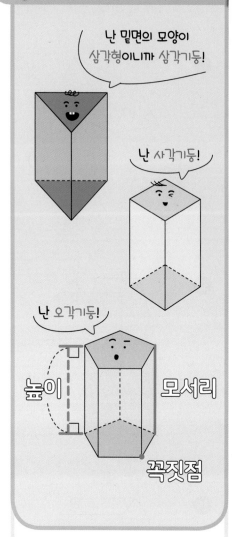

난 밑면의 모양이 삼각형이니까 삼각기둥!

난 사각기둥!

난 오각기둥!

높이 | 모서리

꼭짓점

● 각기둥의 이름

각기둥은 밑면의 모양에 따라 이름이 정해집니다.

밑면의 모양	삼각형	사각형	오각형
각기둥의 이름	삼각기둥	사각기둥	오각기둥

● 각기둥의 구성 요소

• 모서리: 면과 면이 만나는 선분
• 꼭짓점: 모서리와 모서리가 만나는 점
• 높이: 두 밑면 사이의 거리

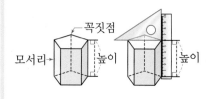

꼭짓점
모서리 높이 높이

○ 각기둥을 보고 표를 완성해 보시오.

❶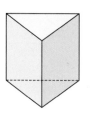

밑면의 모양	
각기둥의 이름	

❷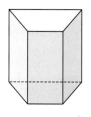

밑면의 모양	
각기둥의 이름	

❸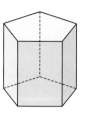

밑면의 모양	
각기둥의 이름	

❹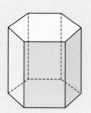

밑면의 모양	
각기둥의 이름	

❺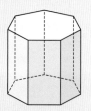

밑면의 모양	
각기둥의 이름	

❻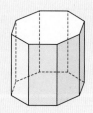

밑면의 모양	
각기둥의 이름	

○ 각기둥을 보고 빈칸에 알맞은 수를 써넣으시오.

❼
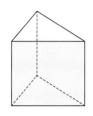

한 밑면의 변의 수(개)	
꼭짓점의 수(개)	
면의 수(개)	
모서리의 수(개)	

❿
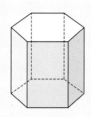

한 밑면의 변의 수(개)	
꼭짓점의 수(개)	
면의 수(개)	
모서리의 수(개)	

❽
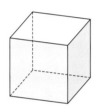

한 밑면의 변의 수(개)	
꼭짓점의 수(개)	
면의 수(개)	
모서리의 수(개)	

⓫
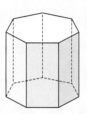

한 밑면의 변의 수(개)	
꼭짓점의 수(개)	
면의 수(개)	
모서리의 수(개)	

❾
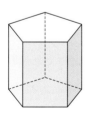

한 밑면의 변의 수(개)	
꼭짓점의 수(개)	
면의 수(개)	
모서리의 수(개)	

⓬
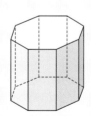

한 밑면의 변의 수(개)	
꼭짓점의 수(개)	
면의 수(개)	
모서리의 수(개)	

모서리를 잘라서 펼치면 전개도가 돼.

● 각기둥의 전개도

각기둥의 전개도: 각기둥의 모서리를 잘라서 평면 위에 펼쳐 놓은 그림

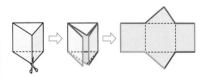

참고 전개도는 어느 모서리를 자르는가에 따라 여러 가지 모양이 나올 수 있습니다.

○ 왼쪽 각기둥의 전개도를 찾아 ○표 하시오.

1

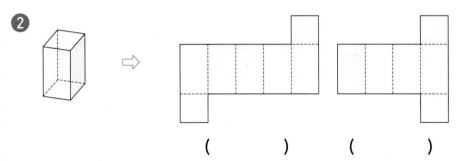

(   )   (   )

2

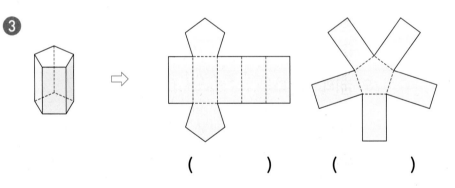

(   )   (   )

3

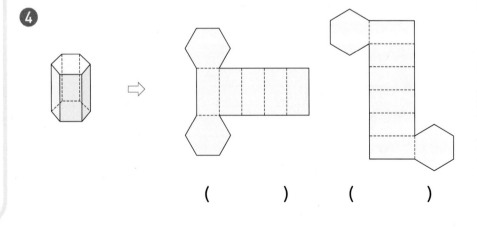

(   )   (   )

4

(   )   (   )

5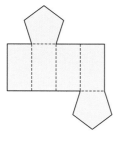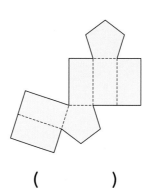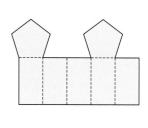

(   ) (   ) (   )

6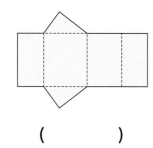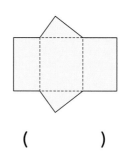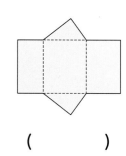

(   ) (   ) (   )

7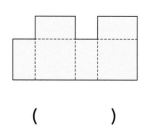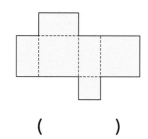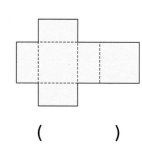

(   ) (   ) (   )

8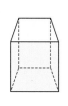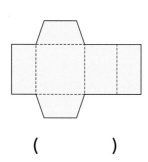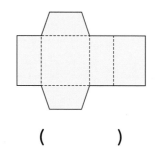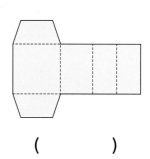

(   ) (   ) 맞힌 (   )

밑면

난 밑에 놓인 면이야.

난 밑면과 만나는 면이지.

옆면

• **각뿔**
• 각뿔: 밑에 놓인 면이 다각형이고 옆으로 둘러싼 면이 모두 삼각형인 입체도형
• 밑면: 각뿔에서 밑에 놓인 면
  ⇨ 면 ㄴㄷㄹㅁ
• 옆면: 각뿔에서 밑면과 만나는 면
  ⇨ 면 ㄱㄴㄷ, 면 ㄱㄷㄹ,
     면 ㄱㄹㅁ, 면 ㄱㅁㄴ

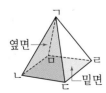

옆면은 모두 삼각형입니다.

○ 각뿔에서 밑면을 찾아 색칠해 보시오.

❶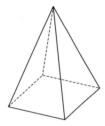

❺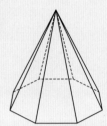

❷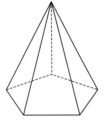

❻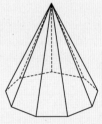

❸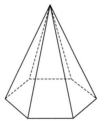

❼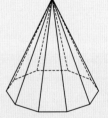

❹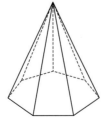

❽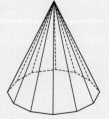

○ 각뿔에서 옆면은 모두 몇 개인지 구해 보시오.

9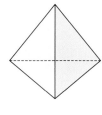

(   )

13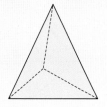

(   )

17

(   )

10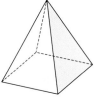

(   )

14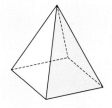

(   )

18

(   )

11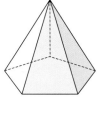

(   )

15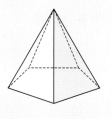

(   )

19

(   )

12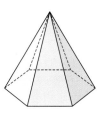

(   )

16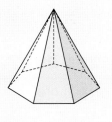

(   )

20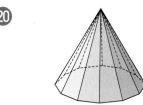

(   )

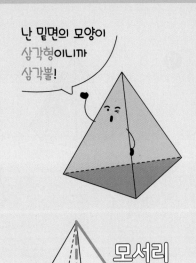

난 밑면의 모양이 삼각형이니까 삼각뿔!

모서리
높이
꼭짓점

난 사각뿔!

● **각뿔의 이름**

각뿔은 밑면의 모양에 따라 이름이 정해집니다.

밑면의 모양	삼각형	사각형	오각형
각뿔의 이름	삼각뿔	사각뿔	오각뿔

● **각뿔의 구성 요소**

• 모서리: 면과 면이 만나는 선분
• 꼭짓점: 모서리와 모서리가 만나는 점
• 각뿔의 꼭짓점: 꼭짓점 중에서 옆면이 모두 만나는 점
• 높이: 각뿔의 꼭짓점에서 밑면에 수직인 선분의 길이

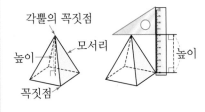

각뿔의 꼭짓점
모서리
높이
높이
꼭짓점

○ 각뿔을 보고 표를 완성해 보시오.

❶

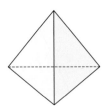

밑면의 모양	
각뿔의 이름	

❷

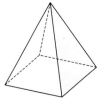

밑면의 모양	
각뿔의 이름	

❸

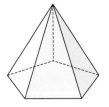

밑면의 모양	
각뿔의 이름	

❹

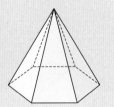

밑면의 모양	
각뿔의 이름	

❺

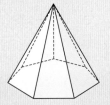

밑면의 모양	
각뿔의 이름	

❻

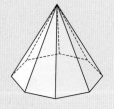

밑면의 모양	
각뿔의 이름	

○ 각뿔을 보고 빈칸에 알맞은 수를 써넣으시오.

7

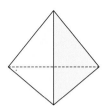

밑면의 변의 수(개)	
꼭짓점의 수(개)	
면의 수(개)	
모서리의 수(개)	

8

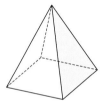

밑면의 변의 수(개)	
꼭짓점의 수(개)	
면의 수(개)	
모서리의 수(개)	

9

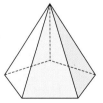

밑면의 변의 수(개)	
꼭짓점의 수(개)	
면의 수(개)	
모서리의 수(개)	

10

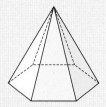

밑면의 변의 수(개)	
꼭짓점의 수(개)	
면의 수(개)	
모서리의 수(개)	

11

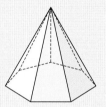

밑면의 변의 수(개)	
꼭짓점의 수(개)	
면의 수(개)	
모서리의 수(개)	

12

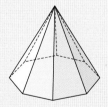

밑면의 변의 수(개)	
꼭짓점의 수(개)	
면의 수(개)	
모서리의 수(개)	

○ 각기둥에서 밑면을 모두 찾아 색칠해 보시오.

1

2

3

4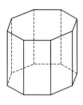

○ 각뿔에서 옆면은 모두 몇 개인지 구해 보시오.

5

( )

6

( )

7

( )

○ 각기둥의 이름을 써 보시오.

8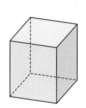

( )

9

( )

10

( )

○ 각기둥을 보고 빈칸에 알맞은 수를 써넣으시오.

11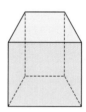

한 밑면의 변의 수(개)	
꼭짓점의 수(개)	
면의 수(개)	
모서리의 수(개)	

12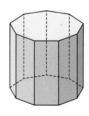

한 밑면의 변의 수(개)	
꼭짓점의 수(개)	
면의 수(개)	
모서리의 수(개)	

○ 각뿔의 이름을 써 보시오.

13

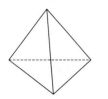

(   )

14

(   )

15

(   )

○ 각뿔을 보고 빈칸에 알맞은 수를 써넣으시오.

16

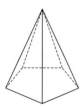

밑면의 변의 수(개)	
꼭짓점의 수(개)	
면의 수(개)	
모서리의 수(개)	

17

밑면의 변의 수(개)	
꼭짓점의 수(개)	
면의 수(개)	
모서리의 수(개)	

○ 각기둥의 전개도를 찾아 ◯표 하시오.

18

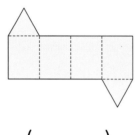

(   )   (   )

19

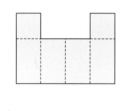

(   )   (   )

20

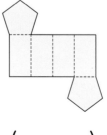 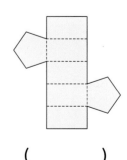

(   )   (   )

2단원의 연산 실력을 보충하고 싶다면 **클리닉 북 7~11쪽**을 풀어 보세요.

소수의 나눗셈

학습 내용	학습 회차	걸린 시간
1 자연수의 나눗셈을 이용한 (소수) ÷ (자연수)	1일 차	/18분
	2일 차	/21분
2 각 자리에서 나누어떨어지지 않는 (소수) ÷ (자연수)	3일 차	/17분
	4일 차	/19분
3 몫이 1보다 작은 소수인 (소수) ÷ (자연수)	5일 차	/17분
	6일 차	/20분
1 ~ 3 다르게 풀기	7일 차	/15분
4 소수점 아래 0을 내려 계산해야 하는 (소수) ÷ (자연수)	8일 차	/19분
	9일 차	/22분
5 몫의 소수 첫째 자리에 0이 있는 (소수) ÷ (자연수)	10일 차	/19분
	11일 차	/22분
6 (자연수) ÷ (자연수)의 몫을 소수로 나타내기	12일 차	/18분
	13일 차	/20분
4 ~ 6 다르게 풀기	14일 차	/15분
비법 강의 초등에서 푸는 방정식 계산 비법	15일 차	/11분
평가 3. 소수의 나눗셈	16일 차	/21분

계산력 상승!

헛 둘!
헛 둘!

1 자연수의 나눗셈을 이용한 (소수)÷(자연수)

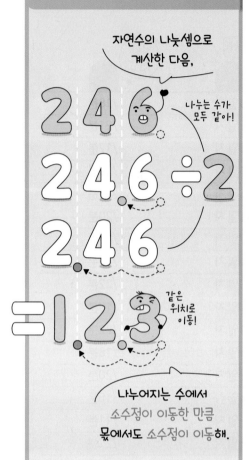

자연수의 나눗셈으로 계산한 다음,

$24.6 \div 2$

나누는 수가 모두 같아!

$2.4 \ 6$

$= 1.2.3$

같은 위치로 이동!

나누어지는 수에서 소수점이 이동한 만큼 몫에서도 소수점이 이동해.

● 자연수의 나눗셈을 이용한 (소수)÷(자연수)의 계산 방법

나누는 수가 같을 때

나누어지는 수가 $\frac{1}{10}$배, $\frac{1}{100}$배가 되면 몫도 $\frac{1}{10}$배, $\frac{1}{100}$배가 되므로 몫의 소수점은 왼쪽으로 1칸, 2칸 이동합니다.

$246 \div 2 = 123$
$\frac{1}{10}$배
$\frac{1}{100}$배 $24.6 \div 2 = 12.3$ $\frac{1}{10}$배
  $\frac{1}{100}$배
$2.46 \div 2 = 1.23$

○ 자연수의 나눗셈을 이용하여 소수의 나눗셈을 계산해 보시오.

❶ $202 \div 2 = 101$
  $20.2 \div 2 =$
  $2.02 \div 2 =$

❷ $288 \div 2 = 144$
  $28.8 \div 2 =$
  $2.88 \div 2 =$

❸ $333 \div 3 = 111$
  $33.3 \div 3 =$
  $3.33 \div 3 =$

❹ $408 \div 4 = 102$
  $40.8 \div 4 =$
  $4.08 \div 4 =$

❺ $428 \div 2 = 214$
  $42.8 \div 2 =$
  $4.28 \div 2 =$

❻ $555 \div 5 = 111$
  $55.5 \div 5 =$
  $5.55 \div 5 =$

❼ $636 \div 3 = 212$
  $63.6 \div 3 =$
  $6.36 \div 3 =$

❽ $884 \div 4 = 221$
  $88.4 \div 4 =$
  $8.84 \div 4 =$

❾ $886 \div 2 = 443$
  $88.6 \div 2 =$
  $8.86 \div 2 =$

❿ $963 \div 3 = 321$
  $96.3 \div 3 =$
  $9.63 \div 3 =$

⑪ 242÷2=

24.2÷2=

2.42÷2=

⑯ 484÷2=

48.4÷2=

4.84÷2=

㉑ 844÷2=

84.4÷2=

8.44÷2=

⑫ 262÷2=

26.2÷2=

2.62÷2=

⑰ 609÷3=

60.9÷3=

6.09÷3=

㉒ 848÷4=

84.8÷4=

8.48÷4=

⑬ 339÷3=

33.9÷3=

3.39÷3=

⑱ 668÷2=

66.8÷2=

6.68÷2=

㉓ 909÷9=

90.9÷9=

9.09÷9=

⑭ 366÷3=

36.6÷3=

3.66÷3=

⑲ 693÷3=

69.3÷3=

6.93÷3=

㉔ 936÷3=

93.6÷3=

9.36÷3=

⑮ 448÷4=

44.8÷4=

4.48÷4=

⑳ 806÷2=

80.6÷2=

8.06÷2=

㉕ 993÷3=

99.3÷3=

9.93÷3=

○ 자연수의 나눗셈을 이용하여 소수의 나눗셈을 계산해 보시오.

① 208÷2＝

20.8÷2＝

2.08÷2＝

② 224÷2＝

22.4÷2＝

2.24÷2＝

③ 266÷2＝

26.6÷2＝

2.66÷2＝

④ 284÷2＝

28.4÷2＝

2.84÷2＝

⑤ 303÷3＝

30.3÷3＝

3.03÷3＝

⑥ 336÷3＝

33.6÷3＝

3.36÷3＝

⑦ 393÷3＝

39.3÷3＝

3.93÷3＝

⑧ 424÷2＝

42.4÷2＝

4.24÷2＝

⑨ 446÷2＝

44.6÷2＝

4.46÷2＝

⑩ 468÷2＝

46.8÷2＝

4.68÷2＝

⑪ 484÷4＝

48.4÷4＝

4.84÷4＝

⑫ 486÷2＝

48.6÷2＝

4.86÷2＝

⑬ 488÷4＝

48.8÷4＝

4.88÷4＝

⑭ 608÷2＝

60.8÷2＝

6.08÷2＝

⑮ 639÷3＝

63.9÷3＝

6.39÷3＝

⑯ 663÷3＝

66.3÷3＝

6.63÷3＝

⑰ 666÷2＝

66.6÷2＝

6.66÷2＝

⑱ 682÷2＝

68.2÷2＝

6.82÷2＝

⑲ 699÷3＝

69.9÷3＝

6.99÷3＝

⑳ 777÷7＝

77.7÷7＝

7.77÷7＝

㉑ 804÷4＝

80.4÷4＝

8.04÷4＝

㉒ 822÷2＝

82.2÷2＝

8.22÷2＝

㉓ 848÷2＝

84.8÷2＝

8.48÷2＝

㉔ 862÷2＝

86.2÷2＝

8.62÷2＝

㉕ 884÷2＝

88.4÷2＝

8.84÷2＝

㉖ 888÷4＝

88.8÷4＝

8.88÷4＝

㉗ 906÷3＝

90.6÷3＝

9.06÷3＝

㉘ 939÷3＝

93.9÷3＝

9.39÷3＝

㉙ 966÷3＝

96.6÷3＝

9.66÷3＝

㉚ 999÷3＝

99.9÷3＝

9.99÷3＝

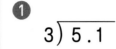

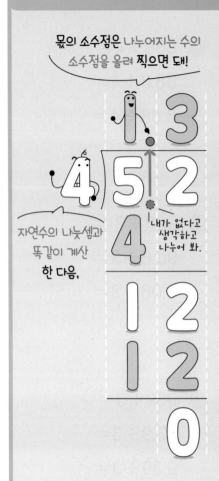

자연수의 나눗셈과
똑같이 계산
한 다음,

● 각 자리에서 나누어떨어지지 않는
(소수)÷(자연수)의 계산 방법

자연수의 나눗셈과 같은 방법으로
계산하고, 나누어지는 수의 소수점
위치에 맞춰 결괏값에 소수점을 올려
찍습니다.

○ 계산해 보시오.

1 $3 \overline{\smash{)}\ 5.1}$

2 $6 \overline{\smash{)}\ 1\ 0.8}$

3 $3 \overline{\smash{)}\ 3\ 4.8}$

4 $4 \overline{\smash{)}\ 4\ 9.2}$

5 $2 \overline{\smash{)}\ 3.5\ 2}$

6 $5 \overline{\smash{)}\ 1\ 2.4\ 5}$

7 $7 \overline{\smash{)}\ 2\ 9.1\ 2}$

8 $4 \overline{\smash{)}\ 5\ 3.7\ 6}$

⑨ 3.2÷2＝

⑩ 7.8÷3＝

⑪ 13.6÷4＝

⑫ 23.5÷5＝

⑬ 31.8÷2＝

⑭ 44.1÷3＝

⑮ 61.6÷4＝

⑯ 87.5÷5＝

⑰ 88.2÷6＝

⑱ 93.8÷7＝

⑲ 3.68÷2＝

⑳ 7.74÷3＝

㉑ 13.96÷2＝

㉒ 22.47÷3＝

㉓ 39.41÷7＝

㉔ 46.64÷8＝

㉕ 65.88÷9＝

㉖ 43.65÷3＝

㉗ 53.72÷4＝

㉘ 64.35÷5＝

㉙ 98.52÷6＝

○ 계산해 보시오.

❶

$3 \overline{)\, 4.2}$

❷

$9 \overline{)\, 1\ 5.3}$

❸

$6 \overline{)\, 3\ 1.2}$

❹

$2 \overline{)\, 5\ 3.4}$

❺

$7 \overline{)\, 8\ 5.4}$

❻

$3 \overline{)\, 5.5\ 5}$

❼

$2 \overline{)\, 7.2\ 8}$

❽

$4 \overline{)\, 1\ 6.5\ 2}$

❾

$3 \overline{)\, 2\ 5.6\ 5}$

❿

$9 \overline{)\, 3\ 2.4\ 9}$

⓫

$2 \overline{)\, 2\ 5.5\ 8}$

⓬

$3 \overline{)\, 7\ 9.7\ 4}$

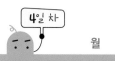
⑬ 5.1÷3＝

⑭ 8.4÷6＝

⑮ 15.2÷8＝

⑯ 22.4÷7＝

⑰ 38.4÷3＝

⑱ 49.2÷2＝

⑲ 67.5÷5＝

⑳ 82.8÷6＝

㉑ 86.1÷7＝

㉒ 97.6÷8＝

㉓ 4.35÷3＝

㉔ 6.15÷5＝

㉕ 19.75÷5＝

㉖ 22.84÷4＝

㉗ 28.32÷6＝

㉘ 45.78÷6＝

㉙ 52.71÷7＝

㉚ 27.34÷2＝

㉛ 52.35÷3＝

㉜ 61.85÷5＝

㉝ 91.16÷4＝

몫이 1보다 작으니까 자연수 자리에
0을 쓰고 소수점을 찍어!

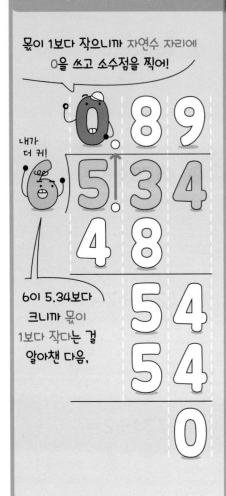

내가
더 커!

6이 5.34보다
크니까 몫이
1보다 작다는 걸
알아챈 다음,

● 몫이 1보다 작은 소수인
 (소수)÷(자연수)의 계산 방법

자연수의 나눗셈과 같은 방법으로
계산하고, 나누어지는 수의 소수점
위치에 맞춰 결괏값에 소수점을 올려
찍습니다.
자연수 부분이 비어 있을 경우 일의
자리에 0을 씁니다.

```
      8 9           0.8 9
6) 5 3 4     6) 5 3 4
   4 8     ⇨    4 8
      5 4          5 4
      5 4          5 4
         0            0
```

○ 계산해 보시오.

❶
$$2 \overline{)0.4\ 6}$$

❷
$$3 \overline{)1.2\ 3}$$

❸
$$5 \overline{)2.8\ 5}$$

❹
$$4 \overline{)3.4\ 8}$$

❺
$$6 \overline{)4.3\ 2}$$

❻
$$8 \overline{)5.1\ 2}$$

❼
$$7 \overline{)6.5\ 1}$$

❽
$$9 \overline{)7.4\ 7}$$

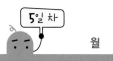
⑨ 0.65÷5=

⑩ 0.96÷6=

⑪ 1.52÷2=

⑫ 1.95÷5=

⑬ 2.55÷3=

⑭ 2.56÷4=

⑮ 2.94÷7=

⑯ 3.28÷4=

⑰ 3.45÷5=

⑱ 3.84÷8=

⑲ 4.08÷6=

⑳ 4.16÷8=

㉑ 4.83÷7=

㉒ 5.04÷8=

㉓ 5.16÷6=

㉔ 5.67÷9=

㉕ 6.23÷7=

㉖ 6.88÷8=

㉗ 7.04÷8=

㉘ 7.38÷9=

㉙ 8.28÷9=

○ 계산해 보시오.

1 $2\overline{)0.2\ 8}$

2 $4\overline{)0.9\ 2}$

3 $3\overline{)1.5\ 3}$

4 $5\overline{)1.7\ 5}$

5 $3\overline{)2.5\ 8}$

6 $7\overline{)3.0\ 1}$

7 $6\overline{)3.7\ 2}$

8 $9\overline{)4.4\ 1}$

9 $6\overline{)5.0\ 4}$

10 $7\overline{)6.1\ 6}$

11 $8\overline{)7.1\ 2}$

12 $9\overline{)8.3\ 7}$

⑬ 0.48÷2＝

⑭ 0.81÷3＝

⑮ 0.95÷5＝

⑯ 1.26÷2＝

⑰ 1.62÷6＝

⑱ 1.74÷3＝

⑲ 2.12÷4＝

⑳ 2.28÷6＝

㉑ 2.56÷8＝

㉒ 3.08÷4＝

㉓ 3.43÷7＝

㉔ 3.84÷4＝

㉕ 4.25÷5＝

㉖ 4.38÷6＝

㉗ 4.95÷9＝

㉘ 5.28÷6＝

㉙ 5.81÷7＝

㉚ 5.94÷9＝

㉛ 6.37÷7＝

㉜ 7.44÷8＝

㉝ 8.46÷9＝

○ 빈칸에 알맞은 수를 써넣으시오.

①

28.6 →（÷2）→ [　　　] → ● 28.6÷2를 계산해요.

②

0.52 →（÷4）→ [　　　]

③

4.8 →（÷3）→ [　　　]

④

60.6 →（÷6）→ [　　　]

⑤

14.4 →（÷8）→ [　　　]

⑥

2.22 →（÷6）→ [　　　]

⑦

53.6 →（÷4）→ [　　　]

⑧

19.68 →（÷6）→ [　　　]

⑨

9.96 →（÷3）→ [　　　]

⑩

5.58 →（÷9）→ [　　　]

⑪
÷

| 6.03 | 3 | |

→ 6.03÷3을
계산해요.

⑫
÷

| 1.84 | 8 | |

⑬
÷

| 14.88 | 6 | |

⑭
÷

| 1.71 | 3 | |

⑮
÷

| 27.36 | 2 | |

⑯
÷

| 6.79 | 7 | |

⑰
÷

| 45.2 | 4 | |

⑱
÷

| 82.4 | 2 | |

문장제 속 연산

⑲ 끈 35.1 m를 3명이 똑같이 나누어 가지려고 합니다. 한 사람이 가질 수
있는 끈은 몇 m인지 구해 보시오.

| | ÷ | | = | | (m) |

전체 끈의
길이

나누어 가질
사람 수

한 사람이 가질 수
있는 끈의 길이

소수점 아래에서 나누어떨어지지
않는 경우 0을 내려 계산하면 돼.

소수의 오른쪽 끝에
0이 계속 있다고
생각해.

걱정 마.
내가 왔어!

앗, 1이
남았다면,

● **소수점 아래 0을 내려 계산해야 하는
(소수)÷(자연수)의 계산 방법**

계산이 끝나지 않으면 0을 하나 더
내려 계산합니다.

	1	2	5
2)	2	5	0
	2		
		5	
		4	
		1	0
		1	0
			0

⇨

	1	2	5
2)	2.	5	0
	2		
		5	
		4	
		1	0
		1	0
			0

○ 계산해 보시오.

①

$$2\overline{)0.3}$$

②

$$5\overline{)1.6}$$

③

$$4\overline{)2.2}$$

④

$$6\overline{)4.5}$$

⑤

$$4\overline{)4.6}$$

⑥

$$5\overline{)7.4}$$

⑦

$$6\overline{)8.1}$$

⑧

$$4\overline{)15.4}$$

⑨ 0.5÷2=

⑩ 0.7÷5=

⑪ 1.2÷8=

⑫ 1.4÷4=

⑬ 1.5÷6=

⑭ 2.1÷6=

⑮ 2.6÷4=

⑯ 2.8÷8=

⑰ 3.4÷4=

⑱ 3.6÷8=

⑲ 3.9÷6=

⑳ 4.6÷5=

㉑ 5.1÷6=

㉒ 7.6÷8=

㉓ 7.7÷5=

㉔ 8.6÷4=

㉕ 8.7÷6=

㉖ 9.2÷8=

㉗ 11.1÷5=

㉘ 21.9÷6=

㉙ 31.4÷4=

○ 계산해 보시오.

1

$2)\overline{0.7}$

2

$6)\overline{0.9}$

3

$5)\overline{1.7}$

4

$5)\overline{2.2}$

5

$5)\overline{4.3}$

6

$5)\overline{4.8}$

7

$8)\overline{6.8}$

8

$6)\overline{6.9}$

9

$2)\overline{7.1}$

10

$4)\overline{9.8}$

11

$5)\overline{1\ 1.3}$

12

$6)\overline{2\ 2.5}$

⑬ 0.8÷5＝

⑭ 0.9÷2＝

⑮ 1.2÷5＝

⑯ 1.5÷2＝

⑰ 1.8÷4＝

⑱ 2.3÷5＝

⑲ 2.7÷6＝

⑳ 3.1÷5＝

㉑ 3.3÷6＝

㉒ 3.8÷4＝

㉓ 4.1÷5＝

㉔ 4.4÷8＝

㉕ 5.7÷6＝

㉖ 6.7÷5＝

㉗ 7.5÷6＝

㉘ 7.7÷2＝

㉙ 9.4÷4＝

㉚ 9.9÷5＝

㉛ 21.4÷4＝

㉜ 37.2÷8＝

㉝ 50.7÷6＝

나누어야 할 수가 나누는 수보다 작을 경우 몫에 0을 쓰고 수를 하나 더 내려 계산하면 돼.

● 몫의 소수 첫째 자리에 0이 있는
  (소수)÷(자연수)의 계산 방법

계산하는 중에 수를 하나 내려도 나누어야 할 수가 나누는 수보다 작은 경우에는 몫에 0을 쓰고 수를 하나 더 내려 계산합니다.

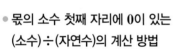

○ 계산해 보시오.

①

$$2 \overline{)\ 2.1\ 6}$$

②

$$3 \overline{)\ 3.1\ 5}$$

③

$$5 \overline{)\ 5.2\ 5}$$

④

$$6 \overline{)\ 1\ 2.2\ 4}$$

⑤

$$2 \overline{)\ 0.1}$$

⑥

$$4 \overline{)\ 4.2}$$

⑦

$$5 \overline{)\ 1\ 5.3}$$

⑧

$$8 \overline{)\ 2\ 4.4}$$

⑨ 2.12÷2＝

⑯ 14.12÷2＝

㉓ 0.2÷5＝

⑩ 3.21÷3＝

⑰ 18.12÷3＝

㉔ 5.4÷5＝

⑪ 4.16÷4＝

⑱ 20.28÷4＝

㉕ 8.4÷8＝

⑫ 5.15÷5＝

⑲ 25.15÷5＝

㉖ 18.3÷6＝

⑬ 6.48÷6＝

⑳ 36.18÷6＝

㉗ 24.2÷4＝

⑭ 7.49÷7＝

㉑ 42.28÷7＝

㉘ 35.2÷5＝

⑮ 8.32÷8＝

㉒ 45.45÷9＝

㉙ 48.3÷6＝

○ 계산해 보시오.

1 3$)\overline{3.1\ 2}$

2 2$)\overline{4.1\ 4}$

3 6$)\overline{6.4\ 2}$

4 4$)\overline{8.2\ 4}$

5 5$)\overline{1\ 0.3\ 5}$

6 7$)\overline{2\ 8.5\ 6}$

7 8$)\overline{3\ 2.7\ 2}$

8 9$)\overline{4\ 5.6\ 3}$

9 6$)\overline{0.3}$

10 2$)\overline{8.1}$

11 4$)\overline{2\ 0.2}$

12 6$)\overline{5\ 4.3}$

⑬ $3.27 \div 3 =$

⑳ $12.16 \div 4 =$

㉗ $0.4 \div 8 =$

⑭ $4.24 \div 4 =$

㉑ $18.14 \div 2 =$

㉘ $2.1 \div 2 =$

⑮ $5.35 \div 5 =$

㉒ $21.24 \div 3 =$

㉙ $5.3 \div 5 =$

⑯ $6.12 \div 3 =$

㉓ $30.25 \div 5 =$

㉚ $18.1 \div 2 =$

⑰ $6.18 \div 2 =$

㉔ $42.36 \div 6 =$

㉛ $32.2 \div 4 =$

⑱ $7.28 \div 7 =$

㉕ $48.72 \div 8 =$

㉜ $40.3 \div 5 =$

⑲ $9.15 \div 3 =$

㉖ $54.36 \div 9 =$

㉝ $56.4 \div 8 =$

3은 3.00과 같게 생각해서
0을 내려 계산하면 돼.

소수점은 찍고
내려왔지?

몫의 소수점은
자연수 바로 뒤에서
올려 찍어!

• (자연수)÷(자연수)의 몫을 소수로
  나타내기

더 이상 계산할 수 없을 때까지 내림을
하고, 내릴 수가 없는 경우 0을 내려
계산합니다.

○ 계산해 보시오.

❶
$2\overline{)3}$

❷
$30\overline{)9}$

❸
$4\overline{)1\ 0}$

❹
$15\overline{)1\ 8}$

❺
$6\overline{)2\ 7}$

❻
$8\overline{)6}$

❼
$8\overline{)1\ 4}$

❽
$12\overline{)2\ 7}$

⑨ $3 \div 5 =$

⑩ $5 \div 2 =$

⑪ $6 \div 20 =$

⑫ $7 \div 35 =$

⑬ $8 \div 5 =$

⑭ $11 \div 2 =$

⑮ $12 \div 15 =$

⑯ $21 \div 6 =$

⑰ $30 \div 4 =$

⑱ $30 \div 20 =$

⑲ $42 \div 5 =$

⑳ $48 \div 15 =$

㉑ $57 \div 6 =$

㉒ $66 \div 12 =$

㉓ $6 \div 40 =$

㉔ $7 \div 4 =$

㉕ $17 \div 50 =$

㉖ $18 \div 8 =$

㉗ $21 \div 4 =$

㉘ $45 \div 12 =$

㉙ $50 \div 8 =$

○ 계산해 보시오.

1   6) 3

2   2) 7

3   25) 1 0

4   5) 1 1

5   18) 2 7

6   6) 3 9

7   14) 4 9

8   8) 6 0

9   8) 2

10   4) 1 9

11   12) 3 3

12   8) 5 8

⑬ 2÷4=

⑭ 6÷4=

⑮ 8÷20=

⑯ 9÷2=

⑰ 12÷5=

⑱ 15÷6=

⑲ 21÷14=

⑳ 24÷5=

㉑ 34÷4=

㉒ 40÷16=

㉓ 44÷8=

㉔ 52÷8=

㉕ 70÷20=

㉖ 78÷12=

㉗ 7÷20=

㉘ 10÷8=

㉙ 13÷50=

㉚ 15÷4=

㉛ 25÷4=

㉜ 54÷8=

㉝ 63÷12=

○ 빈칸에 알맞은 수를 써넣으시오.

1
÷6
6.3 → [ ]
← 6.3÷6을
계산해요.

2
÷5
0.6 → [ ]

3
÷12
30 → [ ]

4
÷3
3.18 → [ ]

5
÷5
1.3 → [ ]

6
÷8
23.6 → [ ]

7
÷25
8 → [ ]

8
÷4
8.28 → [ ]

9
÷8
42 → [ ]

10
÷2
1.1 → [ ]

⑪
$$ \div $$

| 4 | 5 | |

→ 4÷5를
계산해요.

⑫
$$ \div $$

| 8.2 | 4 | |

⑬
$$ \div $$

| 14.7 | 6 | |

⑭
$$ \div $$

| 42 | 24 | |

⑮
$$ \div $$

| 2.14 | 2 | |

⑯
$$ \div $$

| 3.1 | 2 | |

⑰
$$ \div $$

| 4 | 25 | |

⑱
$$ \div $$

| 5.2 | 8 | |

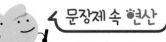
문장제 속 연산

⑲ 음료수 4.2 L를 통 4개에 똑같이 나누어 담으려고 합니다. 통 한 개에 담을
수 있는 음료수는 몇 L인지 구해 보시오.

| | ÷ | | = | | (L) |

전체 음료수의　　　나누어 담을　　　통 한 개에 담을 수
양　　　　　　　통의 수　　　　있는 음료수의 양

원리 곱셈과 나눗셈의 관계

$$▲ × ● = ■ \Rightarrow \begin{cases} ▲ = ■ ÷ ● \\ ● = ■ ÷ ▲ \end{cases}$$

적용 곱셈식의 어떤 수(□) 구하기

· $□ × 2 = 84.2 \longrightarrow □ = 84.2 ÷ 2 = 42.1$
· $3 × □ = 3.69 \longrightarrow □ = 3.69 ÷ 3 = 1.23$

○ 어떤 수(□)를 구하려고 합니다. □ 안에 알맞은 수를 써넣으시오.

❶ $\boxed{} × 2 = 24.4$

$24.4 ÷ 2 = \boxed{}$

❷ $\boxed{} × 3 = 4.8$

$4.8 ÷ 3 = \boxed{}$

❸ $\boxed{} × 5 = 1.35$

$1.35 ÷ 5 = \boxed{}$

❹ $\boxed{} × 2 = 2.9$

$2.9 ÷ 2 = \boxed{}$

❺ $\boxed{} × 9 = 9.54$

$9.54 ÷ 9 = \boxed{}$

❻ $3 × \boxed{} = 9.03$

$9.03 ÷ 3 = \boxed{}$

❼ $6 × \boxed{} = 10.2$

$10.2 ÷ 6 = \boxed{}$

❽ $2 × \boxed{} = 0.76$

$0.76 ÷ 2 = \boxed{}$

❾ $4 × \boxed{} = 12.6$

$12.6 ÷ 4 = \boxed{}$

❿ $6 × \boxed{} = 9$

$9 ÷ 6 = \boxed{}$

⑪ [   ] × 3 = 36.9

36.9÷3= [   ]

⑰ 4 × [   ] = 8.08

8.08÷4= [   ]

⑫ [   ] × 4 = 57.6

57.6÷4= [   ]

⑱ 8 × [   ] = 29.44

29.44÷8= [   ]

⑬ [   ] × 6 = 0.72

0.72÷6= [   ]

⑲ 7 × [   ] = 6.58

6.58÷7= [   ]

⑭ [   ] × 5 = 6.2

6.2÷5= [   ]

⑳ 8 × [   ] = 5.2

5.2÷8= [   ]

⑮ [   ] × 4 = 4.16

4.16÷4= [   ]

㉑ 3 × [   ] = 9.21

9.21÷3= [   ]

⑯ [   ] × 15 = 9

9÷15= [   ]

㉒ 25 × [   ] = 24

24÷25= [   ]

○ 계산해 보시오.

1
$$2\overline{)2.4\ 8}$$

2
$$4\overline{)6.8}$$

3
$$9\overline{)1\ 9.8}$$

4
$$3\overline{)0.6\ 9}$$

5
$$5\overline{)4.1\ 5}$$

6
$$2\overline{)1.9}$$

7
$$4\overline{)1\ 4.6}$$

8
$$7\overline{)2\ 8.2\ 1}$$

9
$$2\overline{)6.1}$$

10
$$8\overline{)1\ 2}$$

11
$$25\overline{)7}$$

12 40.6÷2=

13 3.4÷2=

14 38.71÷7=

15 4.06÷7=

16 5.92÷8=

17 2.7÷6=

18 9.3÷6=

19 9.72÷9=

20 8÷40=

○ 빈칸에 알맞은 수를 써넣으시오.

21
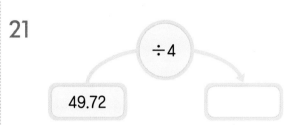

22

23

24

25

÷16

72

3단원의 연산 실력을 보충하고 싶다면 **클리닉 북 13~18쪽**을 풀어 보세요.

3. 소수의 나눗셈 · **89**

비와 비율

학습 내용	학습 회차	걸린 시간
1 비로 나타내기	1일 차	/10분
	2일 차	/16분
2 비율을 분수나 소수로 나타내기	3일 차	/13분
	4일 차	/16분
3 비율을 백분율로 나타내기	5일 차	/13분
	6일 차	/16분
4 백분율을 분수나 소수로 나타내기	7일 차	/13분
	8일 차	/15분
평가 4. 비와 비율	9일 차	/15분

기초력 상승!

헛 둘! 헛 둘!

두 수를 기호 :을 사용하여
나타낸 것을 비라고 해.

비교하는 양 **기준량**

2 : 3

우리를
2 대 3,
2와 3의 비,
3에 대한 2의 비,
2의 3에 대한 비
라고 읽어.

● 비로 나타내기

· 비: 두 수를 나눗셈으로 비교하기 위
  해 기호 :을 사용하여 나타낸 것

· 기준량: 기호 :의 오른쪽에 있는 수

· 비교하는 양: 기호 :의 왼쪽에 있는 수

· 2와 3을 나눗셈으로 비교할 때 비로
  나타내기

  쓰기 2 : 3
  ┌─┘└─ 기준량
  └─ 비교하는 양

  읽기 · 2 대 3
      · 2와 3의 비
      · 3에 대한 2의 비
      · 2의 3에 대한 비

○ 그림을 보고 비로 나타내어 보시오.

❶

잠자리 수와 나비 수의 비 ⇨ ☐ : ☐

❷

튤립 수에 대한 장미 수의 비 ⇨ ☐ : ☐

❸

사과 수와 수박 수의 비 ⇨ ☐ : ☐

❹

당근 수의 가지 수에 대한 비 ⇨ ☐ : ☐

○ 비로 나타내어 보시오.

⑤ 2 대 5
⇨ (　　　　　)

⑥ 3 대 2
⇨ (　　　　　)

⑦ 4 대 7
⇨ (　　　　　)

⑧ 5 대 4
⇨ (　　　　　)

⑨ 7 대 11
⇨ (　　　　　)

⑩ 9 대 7
⇨ (　　　　　)

⑪ 3과 5의 비
⇨ (　　　　　)

⑫ 4와 9의 비
⇨ (　　　　　)

⑬ 6과 1의 비
⇨ (　　　　　)

⑭ 7과 3의 비
⇨ (　　　　　)

⑮ 8과 5의 비
⇨ (　　　　　)

⑯ 3에 대한 8의 비
⇨ (　　　　　)

⑰ 5에 대한 3의 비
⇨ (　　　　　)

⑱ 7에 대한 2의 비
⇨ (　　　　　)

⑲ 11에 대한 5의 비
⇨ (　　　　　)

⑳ 14에 대한 13의 비
⇨ (　　　　　)

㉑ 5의 8에 대한 비
⇨ (　　　　　)

㉒ 7의 4에 대한 비
⇨ (　　　　　)

㉓ 8의 13에 대한 비
⇨ (　　　　　)

㉔ 9의 2에 대한 비
⇨ (　　　　　)

㉕ 12의 11에 대한 비
⇨ (　　　　　)

○ 비로 나타내어 보시오.

1 2 대 1
⇨ (   )

2 3 대 5
⇨ (   )

3 3 대 7
⇨ (   )

4 4 대 9
⇨ (   )

5 5 대 2
⇨ (   )

6 8 대 3
⇨ (   )

7 8 대 13
⇨ (   )

8 9 대 14
⇨ (   )

9 10 대 7
⇨ (   )

10 11 대 8
⇨ (   )

11 3과 2의 비
⇨ (   )

12 4와 5의 비
⇨ (   )

13 5와 9의 비
⇨ (   )

14 7과 12의 비
⇨ (   )

15 8과 3의 비
⇨ (   )

16 8과 9의 비
⇨ (   )

17 9와 11의 비
⇨ (   )

18 10과 13의 비
⇨ (   )

19 11과 5의 비
⇨ (   )

20 12와 17의 비
⇨ (   )

21 13과 10의 비
⇨ (   )

㉒ 6에 대한 5의 비
⇨ (   )

㉓ 7에 대한 9의 비
⇨ (   )

㉔ 8에 대한 13의 비
⇨ (   )

㉕ 8에 대한 7의 비
⇨ (   )

㉖ 9에 대한 4의 비
⇨ (   )

㉗ 11에 대한 9의 비
⇨ (   )

㉘ 12에 대한 5의 비
⇨ (   )

㉙ 13에 대한 16의 비
⇨ (   )

㉚ 14에 대한 5의 비
⇨ (   )

㉛ 17에 대한 21의 비
⇨ (   )

㉜ 4의 3에 대한 비
⇨ (   )

㉝ 5의 17에 대한 비
⇨ (   )

㉞ 6의 7에 대한 비
⇨ (   )

㉟ 7의 8에 대한 비
⇨ (   )

㊱ 8의 15에 대한 비
⇨ (   )

㊲ 9의 16에 대한 비
⇨ (   )

㊳ 10의 3에 대한 비
⇨ (   )

㊴ 11의 14에 대한 비
⇨ (   )

㊵ 12의 5에 대한 비
⇨ (   )

㊶ 15의 4에 대한 비
⇨ (   )

㊷ 17의 6에 대한 비
⇨ (   )

2 비율을 분수나 소수로 나타내기

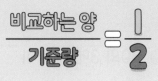

비율

분수

$$\frac{비교하는 양}{기준량} = \frac{1}{2}$$

소수

비교하는 양 ÷ 기준량

$$= 1 ÷ 2 = 0.5$$

● **비율을 분수나 소수로 나타내기**

• 비율: 기준량에 대한 비교하는 양의 크기

> (비율)＝(비교하는 양)÷(기준량)
> ＝ (비교하는 양) / (기준량)

• 비 1 : 2의 비율

⇒ **분수** $\frac{1}{2}$

　 소수 1÷2＝0.5

○ 비율을 분수로 나타내어 보시오.

1 2 : 3
　⇨ (　　　　　　　)

2 4 : 9
　⇨ (　　　　　　　)

3 5 : 8
　⇨ (　　　　　　　)

4 3 대 7
　⇨ (　　　　　　　)

5 9 대 18
　⇨ (　　　　　　　)

6 2와 5의 비
　⇨ (　　　　　　　)

7 5와 9의 비
　⇨ (　　　　　　　)

8 11과 8의 비
　⇨ (　　　　　　　)

9 5에 대한 3의 비
　⇨ (　　　　　　　)

10 8에 대한 6의 비
　⇨ (　　　　　　　)

11 11에 대한 20의 비
　⇨ (　　　　　　　)

12 3의 4에 대한 비
　⇨ (　　　　　　　)

13 7의 10에 대한 비
　⇨ (　　　　　　　)

14 8의 12에 대한 비
　⇨ (　　　　　　　)

○ 비율을 소수로 나타내어 보시오.

⑮ 1 : 5
⇨ (   )

⑯ 2 : 4
⇨ (   )

⑰ 5 : 20
⇨ (   )

⑱ 7 : 2
⇨ (   )

⑲ 1 대 4
⇨ (   )

⑳ 3 대 10
⇨ (   )

㉑ 6 대 12
⇨ (   )

㉒ 9 대 20
⇨ (   )

㉓ 1과 25의 비
⇨ (   )

㉔ 4와 8의 비
⇨ (   )

㉕ 6과 30의 비
⇨ (   )

㉖ 8과 32의 비
⇨ (   )

㉗ 12와 5의 비
⇨ (   )

㉘ 6에 대한 15의 비
⇨ (   )

㉙ 8에 대한 1의 비
⇨ (   )

㉚ 12에 대한 6의 비
⇨ (   )

㉛ 20에 대한 7의 비
⇨ (   )

㉜ 5의 10에 대한 비
⇨ (   )

㉝ 6의 8에 대한 비
⇨ (   )

㉞ 17의 20에 대한 비
⇨ (   )

㉟ 18의 4에 대한 비
⇨ (   )

○ 비율을 분수로 나타내어 보시오.

❶ 3 : 4
⇨ (   )

❷ 5 : 10
⇨ (   )

❸ 6 : 7
⇨ (   )

❹ 9 : 5
⇨ (   )

❺ 2 대 7
⇨ (   )

❻ 3 대 9
⇨ (   )

❼ 10 대 11
⇨ (   )

❽ 12 대 13
⇨ (   )

❾ 4와 25의 비
⇨ (   )

❿ 10과 9의 비
⇨ (   )

⓫ 12와 15의 비
⇨ (   )

⓬ 13과 20의 비
⇨ (   )

⓭ 5에 대한 8의 비
⇨ (   )

⓮ 7에 대한 4의 비
⇨ (   )

⓯ 13에 대한 11의 비
⇨ (   )

⓰ 16에 대한 12의 비
⇨ (   )

⓱ 5의 9에 대한 비
⇨ (   )

⓲ 7의 14에 대한 비
⇨ (   )

⓳ 8의 7에 대한 비
⇨ (   )

⓴ 12의 17에 대한 비
⇨ (   )

㉑ 15의 20에 대한 비
⇨ (   )

○ 비율을 소수로 나타내어 보시오.

㉒ 1 : 20
⇨ (　　　　　　)

㉓ 5 : 4
⇨ (　　　　　　)

㉔ 8 : 40
⇨ (　　　　　　)

㉕ 12 : 24
⇨ (　　　　　　)

㉖ 3 대 15
⇨ (　　　　　　)

㉗ 4 대 16
⇨ (　　　　　　)

㉘ 7 대 20
⇨ (　　　　　　)

㉙ 17 대 2
⇨ (　　　　　　)

㉚ 5와 25의 비
⇨ (　　　　　　)

㉛ 10과 20의 비
⇨ (　　　　　　)

㉜ 11과 8의 비
⇨ (　　　　　　)

㉝ 18과 25의 비
⇨ (　　　　　　)

㉞ 4에 대한 3의 비
⇨ (　　　　　　)

㉟ 8에 대한 12의 비
⇨ (　　　　　　)

㊱ 15에 대한 6의 비
⇨ (　　　　　　)

㊲ 20에 대한 9의 비
⇨ (　　　　　　)

㊳ 25에 대한 4의 비
⇨ (　　　　　　)

㊴ 4의 20에 대한 비
⇨ (　　　　　　)

㊵ 5의 8에 대한 비
⇨ (　　　　　　)

㊶ 9의 15에 대한 비
⇨ (　　　　　　)

㊷ 13의 25에 대한 비
⇨ (　　　　　　)

백분율은 기준량을 100으로 할 때의 비율이야!

비율에 100을 곱해!

= 14 → 14%

곱에 기호 %를 붙여!

● 비율을 백분율로 나타내기
• 백분율: 기준량을 100으로 할 때의 비율
• 백분율은 기호 %를 사용하여 나타내고, %는 퍼센트라고 읽습니다.

• $\frac{7}{50}$을 백분율로 나타내기

  방법1 기준량이 100인 비율로 나타내고 분자에 기호 %를 붙이기

  $\frac{7}{50} = \frac{14}{100} \Rightarrow 14\%$

  방법2 비율에 100을 곱한 다음, 곱에 기호 %를 붙이기

  $\frac{7}{50} \times 100 = 14 \Rightarrow 14\%$

○ 비율을 백분율로 나타내어 보시오.

1 0.03
⇨ (   )

2 0.09
⇨ (   )

3 0.17
⇨ (   )

4 0.2
⇨ (   )

5 0.26
⇨ (   )

6 0.32
⇨ (   )

7 0.4
⇨ (   )

8 0.41
⇨ (   )

9 0.6
⇨ (   )

10 0.75
⇨ (   )

11 0.81
⇨ (   )

12 0.94
⇨ (   )

13 1.43
⇨ (   )

14 1.7
⇨ (   )

5일 차
월   일

오늘의 기록
분

맞힌 개수
/35

4단원

정답 • 15쪽

⑮ $\dfrac{1}{2}$

⇨ (   )

⑯ $\dfrac{3}{4}$

⇨ (   )

⑰ $\dfrac{1}{5}$

⇨ (   )

⑱ $\dfrac{2}{5}$

⇨ (   )

⑲ $\dfrac{3}{5}$

⇨ (   )

⑳ $\dfrac{2}{8}$

⇨ (   )

㉑ $\dfrac{3}{10}$

⇨ (   )

㉒ $\dfrac{17}{10}$

⇨ (   )

㉓ $\dfrac{12}{15}$

⇨ (   )

㉔ $\dfrac{9}{20}$

⇨ (   )

㉕ $\dfrac{11}{20}$

⇨ (   )

㉖ $\dfrac{30}{20}$

⇨ (   )

㉗ $\dfrac{8}{25}$

⇨ (   )

㉘ $\dfrac{13}{25}$

⇨ (   )

㉙ $\dfrac{40}{25}$

⇨ (   )

㉚ $\dfrac{21}{30}$

⇨ (   )

㉛ $\dfrac{34}{40}$

⇨ (   )

㉜ $\dfrac{23}{50}$

⇨ (   )

㉝ $\dfrac{69}{100}$

⇨ (   )

㉞ $\dfrac{185}{100}$

⇨ (   )

㉟ $\dfrac{48}{300}$

⇨ (   )

○ 비율을 백분율로 나타내어 보시오.

1 0.07
⇨ (   )

2 0.19
⇨ (   )

3 0.25
⇨ (   )

4 0.3
⇨ (   )

5 0.35
⇨ (   )

6 0.42
⇨ (   )

7 0.5
⇨ (   )

8 0.57
⇨ (   )

9 0.68
⇨ (   )

10 0.78
⇨ (   )

11 0.8
⇨ (   )

12 0.9
⇨ (   )

13 0.93
⇨ (   )

14 1.4
⇨ (   )

15 1.5
⇨ (   )

16 1.54
⇨ (   )

17 1.6
⇨ (   )

18 1.71
⇨ (   )

19 2.05
⇨ (   )

20 2.16
⇨ (   )

21 3.2
⇨ (   )

㉒ $\dfrac{4}{5}$

⇨ (   )

㉓ $\dfrac{6}{8}$

⇨ (   )

㉔ $\dfrac{6}{10}$

⇨ (   )

㉕ $\dfrac{21}{10}$

⇨ (   )

㉖ $\dfrac{17}{20}$

⇨ (   )

㉗ $\dfrac{35}{20}$

⇨ (   )

㉘ $\dfrac{9}{25}$

⇨ (   )

㉙ $\dfrac{30}{25}$

⇨ (   )

㉚ $\dfrac{41}{25}$

⇨ (   )

㉛ $\dfrac{9}{30}$

⇨ (   )

㉜ $\dfrac{12}{30}$

⇨ (   )

㉝ $\dfrac{7}{35}$

⇨ (   )

㉞ $\dfrac{18}{40}$

⇨ (   )

㉟ $\dfrac{26}{40}$

⇨ (   )

㊱ $\dfrac{39}{50}$

⇨ (   )

㊲ $\dfrac{70}{50}$

⇨ (   )

㊳ $\dfrac{75}{50}$

⇨ (   )

㊴ $\dfrac{83}{100}$

⇨ (   )

㊵ $\dfrac{195}{100}$

⇨ (   )

㊶ $\dfrac{32}{400}$

⇨ (   )

㊷ $\dfrac{600}{500}$

⇨ (   )

기호 %를 빼고
100으로 나눈다고
생각해!

14÷100

분수   소수

$\dfrac{14}{100}$ 0.14

● 백분율을 분수나 소수로 나타내기

백분율에서 기호 %를 뺀 다음 100
으로 나눕니다.

$14\% \Rightarrow$
- **분수** $14 \div 100$
$= \dfrac{14}{100}\left(=\dfrac{7}{50}\right)$
- **소수** $14 \div 100 = 0.14$

○ 백분율을 분수로 나타내어 보시오.

1 3 %
⇨ (   )

2 8 %
⇨ (   )

3 13 %
⇨ (   )

4 20 %
⇨ (   )

5 25 %
⇨ (   )

6 39 %
⇨ (   )

7 42 %
⇨ (   )

8 50 %
⇨ (   )

9 62 %
⇨ (   )

10 76 %
⇨ (   )

11 85 %
⇨ (   )

12 96 %
⇨ (   )

13 140 %
⇨ (   )

14 230 %
⇨ (   )

○ 백분율을 소수로 나타내어 보시오.

⑮ 4 %
⇨ (   )

⑯ 9 %
⇨ (   )

⑰ 10 %
⇨ (   )

⑱ 12 %
⇨ (   )

⑲ 27 %
⇨ (   )

⑳ 30 %
⇨ (   )

㉑ 34 %
⇨ (   )

㉒ 41 %
⇨ (   )

㉓ 45 %
⇨ (   )

㉔ 50 %
⇨ (   )

㉕ 53 %
⇨ (   )

㉖ 60 %
⇨ (   )

㉗ 68 %
⇨ (   )

㉘ 75 %
⇨ (   )

㉙ 80 %
⇨ (   )

㉚ 86 %
⇨ (   )

㉛ 91 %
⇨ (   )

㉜ 94 %
⇨ (   )

㉝ 105 %
⇨ (   )

㉞ 120 %
⇨ (   )

㉟ 275 %
⇨ (   )

○ 백분율을 분수로 나타내어 보시오.

❶ 7 %
⇨ (   )

❷ 10 %
⇨ (   )

❸ 15 %
⇨ (   )

❹ 23 %
⇨ (   )

❺ 28 %
⇨ (   )

❻ 30 %
⇨ (   )

❼ 37 %
⇨ (   )

❽ 48 %
⇨ (   )

❾ 51 %
⇨ (   )

❿ 54 %
⇨ (   )

⓫ 60 %
⇨ (   )

⓬ 67 %
⇨ (   )

⓭ 75 %
⇨ (   )

⓮ 80 %
⇨ (   )

⓯ 86 %
⇨ (   )

⓰ 92 %
⇨ (   )

⓱ 98 %
⇨ (   )

⓲ 103 %
⇨ (   )

⓳ 161 %
⇨ (   )

⓴ 279 %
⇨ (   )

㉑ 347 %
⇨ (   )

○ 백분율을 소수로 나타내어 보시오.

㉒ 6 %
⇨ (   )

㉙ 46 %
⇨ (   )

㊱ 85 %
⇨ (   )

㉓ 11 %
⇨ (   )

㉚ 52 %
⇨ (   )

㊲ 90 %
⇨ (   )

㉔ 20 %
⇨ (   )

㉛ 58 %
⇨ (   )

㊳ 98 %
⇨ (   )

㉕ 28 %
⇨ (   )

㉜ 67 %
⇨ (   )

㊴ 107 %
⇨ (   )

㉖ 35 %
⇨ (   )

㉝ 70 %
⇨ (   )

㊵ 130 %
⇨ (   )

㉗ 39 %
⇨ (   )

㉞ 76 %
⇨ (   )

㊶ 216 %
⇨ (   )

㉘ 40 %
⇨ (   )

㉟ 83 %
⇨ (   )

㊷ 340 %
⇨ (   )

○ 그림을 보고 비로 나타내어 보시오.

1 토끼 수와 거북 수의 비 ⇨ ☐ : ☐

2 토끼 수에 대한 거북 수의 비 ⇨ ☐ : ☐

3 토끼 수의 거북 수에 대한 비 ⇨ ☐ : ☐

○ 비로 나타내어 보시오.

4 5 대 8
   ⇨ (   )

5 13과 7의 비
   ⇨ (   )

6 11에 대한 6의 비
   ⇨ (   )

○ 비율을 분수로 나타내어 보시오.

7 2 : 9
   ⇨ (   )

8 6과 14의 비
   ⇨ (   )

9 28의 12에 대한 비
   ⇨ (   )

○ 비율을 소수로 나타내어 보시오.

10 4 대 10
   ⇨ (   )

11 25에 대한 8의 비
   ⇨ (   )

12 7의 5에 대한 비
   ⇨ (   )

○ 비율을 백분율로 나타내어 보시오.

13 0.23
⇨ (   )

14 0.7
⇨ (   )

15 1.52
⇨ (   )

16 $\dfrac{3}{5}$
⇨ (   )

17 $\dfrac{7}{20}$
⇨ (   )

18 $\dfrac{11}{25}$
⇨ (   )

19 $\dfrac{80}{50}$
⇨ (   )

○ 백분율을 분수로 나타내어 보시오.

20 2 %
⇨ (   )

21 36 %
⇨ (   )

22 120 %
⇨ (   )

○ 백분율을 소수로 나타내어 보시오.

23 7 %
⇨ (   )

24 43 %
⇨ (   )

25 210 %
⇨ (   )

4단원의 연산 실력을 보충하고 싶다면 **클리닉 북 19~22쪽**을 풀어 보세요.

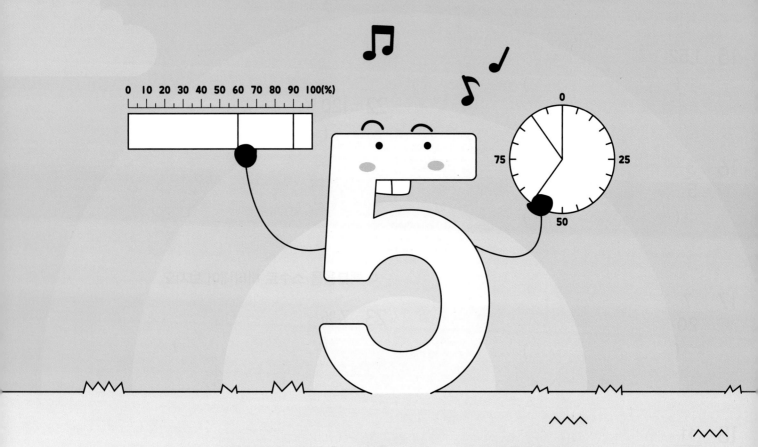

여러 가지 그래프

학습 내용	학습 회차	걸린 시간
1 띠그래프	1일 차	/3분
2 띠그래프로 나타내기	2일 차	/3분
3 원그래프	3일 차	/3분
4 원그래프로 나타내기	4일 차	/3분
평가 5. 여러 가지 그래프	5일 차	/12분

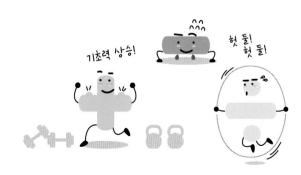

기초력 상승!

헛 둘!
헛 둘!

난 전체에 대한 각 부분의 비율을 띠 모양에 나타낸 **띠그래프**야.

전교 학생 회장 후보자별 득표수

0 10 20 30 40 50 60 70 80 90 100(%)

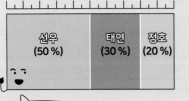

| 선우 (50 %) | 태연 (30 %) | 정호 (20 %) |

비율이 클수록 띠에서 차지하는 부분의 길이가 길어.

● 띠그래프

띠그래프: 전체에 대한 각 부분의 비율을 띠 모양에 나타낸 그래프

전교 학생 회장 후보자별 득표수

0 10 20 30 40 50 60 70 80 90 100(%)

| 선우 (50 %) | 태연 (30 %) | 정호 (20 %) |

⇩

• 태연이의 득표수는 전체의 30 % 입니다.

• 득표수가 가장 많은 사람은 선우 입니다.

• 선우 또는 정호의 득표수는 전체의 70 %입니다.

○ 현준이네 반 학급 문고의 종류별 권수를 조사하여 나타낸 표입니다. 물음에 답하시오.

학급 문고의 종류별 권수

종류	동화책	위인전	참고서	과학책	합계
권수(권)	80	60	40	20	200
백분율(%)	40			10	100

1 학급 문고의 전체 권수에 대한 종류별 권수의 백분율을 구해 보시오.

• 동화책: $\dfrac{80}{200} \times 100 = 40(\%)$

• 위인전: $\dfrac{60}{200} \times 100 = \boxed{}(\%)$

• 참고서: $\dfrac{40}{200} \times 100 = \boxed{}(\%)$

• 과학책: $\dfrac{20}{200} \times 100 = 10(\%)$

2 띠그래프를 완성해 보시오.

학급 문고의 종류별 권수

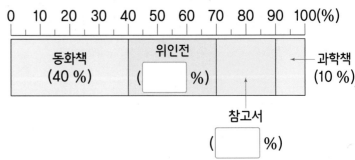

지혜네 반 학생들이 태어난 계절을 조사하여 나타낸 표입니다. 물음에 답하시오.

태어난 계절별 학생 수

계절	봄	여름	가을	겨울	합계
학생 수(명)	12	8	6	14	40
백분율(%)		20	15		100

③ 전체 학생 수에 대한 태어난 계절별 학생 수의 백분율을 구하고 띠그래프를 완성해 보시오.

・봄: $\dfrac{12}{40} \times 100 = \boxed{}$(%)   ・여름: $\dfrac{8}{40} \times 100 = 20$(%)

・가을: $\dfrac{6}{40} \times 100 = 15$(%)   ・겨울: $\dfrac{14}{40} \times 100 = \boxed{}$(%)

태어난 계절별 학생 수

④ 여름에 태어난 학생 수는 전체의 몇 %입니까?

(   )

⑤ 가장 많은 학생이 태어난 계절은 무엇입니까?

(   )

⑥ 봄에 태어난 학생 수는 가을에 태어난 학생 수의 몇 배입니까?

(   )

먼저 각 항목의
백분율을 구해!

색깔별 색종이 수

색깔	연두	주황	합계
색종이 수(장)	9	6	15
백분율(%)	60	40	100

색깔별 색종이 수

0 10 20 30 40 50 60 70 80 90 100(%)

연두 (60 %)	주황 (40 %)

백분율의 크기만큼 띠를 나누고
내용과 백분율을 쓰면 돼!

● **띠그래프로 나타내는 방법**

① 각 항목의 백분율을 구합니다.

② 각 항목의 백분율의 합계가
100 %가 되는지 확인합니다.

③ 각 항목이 차지하는 백분율의 크기
만큼 선을 그어 띠를 나눕니다.

④ 나눈 부분에 각 항목의 내용과
백분율을 씁니다.

⑤ 띠그래프의 제목을 씁니다.

색깔별 색종이 수

색깔	연두	주황	노랑	합계
색종이 수(장)	9	6	5	20
백분율(%)	45	30	25	100 ②

⇩ ①

색깔별 색종이 수 ── ⑤

0 10 20 30 40 50 60 70 80 90 100(%)

연두 (45 %)	주황 (30 %)	노랑 (25 %)

④ ③

○ 어느 문화 센터에서 초등학생들이 수강하는 강좌를 조사하여 나타낸
표입니다. 물음에 답하시오.

수강하는 강좌별 학생 수

강좌	컴퓨터	중국어	요리	역사	합계
학생 수(명)	21	18	15	6	60
백분율(%)	35		25		

❶ 전체 학생 수에 대한 수강하는 강좌별 학생 수의 백분율을
구해 보시오.

· 중국어: $\dfrac{18}{60} \times 100 = \boxed{}$ (%)

· 역사: $\dfrac{6}{60} \times 100 = \boxed{}$ (%)

❷ 각 항목의 백분율을 모두 더하면 몇 %입니까?

(   )

❸ 띠그래프를 완성해 보시오.

수강하는 강좌별 학생 수

0 10 20 30 40 50 60 70 80 90 100(%)

컴퓨터 (35 %)	

○ 지호네 학교 6학년 학생들이 좋아하는 과일을 조사하여 나타낸 표입니다. 물음에 답하시오.

좋아하는 과일별 학생 수

과일	사과	수박	오렌지	기타	합계
학생 수(명)	100	75	50	25	250
백분율(%)					

❹ 전체 학생 수에 대한 좋아하는 과일별 학생 수의 백분율을 구해 보시오.

· 사과: $\dfrac{100}{250} \times 100 =$ ☐ (%)　　　· 수박: $\dfrac{75}{250} \times 100 =$ ☐ (%)

· 오렌지: $\dfrac{50}{250} \times 100 =$ ☐ (%)　　　· 기타: $\dfrac{25}{250} \times 100 =$ ☐ (%)

❺ 각 항목의 백분율을 모두 더하면 몇 %입니까?

(　　　　　　　　　)

❻ 띠그래프로 나타내어 보시오.

좋아하는 과일별 학생 수

0　10　20　30　40　50　60　70　80　90　100(%)

난 전체에 대한 각 부분의 비율을
원 모양에 나타낸
원그래프야.

받고 싶은 꽃별 학생 수

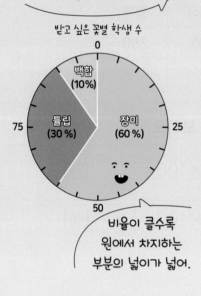

비율이 클수록
원에서 차지하는
부분의 넓이가 넓어.

● 원그래프

원그래프: 전체에 대한 각 부분의
비율을 원 모양에 나타낸 그래프

받고 싶은 꽃별 학생 수

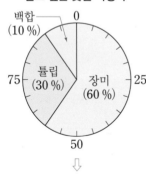

⇩

• 백합을 받고 싶은 학생은 전체의
10 %입니다.
• 가장 많은 학생이 받고 싶은 꽃은
장미입니다.
• 장미를 받고 싶은 학생 수는 튤립을
받고 싶은 학생 수의 2배입니다.

○ 민아네 학교 학생들의 혈액형을 조사하여 나타낸 표입니다. 물음에
답하시오.

혈액형별 학생 수

혈액형	A형	B형	O형	AB형	합계
학생 수(명)	175	200	50	75	500
백분율(%)	35		10		100

❶ 전체 학생 수에 대한 혈액형별 학생 수의 백분율을 구해 보
시오.

• A형: $\dfrac{175}{500} \times 100 = 35(\%)$

• B형: $\dfrac{200}{500} \times 100 = \boxed{}(\%)$

• O형: $\dfrac{50}{500} \times 100 = 10(\%)$

• AB형: $\dfrac{75}{500} \times 100 = \boxed{}(\%)$

❷ 원그래프를 완성해 보시오.

혈액형별 학생 수

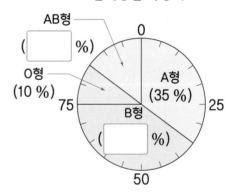

○ 수진이네 텃밭에서 기르는 농작물별 땅의 넓이를 조사하여 나타낸 표입니다. 물음에 답하시오.

농작물별 땅의 넓이

농작물	감자	토마토	오이	호박	합계
넓이(m^2)	32	16	20	12	80
백분율(%)	40			15	100

❸ 전체 땅의 넓이에 대한 농작물별 땅의 넓이의 백분율을 구하고 원그래프를 완성해 보시오.

- 감자: $\dfrac{32}{80} \times 100 = 40$(%)　　　　・토마토: $\dfrac{16}{80} \times 100 = \boxed{}$(%)

- 오이: $\dfrac{20}{80} \times 100 = \boxed{}$(%)　　　　・호박: $\dfrac{12}{80} \times 100 = 15$(%)

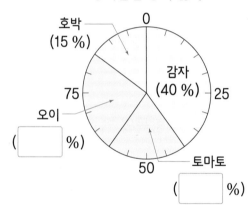

농작물별 땅의 넓이

❹ 땅의 넓이의 비율이 15 %인 농작물은 무엇입니까?

(　　　　　　　　　　　)

❺ 농작물을 심은 땅의 넓이가 넓은 농작물부터 순서대로 써 보시오.

(　　　　　　　　　　　)

❻ 토마토 또는 호박을 심은 땅의 넓이는 전체의 몇 %입니까?

(　　　　　　　　　　　)

먼저 각 항목의
백분율을 구해!

좋아하는 운동별 학생 수

운동	축구	야구	합계
학생 수(명)	9	11	20
백분율(%)	45	55	100

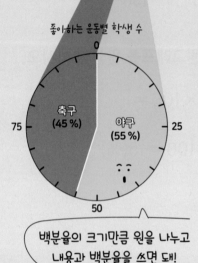

좋아하는 운동별 학생 수

백분율의 크기만큼 원을 나누고
내용과 백분율을 쓰면 돼!

● 원그래프로 나타내는 방법

① 각 항목의 백분율을 구합니다.

② 각 항목의 백분율의 합계가
100 %가 되는지 확인합니다.

③ 각 항목이 차지하는 백분율의 크기
만큼 선을 그어 원을 나눕니다.

④ 나눈 부분에 각 항목의 내용과
백분율을 씁니다.

⑤ 원그래프의 제목을 씁니다.

좋아하는 운동별 학생 수

운동	축구	야구	농구	합계
학생 수(명)	8	9	3	20
백분율(%)	40	45	15	100

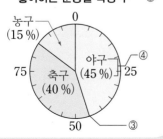

좋아하는 운동별 학생 수 —⑤

○ 어느 중국 음식점에서 하루 동안 팔린 음식 수를 조사하여 나타낸 표입니다. 물음에 답하시오.

팔린 종류별 음식 수

종류	자장면	짬뽕	탕수육	기타	합계
음식 수(그릇)	54	36	18	12	120
백분율(%)	45	30			

❶ 하루 동안 팔린 전체 음식 수에 대한 종류별 음식 수의 백분율을 구해 보시오.

· 탕수육: $\dfrac{18}{120} \times 100 =$ ☐ (%)

· 기타: $\dfrac{12}{120} \times 100 =$ ☐ (%)

❷ 각 항목의 백분율을 모두 더하면 몇 %입니까?

(   )

❸ 원그래프를 완성해 보시오.

팔린 종류별 음식 수

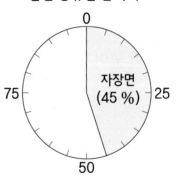

○ 은재가 일주일 동안 쓴 용돈의 쓰임새를 조사하여 나타낸 표입니다. 물음에 답하시오.

용돈의 쓰임새별 금액

쓰임새	군것질	학용품	저금	기타	합계
금액(원)	3500	3000	2000	1500	10000
백분율(%)					

4 전체 용돈 금액에 대한 쓰임새별 금액의 백분율을 구해 보시오.

- 군것질: $\dfrac{3500}{10000} \times 100 = \boxed{}$ (%)
- 학용품: $\dfrac{3000}{10000} \times 100 = \boxed{}$ (%)
- 저금: $\dfrac{2000}{10000} \times 100 = \boxed{}$ (%)
- 기타: $\dfrac{1500}{10000} \times 100 = \boxed{}$ (%)

5 각 항목의 백분율을 모두 더하면 몇 %입니까?

(   )

6 원그래프로 나타내어 보시오.

용돈의 쓰임새별 금액

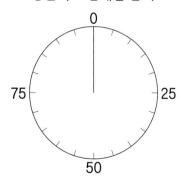

지윤이네 학교 학생들이 기르고 싶은 반려동물을 조사하여 나타낸 표입니다. 물음에 답하시오.

기르고 싶은 반려동물별 학생 수

반려동물	고양이	강아지	앵무새	토끼	합계
학생 수(명)	105	120	45	30	300
백분율(%)	35			10	100

1 전체 학생 수에 대한 기르고 싶은 반려동물별 학생 수의 백분율을 구해 보시오.

· 강아지: $\dfrac{120}{300} \times 100 = \boxed{}$ (%)

· 앵무새: $\dfrac{45}{300} \times 100 = \boxed{}$ (%)

2 띠그래프를 완성해 보시오.

기르고 싶은 반려동물별 학생 수

0 10 20 30 40 50 60 70 80 90 100(%)

고양이 (35 %)   강아지 (☐ %)   앵무새(☐ %)   ← 토끼 (10 %)

3 고양이를 기르고 싶은 학생 수는 전체의 몇 %입니까?

( )

4 가장 많은 학생이 기르고 싶은 반려동물은 무엇입니까?

( )

5 앵무새 또는 토끼를 기르고 싶은 학생 수는 전체의 몇 %입니까?

( )

6 민지네 반 학생들이 여행 가고 싶은 나라를 조사하여 나타낸 표입니다. 표를 완성하고 띠그래프를 완성해 보시오.

여행 가고 싶은 나라별 학생 수

나라	미국	태국	중국	기타	합계
학생 수(명)	9	6	3	12	30
백분율(%)	30				

여행 가고 싶은 나라별 학생 수

0 10 20 30 40 50 60 70 80 90 100(%)

미국 (30 %)

7 윤호네 반 학생들이 조사하고 싶은 문화재를 조사하여 나타낸 표입니다. 표를 완성하고 띠그래프로 나타내어 보시오.

조사하고 싶은 문화재별 학생 수

문화재	첨성대	경복궁	화성	기타	합계
학생 수(명)	16	12	8	4	40
백분율(%)					

조사하고 싶은 문화재별 학생 수

0 10 20 30 40 50 60 70 80 90 100(%)

정답 • 18쪽

○ 주영이가 가지고 있는 구슬의 색깔을 조사하여 나타낸 표입니다. 물음에 답하시오.

색깔별 구슬 수

색깔	파란색	노란색	흰색	보라색	합계
구슬 수(개)	24	28	16	12	80
백분율(%)		35	20		100

8 전체 구슬 수에 대한 색깔별 구슬 수의 백분율을 구해 보시오.

• 파란색: $\dfrac{24}{80} \times 100 =$ ☐ (%)

• 보라색: $\dfrac{12}{80} \times 100 =$ ☐ (%)

9 원그래프를 완성해 보시오.

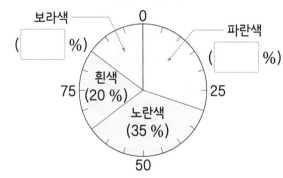

색깔별 구슬 수

10 비율이 20 %인 구슬의 색깔은 무엇입니까?

(   )

11 구슬 수가 많은 색깔부터 순서대로 써 보시오.

(   )

12 파란색 구슬 수는 보라색 구슬 수의 몇 배입니까?

(   )

13 수호네 반 학생들이 좋아하는 음식을 조사하여 나타낸 표입니다. 표를 완성하고 원그래프를 완성해 보시오.

좋아하는 음식별 학생 수

음식	돈가스	닭강정	피자	기타	합계
학생 수(명)	16	10	8	6	40
백분율(%)	40				

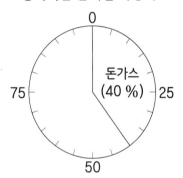

좋아하는 음식별 학생 수

14 형준이네 학교 6학년 학생들의 성씨를 조사하여 나타낸 표입니다. 표를 완성하고 원그래프로 나타내어 보시오.

성씨별 학생 수

성씨	김씨	이씨	박씨	기타	합계
학생 수(명)	49	42	14	35	140
백분율(%)					

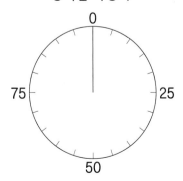

성씨별 학생 수

🔗 5단원의 연산 실력을 보충하고 싶다면 **클리닉 북 23~26쪽**을 풀어 보세요.

직육면체의
부피와 겉넓이

학습 내용	학습 회차	걸린 시간
1 1 m³와 1 cm³의 관계	1일 차	/8분
	2일 차	/11분
2 직육면체의 부피	3일 차	/12분
	4일 차	/16분
비법 강의 외우면 빨라지는 계산 비법	5일 차	/9분
3 정육면체의 부피	6일 차	/12분
	7일 차	/16분
4 직육면체의 겉넓이	8일 차	/12분
	9일 차	/16분
5 정육면체의 겉넓이	10일 차	/12분
	11일 차	/16분
평가 6. 직육면체의 부피와 겉넓이	12일 차	/18분

기초력 상승!

헛 둘!
헛 둘!

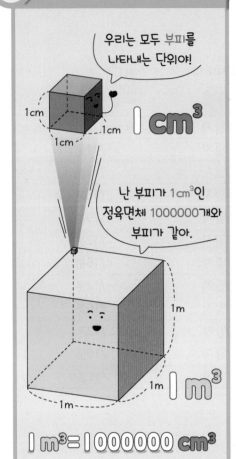

우리는 모두 부피를 나타내는 단위야!

1 cm³

난 부피가 1 cm³인 정육면체 1000000개와 부피가 같아.

1 m³

$1\,m^3 = 1000000\,cm^3$

- 1 m³와 1 cm³의 관계
- 1 cm³(1 세제곱센티미터): 한 모서리의 길이가 1 cm인 정육면체의 부피
- 1 m³(1 세제곱미터): 한 모서리의 길이가 1 m인 정육면체의 부피

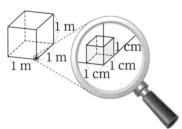

$1\,m^3 = 1000000\,cm^3$

○ ☐ 안에 알맞은 수를 써넣으시오.

❶ 2 m³ = ☐ cm³

❷ 5 m³ = ☐ cm³

❸ 13 m³ = ☐ cm³

❹ 25 m³ = ☐ cm³

❺ 4000000 cm³ = ☐ m³

❻ 9000000 cm³ = ☐ m³

❼ 16000000 cm³ = ☐ m³

⑧ 3 m³ = ☐ cm³

⑨ 6 m³ = ☐ cm³

⑩ 10 m³ = ☐ cm³

⑪ 14 m³ = ☐ cm³

⑫ 19 m³ = ☐ cm³

⑬ 22 m³ = ☐ cm³

⑭ 2.7 m³ = ☐ cm³

⑮ 5000000 cm³ = ☐ m³

⑯ 8000000 cm³ = ☐ m³

⑰ 11000000 cm³ = ☐ m³

⑱ 17000000 cm³ = ☐ m³

⑲ 21000000 cm³ = ☐ m³

⑳ 28000000 cm³ = ☐ m³

㉑ 3200000 cm³ = ☐ m³

○ ☐ 안에 알맞은 수를 써넣으시오.

① 4 m³ = ☐ cm³

② 8 m³ = ☐ cm³

③ 11 m³ = ☐ cm³

④ 20 m³ = ☐ cm³

⑤ 32 m³ = ☐ cm³

⑥ 3.5 m³ = ☐ cm³

⑦ 4.6 m³ = ☐ cm³

⑧ 2000000 cm³ = ☐ m³

⑨ 7000000 cm³ = ☐ m³

⑩ 13000000 cm³ = ☐ m³

⑪ 24000000 cm³ = ☐ m³

⑫ 31000000 cm³ = ☐ m³

⑬ 3700000 cm³ = ☐ m³

⑭ 5200000 cm³ = ☐ m³

⑮ 7 m³ = ☐ cm³

⑯ 9 m³ = ☐ cm³

⑰ 12 m³ = ☐ cm³

⑱ 23 m³ = ☐ cm³

⑲ 38 m³ = ☐ cm³

⑳ 3.9 m³ = ☐ cm³

㉑ 4.5 m³ = ☐ cm³

㉒ 3000000 cm³ = ☐ m³

㉓ 6000000 cm³ = ☐ m³

㉔ 14000000 cm³ = ☐ m³

㉕ 27000000 cm³ = ☐ m³

㉖ 35000000 cm³ = ☐ m³

㉗ 4600000 cm³ = ☐ m³

㉘ 6800000 cm³ = ☐ m³

2 직육면체의 부피

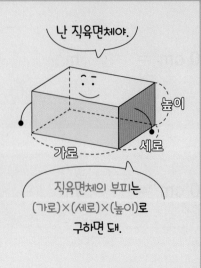

난 직육면체야.

직육면체의 부피는
(가로)×(세로)×(높이)로
구하면 돼.

○ 직육면체의 부피는 몇 cm³인지 구해 보시오.

❶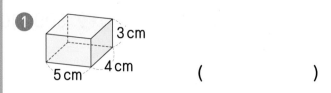
3 cm
4 cm
5 cm

(   )

❷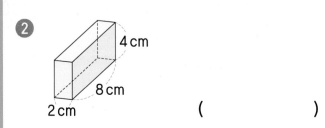
4 cm
8 cm
2 cm

(   )

❸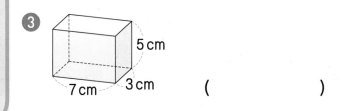
5 cm
7 cm
3 cm

(   )

● 직육면체의 부피 구하기

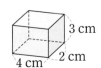
3 cm
4 cm
2 cm

(직육면체의 부피)
=(가로)×(세로)×(높이)
=4×2×3=24(cm³)

❹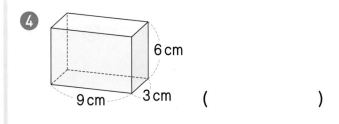
6 cm
9 cm
3 cm

(   )

❺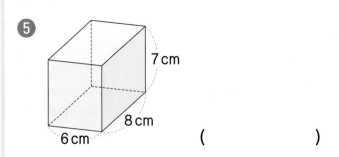
7 cm
8 cm
6 cm

(   )

⑥ 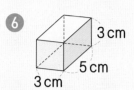　3 cm　5 cm　3 cm　　(　　　　)

⑪ 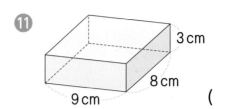　3 cm　8 cm　9 cm　　(　　　　)

⑦ 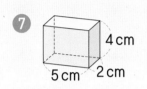　4 cm　5 cm　2 cm　　(　　　　)

⑫ 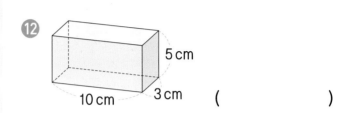　5 cm　10 cm　3 cm　　(　　　　)

⑧ 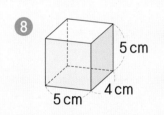　5 cm　5 cm　4 cm　　(　　　　)

⑬ 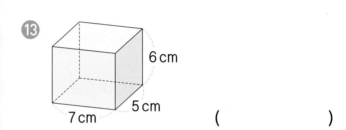　6 cm　7 cm　5 cm　　(　　　　)

⑨ 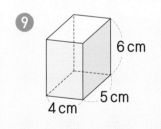　6 cm　4 cm　5 cm　　(　　　　)

⑭ 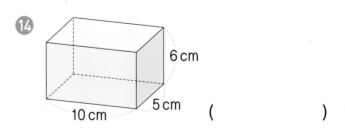　6 cm　10 cm　5 cm　　(　　　　)

⑩ 　7 cm　3 cm　2 cm　　(　　　　)

⑮ 　7 cm　10 cm　4 cm　　(　　　　)

○ 직육면체의 부피는 몇 cm³인지 구해 보시오.

1 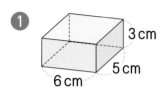 (   )

6 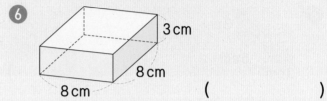 (   )

2 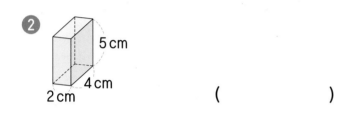 (   )

7 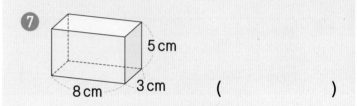 (   )

3 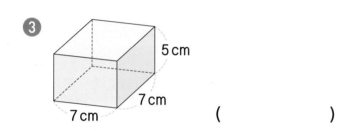 (   )

8 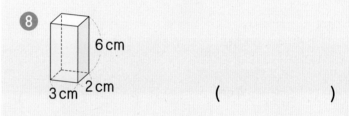 (   )

4 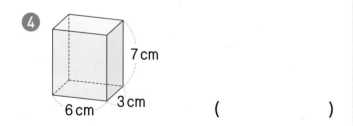 (   )

9 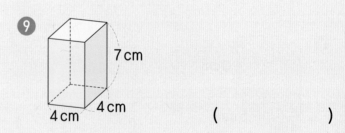 (   )

5 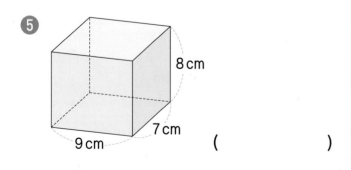 (   )

10 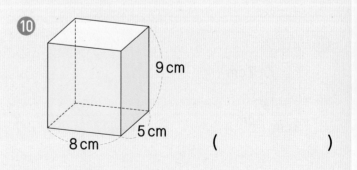 (   )

정답 · 19쪽

○ 직육면체의 부피는 몇 m³인지 구해 보시오.

⑪ 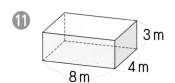　　3 m　4 m　8 m　　　(　　　　　　)

⑯ 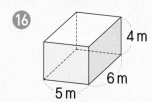　　4 m　6 m　5 m　　　(　　　　　　)

⑫ 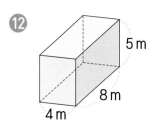　　5 m　8 m　4 m　　　(　　　　　　)

⑰ 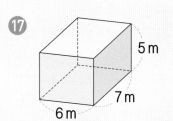　　5 m　7 m　6 m　　　(　　　　　　)

⑬ 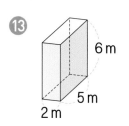　　6 m　5 m　2 m　　　(　　　　　　)

⑱ 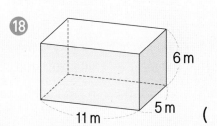　　6 m　5 m　11 m　　　(　　　　　　)

⑭ 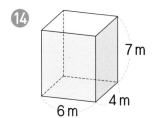　　7 m　4 m　6 m　　　(　　　　　　)

⑲ 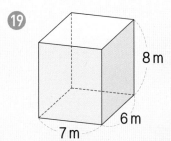　　8 m　6 m　7 m　　　(　　　　　　)

⑮ 　　9 m　3 m　4 m　　　(　　　　　　)

⑳ 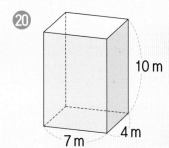　　10 m　4 m　7 m　　　(　　　　　　)

+−×÷ · 외워 두면 편리한 같은 수를 두 번 곱하는 제곱수와 같은 수를 세 번 곱하는 세제곱수

제곱수, 세제곱수를 외워 두면 정육면체의 부피와 겉넓이를 쉽고 빠르게 구할 수 있습니다.

(정육면체의 겉넓이)＝(한 모서리의 길이)×(한 모서리의 길이)×6
└─ 제곱수

(정육면체의 부피)＝(한 모서리의 길이)×(한 모서리의 길이)×(한 모서리의 길이)
└─ 세제곱수

1부터 20까지의 제곱수		1부터 10까지의 세제곱수
1×1＝ 1	11×11＝121	1×1×1＝ 1
2×2＝ 4	12×12＝144	2×2×2＝ 8
3×3＝ 9	13×13＝169	3×3×3＝ 27
4×4＝ 16	14×14＝196	4×4×4＝ 64
5×5＝ 25	15×15＝225	5×5×5＝ 125
6×6＝ 36	16×16＝256	6×6×6＝ 216
7×7＝ 49	17×17＝289	7×7×7＝ 343
8×8＝ 64	18×18＝324	8×8×8＝ 512
9×9＝ 81	19×19＝361	9×9×9＝ 729
10×10＝100	20×20＝400	10×10×10＝1000

> 중학교 1학년 수학에서 제곱수에 대해 좀 더 자세히 배울 거야.

O 제곱수와 세제곱수를 외워 보고 ☐ 안에 알맞은 수를 써넣으시오.

①
7×7＝☐

8×8＝☐

9×9＝☐

②
18×18＝☐

19×19＝☐

20×20＝☐

③
2×2×2＝☐

3×3×3＝☐

4×4×4＝☐

④
6×6×6＝☐

7×7×7＝☐

8×8×8＝☐

5 10 × 10 = ☐

6 11 × 11 = ☐

7 12 × 12 = ☐

8 13 × 13 = ☐

9 14 × 14 = ☐

10 15 × 15 = ☐

11 16 × 16 = ☐

12 3 × 3 × 3 = ☐

13 4 × 4 × 4 = ☐

14 5 × 5 × 5 = ☐

15 6 × 6 × 6 = ☐

16 7 × 7 × 7 = ☐

17 8 × 8 × 8 = ☐

18 9 × 9 × 9 = ☐

③ 정육면체의 부피

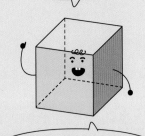

난 정육면체야.

정육면체의 부피는
(한 모서리의 길이)×(한 모서리의 길이)
×(한 모서리의 길이)로 구하면 돼.

● 정육면체의 부피 구하기

2 cm
2 cm
2 cm

(정육면체의 부피)
＝(한 모서리의 길이)
×(한 모서리의 길이)
×(한 모서리의 길이)
＝2×2×2＝8(cm³)

○ 정육면체의 부피는 몇 cm³인지 구해 보시오.

❶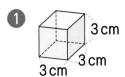

3 cm
3 cm
3 cm

(　　　　　　)

❷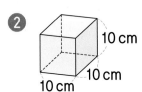

10 cm
10 cm
10 cm

(　　　　　　)

❸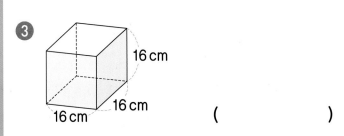

16 cm
16 cm
16 cm

(　　　　　　)

❹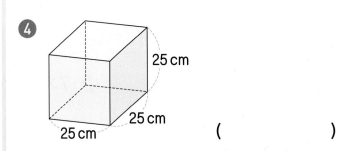

25 cm
25 cm
25 cm

(　　　　　　)

❺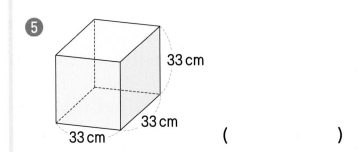

33 cm
33 cm
33 cm

(　　　　　　)

6
2 cm
2 cm
2 cm
(　　　　　　)

11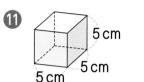
5 cm
5 cm
5 cm
(　　　　　　)

7
9 cm
9 cm
9 cm
(　　　　　　)

12
12 cm
12 cm
12 cm
(　　　　　　)

8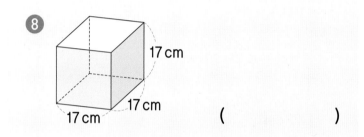
17 cm
17 cm
17 cm
(　　　　　　)

13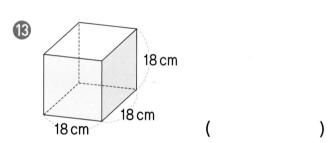
18 cm
18 cm
18 cm
(　　　　　　)

9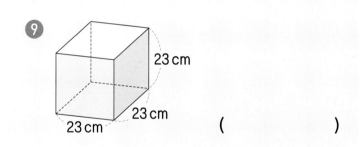
23 cm
23 cm
23 cm
(　　　　　　)

14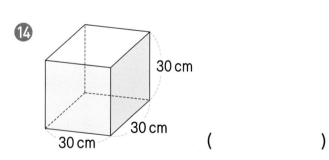
30 cm
30 cm
30 cm
(　　　　　　)

10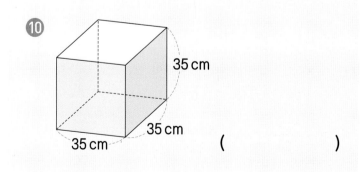
35 cm
35 cm
35 cm
(　　　　　　)

15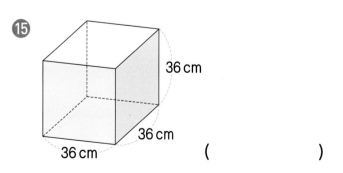
36 cm
36 cm
36 cm
(　　　　　　)

○ 정육면체의 부피는 몇 cm³인지 구해 보시오.

1
4 cm
4 cm
4 cm

(   )

6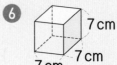
7 cm
7 cm
7 cm

(   )

2
11 cm
11 cm
11 cm

(   )

7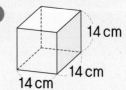
14 cm
14 cm
14 cm

(   )

3
20 cm
20 cm
20 cm

(   )

8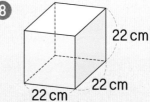
22 cm
22 cm
22 cm

(   )

4
26 cm
26 cm
26 cm

(   )

9
28 cm
28 cm
28 cm

(   )

5
31 cm
31 cm
31 cm

(   )

10
34 cm
34 cm
34 cm

(   )

○ 정육면체의 부피는 몇 m³인지 구해 보시오.

⑪ 6 m 6 m 6 m

(   )

⑯ 8 m 8 m 8 m

(   )

⑫ 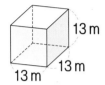 13 m 13 m 13 m

(   )

⑰ 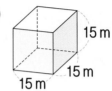 15 m 15 m 15 m

(   )

⑬ 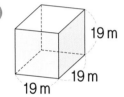 19 m 19 m 19 m

(   )

⑱ 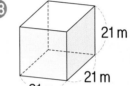 21 m 21 m 21 m

(   )

⑭ 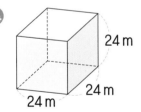 24 m 24 m 24 m

(   )

⑲ 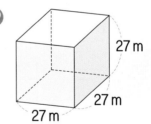 27 m 27 m 27 m

(   )

⑮ 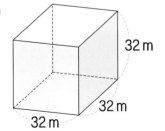 32 m 32 m 32 m

(   )

⑳ 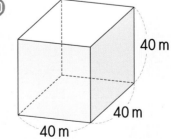 40 m 40 m 40 m

(   )

4 직육면체의 겉넓이

난 직육면체야.
내 겉넓이는 전개도를 이용해서
구할 수 있어.

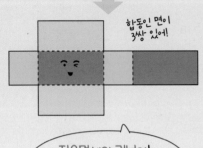

합동인 면이
3쌍 있어!

직육면체의 겉넓이는
(한 꼭짓점에서 만나는 세 면의
넓이의 합)×2로 구하면 돼.

● 직육면체의 겉넓이 구하기

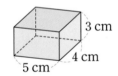

(직육면체의 겉넓이)
＝(한 꼭짓점에서 만나는 세 면의
넓이의 합)×2
＝(5×4＋5×3＋4×3)×2
＝94(cm²)

○ 직육면체의 겉넓이는 몇 cm²인지 구해 보시오.

1  2 cm
5 cm
6 cm
(   )

2 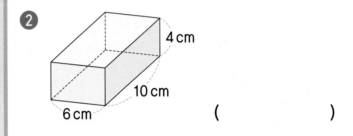 4 cm
10 cm
6 cm
(   )

3 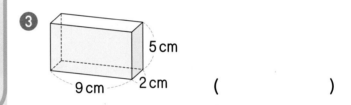 5 cm
9 cm 2 cm
(   )

4 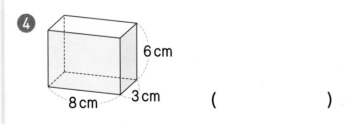 6 cm
8 cm 3 cm
(   )

5 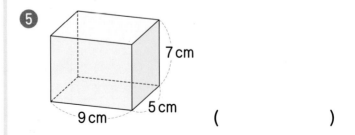 7 cm
9 cm 5 cm
(   )

6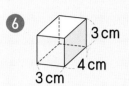
3 cm
4 cm
3 cm
(   )

11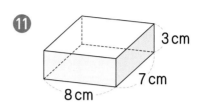
3 cm
7 cm
8 cm
(   )

7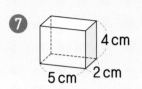
4 cm
5 cm
2 cm
(   )

12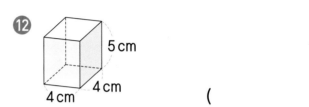
5 cm
4 cm
4 cm
(   )

8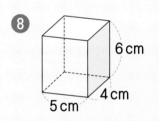
6 cm
5 cm
4 cm
(   )

13
6 cm
5 cm
2 cm
(   )

9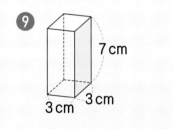
7 cm
3 cm
3 cm
(   )

14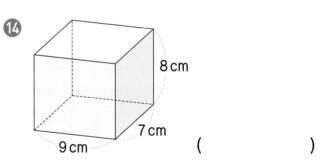
8 cm
7 cm
9 cm
(   )

10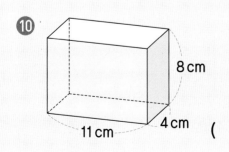
8 cm
11 cm
4 cm
(   )

15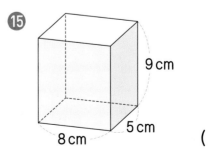
9 cm
5 cm
8 cm
(   )

○ 직육면체의 겉넓이는 몇 cm²인지 구해 보시오.

1
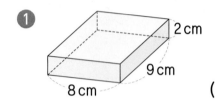
2 cm
9 cm
8 cm
(   )

6
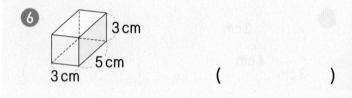
3 cm
5 cm
3 cm
(   )

2
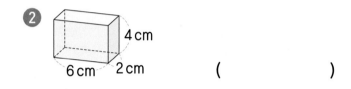
4 cm
6 cm   2 cm
(   )

7
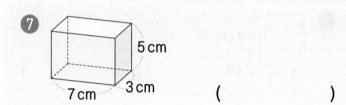
5 cm
7 cm   3 cm
(   )

3
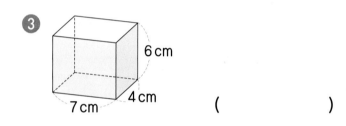
6 cm
7 cm   4 cm
(   )

8
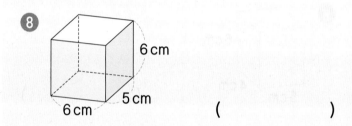
6 cm
6 cm   5 cm
(   )

4
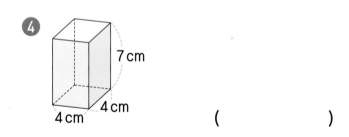
7 cm
4 cm   4 cm
(   )

9
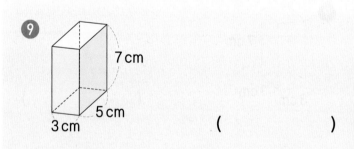
7 cm
3 cm   5 cm
(   )

5
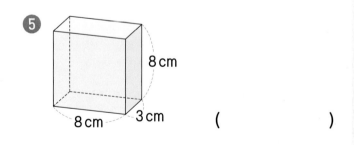
8 cm
8 cm   3 cm
(   )

10
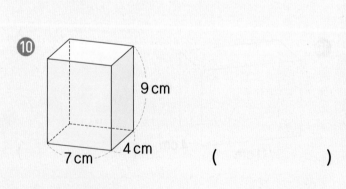
9 cm
7 cm   4 cm
(   )

⑪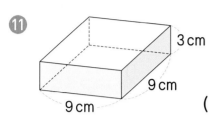
3 cm
9 cm
9 cm
(　　　　　)

⑯
4 cm
8 cm
2 cm
(　　　　　)

⑫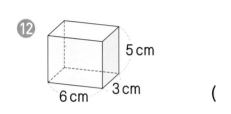
5 cm
6 cm　3 cm
(　　　　　)

⑰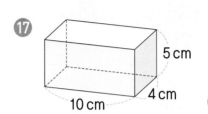
5 cm
10 cm　4 cm
(　　　　　)

⑬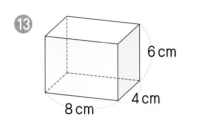
6 cm
8 cm　4 cm
(　　　　　)

⑱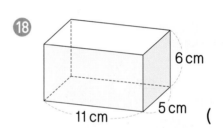
6 cm
11 cm　5 cm
(　　　　　)

⑭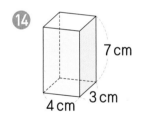
7 cm
4 cm　3 cm
(　　　　　)

⑲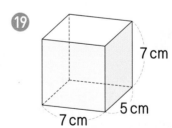
7 cm
7 cm　5 cm
(　　　　　)

⑮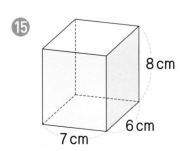
8 cm
7 cm　6 cm
(　　　　　)

⑳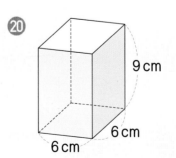
9 cm
6 cm　6 cm
(　　　　　)

난 정육면체야.
내 겉넓이도 전개도를 이용하면
쉽게 구할 수 있어.

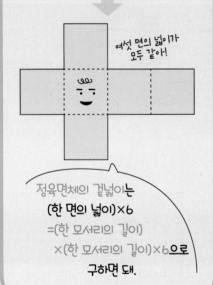

여섯 면의 넓이가
모두 같아!

정육면체의 겉넓이는
(한 면의 넓이)×6
=(한 모서리의 길이)
×(한 모서리의 길이)×6으로
구하면 돼.

• 정육면체의 겉넓이 구하기

(정육면체의 겉넓이)
＝(한 모서리의 길이)
×(한 모서리의 길이)×6
＝3×3×6＝54(cm²)

○ 정육면체의 겉넓이는 몇 cm²인지 구해 보시오.

❶

(   )

❷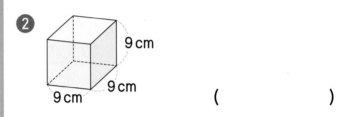

(   )

❸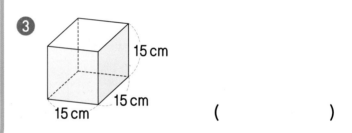

(   )

❹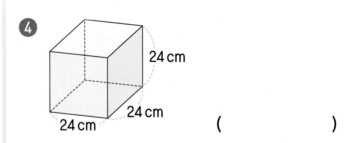

(   )

❺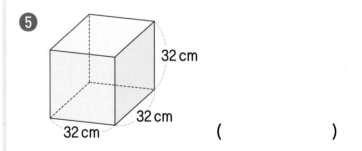

(   )

6
4 cm
4 cm
4 cm

(　　　　　)

7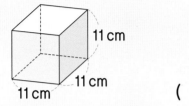
11 cm
11 cm
11 cm

(　　　　　)

8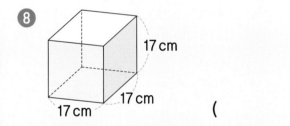
17 cm
17 cm
17 cm

(　　　　　)

9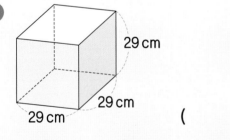
29 cm
29 cm
29 cm

(　　　　　)

10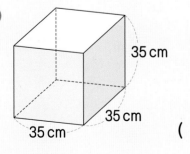
35 cm
35 cm
35 cm

(　　　　　)

11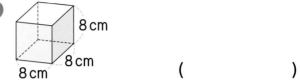
8 cm
8 cm
8 cm

(　　　　　)

12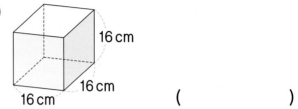
16 cm
16 cm
16 cm

(　　　　　)

13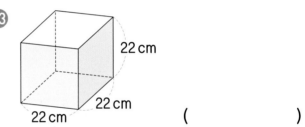
22 cm
22 cm
22 cm

(　　　　　)

14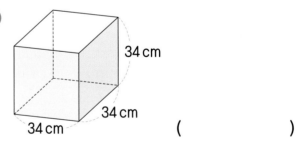
34 cm
34 cm
34 cm

(　　　　　)

15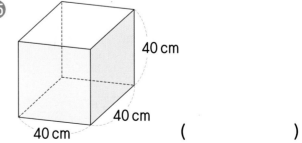
40 cm
40 cm
40 cm

(　　　　　)

○ 정육면체의 겉넓이는 몇 cm²인지 구해 보시오.

① 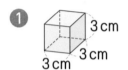 3 cm 3 cm 3 cm   (   )

② 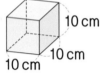 10 cm 10 cm 10 cm   (   )

③ 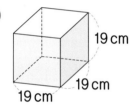 19 cm 19 cm 19 cm   (   )

④ 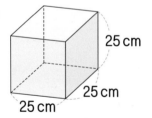 25 cm 25 cm 25 cm   (   )

⑤ 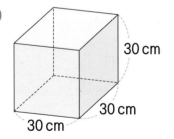 30 cm 30 cm 30 cm   (   )

⑥ 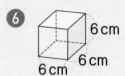 6 cm 6 cm 6 cm   (   )

⑦ 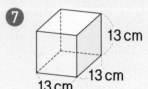 13 cm 13 cm 13 cm   (   )

⑧ 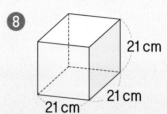 21 cm 21 cm 21 cm   (   )

⑨ 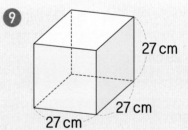 27 cm 27 cm 27 cm   (   )

⑩ 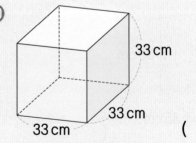 33 cm 33 cm 33 cm   (   )

⑪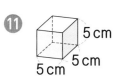
5 cm
5 cm
5 cm
(　　　　　)

⑯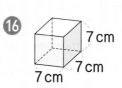
7 cm
7 cm
7 cm
(　　　　　)

⑫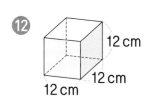
12 cm
12 cm
12 cm
(　　　　　)

⑰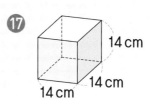
14 cm
14 cm
14 cm
(　　　　　)

⑬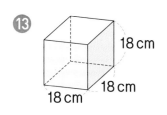
18 cm
18 cm
18 cm
(　　　　　)

⑱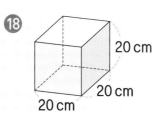
20 cm
20 cm
20 cm
(　　　　　)

⑭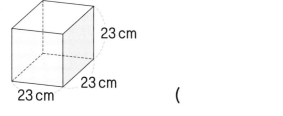
23 cm
23 cm
23 cm
(　　　　　)

⑲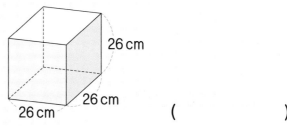
26 cm
26 cm
26 cm
(　　　　　)

⑮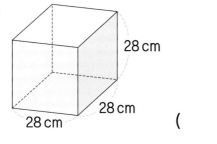
28 cm
28 cm
28 cm
(　　　　　)

⑳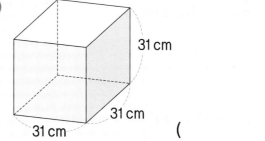
31 cm
31 cm
31 cm
(　　　　　)

○ 안에 알맞은 수를 써넣으시오.

1   4 m³ = [   ] cm³

2   13 m³ = [   ] cm³

3   26 m³ = [   ] cm³

4   7.5 m³ = [   ] cm³

5   9000000 cm³ = [   ] m³

6   12000000 cm³ = [   ] m³

7   38000000 cm³ = [   ] m³

8   5400000 cm³ = [   ] m³

○ 직육면체의 부피는 몇 cm³인지 구해 보시오.

9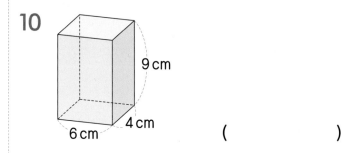

2 cm
6 cm
5 cm
(   )

10
9 cm
6 cm   4 cm
(   )

○ 직육면체의 부피는 몇 m³인지 구해 보시오.

11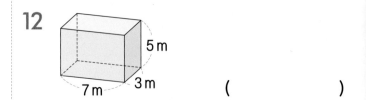

4 m
5 m
8 m
(   )

12
5 m
7 m   3 m
(   )

○ 정육면체의 부피는 몇 cm³인지 구해 보시오.

13

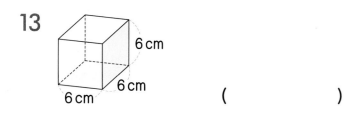

(   )

14

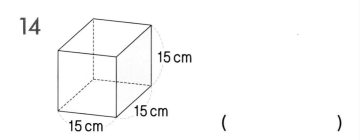

(   )

○ 정육면체의 부피는 몇 m³인지 구해 보시오.

15

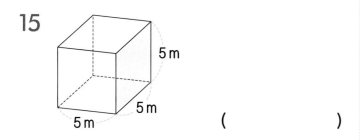

(   )

16

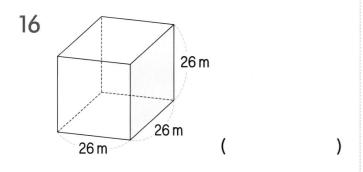

(   )

○ 직육면체의 겉넓이는 몇 cm²인지 구해 보시오.

17

(   )

18

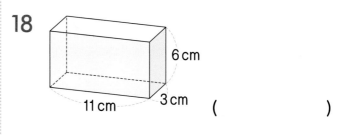

(   )

○ 정육면체의 겉넓이는 몇 cm²인지 구해 보시오.

19

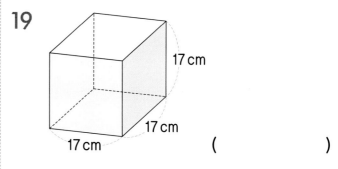

(   )

20

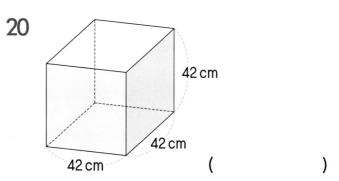

(   )

🔗 6단원의 연산 실력을 보충하고 싶다면 **클리닉 북 27~31쪽**을 풀어 보세요.

memo 속삭! 속삭!

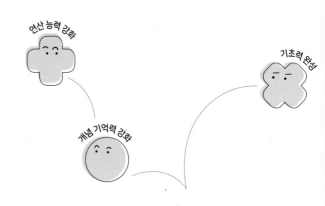

개념 +PLUS 연산 라이트

클리닉 북

「메인 북」에서 단원별 평가 후 부족한 연산력은 「클리닉 북」에서 보완합니다.

차례 6-1

ABOVE IMAGINATION

우리는 남다른 상상과 혁신으로
교육 문화의 새로운 전형을 만들어
모든 이의 행복한 경험과 성장에 기여한다

1 (자연수)÷(자연수)의 몫을 분수로 나타내기

정답 • 22쪽

○ 나눗셈의 몫을 기약분수로 나타내어 보시오.

① 1÷7＝

② 2÷8＝

③ 3÷2＝

④ 4÷9＝

⑤ 5÷3＝

⑥ 6÷15＝

⑦ 7÷6＝

⑧ 7÷13＝

⑨ 8÷5＝

⑩ 8÷17＝

⑪ 9÷6＝

⑫ 9÷23＝

⑬ 10÷7＝

⑭ 11÷21＝

⑮ 12÷18＝

⑯ 13÷16＝

⑰ 14÷4＝

⑱ 15÷19＝

⑲ 16÷3＝

⑳ 17÷24＝

㉑ 18÷11＝

2 분자가 자연수의 배수인 (진분수) ÷ (자연수)

정답 · 22쪽

○ 계산을 하여 기약분수로 나타내어 보시오.

① $\dfrac{3}{4} \div 3 =$

② $\dfrac{4}{5} \div 2 =$

③ $\dfrac{5}{6} \div 5 =$

④ $\dfrac{6}{7} \div 3 =$

⑤ $\dfrac{7}{8} \div 7 =$

⑥ $\dfrac{6}{9} \div 3 =$

⑦ $\dfrac{8}{9} \div 2 =$

⑧ $\dfrac{9}{10} \div 3 =$

⑨ $\dfrac{8}{11} \div 2 =$

⑩ $\dfrac{10}{11} \div 5 =$

⑪ $\dfrac{8}{12} \div 4 =$

⑫ $\dfrac{6}{13} \div 2 =$

⑬ $\dfrac{12}{13} \div 6 =$

⑭ $\dfrac{9}{14} \div 3 =$

⑮ $\dfrac{14}{15} \div 7 =$

⑯ $\dfrac{10}{16} \div 2 =$

⑰ $\dfrac{6}{17} \div 3 =$

⑱ $\dfrac{15}{17} \div 5 =$

⑲ $\dfrac{12}{18} \div 4 =$

⑳ $\dfrac{18}{19} \div 6 =$

㉑ $\dfrac{17}{20} \div 17 =$

3 분자가 자연수의 배수가 아닌 (진분수) ÷ (자연수)

정답 • 22쪽

○ 계산을 하여 기약분수로 나타내어 보시오.

① $\dfrac{1}{2} \div 3 =$

② $\dfrac{1}{3} \div 5 =$

③ $\dfrac{2}{3} \div 6 =$

④ $\dfrac{3}{4} \div 5 =$

⑤ $\dfrac{3}{5} \div 12 =$

⑥ $\dfrac{4}{5} \div 10 =$

⑦ $\dfrac{5}{6} \div 20 =$

⑧ $\dfrac{3}{7} \div 4 =$

⑨ $\dfrac{6}{7} \div 8 =$

⑩ $\dfrac{3}{8} \div 7 =$

⑪ $\dfrac{5}{9} \div 10 =$

⑫ $\dfrac{8}{9} \div 12 =$

⑬ $\dfrac{7}{10} \div 14 =$

⑭ $\dfrac{3}{11} \div 7 =$

⑮ $\dfrac{10}{11} \div 8 =$

⑯ $\dfrac{11}{12} \div 33 =$

⑰ $\dfrac{8}{13} \div 6 =$

⑱ $\dfrac{12}{13} \div 10 =$

⑲ $\dfrac{9}{14} \div 12 =$

⑳ $\dfrac{14}{15} \div 8 =$

㉑ $\dfrac{5}{16} \div 15 =$

4 분자가 자연수의 배수인 (가분수)÷(자연수)

정답 · 22쪽

○ 계산을 하여 기약분수로 나타내어 보시오.

① $\dfrac{5}{2} \div 5 =$

② $\dfrac{8}{3} \div 4 =$

③ $\dfrac{9}{4} \div 3 =$

④ $\dfrac{21}{4} \div 7 =$

⑤ $\dfrac{12}{5} \div 3 =$

⑥ $\dfrac{16}{5} \div 8 =$

⑦ $\dfrac{10}{7} \div 2 =$

⑧ $\dfrac{16}{7} \div 16 =$

⑨ $\dfrac{27}{7} \div 9 =$

⑩ $\dfrac{35}{8} \div 5 =$

⑪ $\dfrac{16}{9} \div 4 =$

⑫ $\dfrac{32}{9} \div 8 =$

⑬ $\dfrac{13}{10} \div 13 =$

⑭ $\dfrac{16}{11} \div 2 =$

⑮ $\dfrac{24}{11} \div 4 =$

⑯ $\dfrac{30}{11} \div 6 =$

⑰ $\dfrac{18}{13} \div 3 =$

⑱ $\dfrac{28}{13} \div 7 =$

⑲ $\dfrac{27}{14} \div 9 =$

⑳ $\dfrac{16}{15} \div 4 =$

㉑ $\dfrac{32}{15} \div 16 =$

5 분자가 자연수의 배수가 아닌 (가분수) ÷ (자연수)

정답 · 23쪽

○ 계산을 하여 기약분수로 나타내어 보시오.

❶ $\dfrac{3}{2} \div 5 =$

❷ $\dfrac{5}{3} \div 2 =$

❸ $\dfrac{4}{3} \div 8 =$

❹ $\dfrac{9}{4} \div 4 =$

❺ $\dfrac{15}{4} \div 10 =$

❻ $\dfrac{6}{5} \div 7 =$

❼ $\dfrac{9}{5} \div 6 =$

❽ $\dfrac{7}{6} \div 4 =$

❾ $\dfrac{13}{6} \div 26 =$

❿ $\dfrac{8}{7} \div 10 =$

⓫ $\dfrac{12}{7} \div 5 =$

⓬ $\dfrac{16}{7} \div 12 =$

⓭ $\dfrac{15}{8} \div 6 =$

⓮ $\dfrac{17}{8} \div 2 =$

⓯ $\dfrac{10}{9} \div 4 =$

⓰ $\dfrac{14}{9} \div 5 =$

⓱ $\dfrac{32}{9} \div 6 =$

⓲ $\dfrac{11}{10} \div 33 =$

⓳ $\dfrac{12}{11} \div 7 =$

⓴ $\dfrac{20}{11} \div 8 =$

㉑ $\dfrac{35}{12} \div 15 =$

6 (대분수) ÷ (자연수)

정답 • 23쪽

○ 계산을 하여 기약분수로 나타내어 보시오.

① $1\dfrac{2}{3} \div 2 =$

② $1\dfrac{1}{4} \div 5 =$

③ $1\dfrac{3}{5} \div 6 =$

④ $1\dfrac{5}{7} \div 3 =$

⑤ $1\dfrac{4}{9} \div 4 =$

⑥ $2\dfrac{1}{2} \div 10 =$

⑦ $2\dfrac{3}{4} \div 3 =$

⑧ $2\dfrac{2}{5} \div 6 =$

⑨ $2\dfrac{5}{8} \div 9 =$

⑩ $3\dfrac{1}{3} \div 4 =$

⑪ $3\dfrac{3}{7} \div 3 =$

⑫ $3\dfrac{7}{9} \div 6 =$

⑬ $4\dfrac{2}{3} \div 8 =$

⑭ $4\dfrac{2}{5} \div 4 =$

⑮ $5\dfrac{5}{6} \div 5 =$

⑯ $5\dfrac{1}{9} \div 2 =$

⑰ $6\dfrac{3}{4} \div 6 =$

⑱ $6\dfrac{2}{7} \div 8 =$

⑲ $7\dfrac{2}{3} \div 4 =$

⑳ $8\dfrac{5}{9} \div 7 =$

㉑ $9\dfrac{3}{5} \div 12 =$

1 각기둥

○ 각기둥에서 밑면을 모두 찾아 색칠해 보시오.

①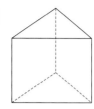

②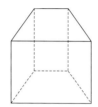

③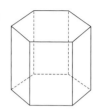

④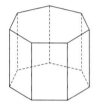

⑤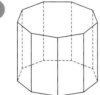

⑥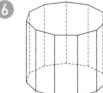

○ 각기둥에서 옆면은 모두 몇 개인지 구해 보시오.

⑦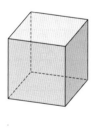

( )

⑧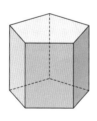

( )

⑨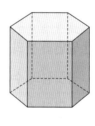

( )

⑩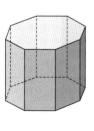

( )

⑪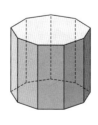

( )

⑫

( )

2 **각 자리에서 나누어떨어지지 않는 (소수) ÷ (자연수)**　　　정답 • 24쪽

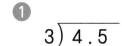

○ 계산해 보시오.

1
$3)\overline{4.5}$

2
$4)\overline{6.8}$

3
$7)\overline{3\ 0.1}$

4
$2)\overline{3\ 3.6}$

5
$4)\overline{5.7\ 2}$

6
$9)\overline{2\ 9.3\ 4}$

7
$6)\overline{3\ 4.3\ 8}$

8
$8)\overline{4\ 9.3\ 6}$

9
$3)\overline{5\ 2.6\ 2}$

10 $7.8 \div 6 =$

11 $12.5 \div 5 =$

12 $29.6 \div 8 =$

13 $65.4 \div 3 =$

14 $8.82 \div 7 =$

15 $14.96 \div 4 =$

16 $29.65 \div 5 =$

17 $50.96 \div 7 =$

18 $77.84 \div 4 =$

3 **몫이 1보다 작은 소수인 (소수)÷(자연수)**

정답 · 24쪽

○ 계산해 보시오.

①
$$2\overline{)0.7\,6}$$

②
$$4\overline{)1.7\,2}$$

③
$$3\overline{)2.1\,6}$$

④
$$5\overline{)3.2\,5}$$

⑤
$$6\overline{)4.5\,6}$$

⑥
$$8\overline{)4.6\,4}$$

⑦
$$8\overline{)5.0\,4}$$

⑧
$$7\overline{)6.7\,2}$$

⑨
$$9\overline{)7.5\,6}$$

⑩ $0.51 \div 3 =$

⑪ $1.68 \div 2 =$

⑫ $2.65 \div 5 =$

⑬ $3.72 \div 4 =$

⑭ $4.86 \div 9 =$

⑮ $5.22 \div 6 =$

⑯ $6.09 \div 7 =$

⑰ $7.12 \div 8 =$

⑱ $8.37 \div 9 =$

4 소수점 아래 0을 내려 계산해야 하는 (소수)÷(자연수)

정답 · 24쪽

○ 계산해 보시오.

① 2)0.9

② 6)1.5

③ 4)2.6

④ 5)3.4

⑤ 8)5.2

⑥ 6)7.5

⑦ 4)9.4

⑧ 5)1 5.7

⑨ 8)2 3.6

⑩ 0.6÷5=

⑪ 1.7÷2=

⑫ 2.8÷8=

⑬ 3.4÷4=

⑭ 4.5÷6=

⑮ 6.7÷2=

⑯ 8.1÷6=

⑰ 18.8÷8=

⑱ 31.2÷5=

5 몫의 소수 첫째 자리에 0이 있는 (소수)÷(자연수)

정답 • 24쪽

○ 계산해 보시오.

❶ $3 \overline{)3.2\ 4}$

❷ $2 \overline{)4.1\ 2}$

❸ $7 \overline{)7.2\ 1}$

❹ $4 \overline{)1\ 2.2\ 4}$

❺ $5 \overline{)1\ 5.3\ 5}$

❻ $9 \overline{)2\ 7.8\ 1}$

❼ $5 \overline{)0.4}$

❽ $6 \overline{)6.3}$

❾ $8 \overline{)3\ 2.4}$

❿ $4.28 \div 4 =$

⓫ $6.16 \div 2 =$

⓬ $7.35 \div 7 =$

⓭ $12.18 \div 3 =$

⓮ $24.32 \div 8 =$

⓯ $35.21 \div 7 =$

⓰ $5.3 \div 5 =$

⓱ $24.2 \div 4 =$

⓲ $54.3 \div 6 =$

6 **(자연수) ÷ (자연수)의 몫을 소수로 나타내기**

정답 • 24쪽

○ 계산해 보시오.

①
$$5 \overline{)4}$$

②
$$2 \overline{)5}$$

③
$$20 \overline{)8}$$

④
$$4 \overline{)1\,0}$$

⑤
$$6 \overline{)2\,7}$$

⑥
$$14 \overline{)4\,9}$$

⑦
$$4 \overline{)3}$$

⑧
$$8 \overline{)1\,8}$$

⑨
$$12 \overline{)3\,9}$$

⑩ $3 \div 5 =$

⑪ $6 \div 4 =$

⑫ $10 \div 25 =$

⑬ $21 \div 6 =$

⑭ $36 \div 8 =$

⑮ $42 \div 12 =$

⑯ $9 \div 4 =$

⑰ $18 \div 50 =$

⑱ $51 \div 12 =$

1 비로 나타내기

정답 · 25쪽

○ 그림을 보고 비로 나타내어 보시오.

1

도넛 수와 사탕 수의 비 ⇨ ☐ : ☐

2

파인애플 수와 사과 수의 비 ⇨ ☐ : ☐

3

풀 수에 대한 가위 수의 비 ⇨ ☐ : ☐

4

빵 수의 우유 수에 대한 비 ⇨ ☐ : ☐

○ 비로 나타내어 보시오.

5 2 대 7
⇨ (   )

6 5 대 8
⇨ (   )

7 9 대 4
⇨ (   )

8 3과 1의 비
⇨ (   )

9 6과 11의 비
⇨ (   )

10 8과 7의 비
⇨ (   )

11 5에 대한 4의 비
⇨ (   )

12 7에 대한 10의 비
⇨ (   )

13 14에 대한 9의 비
⇨ (   )

14 7의 9에 대한 비
⇨ (   )

15 10의 13에 대한 비
⇨ (   )

16 12의 5에 대한 비
⇨ (   )

2 비율을 분수나 소수로 나타내기

정답 • 25쪽

○ 비율을 분수로 나타내어 보시오.

① 3 : 5
⇨ ( )

② 4 : 8
⇨ ( )

③ 5 대 4
⇨ ( )

④ 7 대 10
⇨ ( )

⑤ 9와 11의 비
⇨ ( )

⑥ 10과 12의 비
⇨ ( )

⑦ 7에 대한 5의 비
⇨ ( )

⑧ 14에 대한 19의 비
⇨ ( )

⑨ 8의 3에 대한 비
⇨ ( )

○ 비율을 소수로 나타내어 보시오.

⑩ 1 : 5
⇨ ( )

⑪ 7 : 4
⇨ ( )

⑫ 3 대 8
⇨ ( )

⑬ 5 대 2
⇨ ( )

⑭ 2와 50의 비
⇨ ( )

⑮ 8에 대한 14의 비
⇨ ( )

⑯ 25에 대한 3의 비
⇨ ( )

⑰ 9의 15에 대한 비
⇨ ( )

⑱ 17의 20에 대한 비
⇨ ( )

3 비율을 백분율로 나타내기

정답 · 25쪽

○ 비율을 백분율로 나타내어 보시오.

① 0.05
⇨ (   )

② 0.18
⇨ (   )

③ 0.4
⇨ (   )

④ 0.63
⇨ (   )

⑤ 1.9
⇨ (   )

⑥ 2.07
⇨ (   )

⑦ $\dfrac{1}{4}$
⇨ (   )

⑧ $\dfrac{3}{5}$
⇨ (   )

⑨ $\dfrac{4}{8}$
⇨ (   )

⑩ $\dfrac{8}{10}$
⇨ (   )

⑪ $\dfrac{17}{10}$
⇨ (   )

⑫ $\dfrac{9}{15}$
⇨ (   )

⑬ $\dfrac{7}{20}$
⇨ (   )

⑭ $\dfrac{25}{20}$
⇨ (   )

⑮ $\dfrac{11}{25}$
⇨ (   )

⑯ $\dfrac{29}{25}$
⇨ (   )

⑰ $\dfrac{21}{30}$
⇨ (   )

⑱ $\dfrac{14}{40}$
⇨ (   )

⑲ $\dfrac{37}{50}$
⇨ (   )

⑳ $\dfrac{143}{100}$
⇨ (   )

㉑ $\dfrac{28}{400}$
⇨ (   )

4 **백분율을 분수나 소수로 나타내기**

○ 백분율을 분수로 나타내어 보시오.

① 9 %
⇨ (   )

② 12 %
⇨ (   )

③ 27 %
⇨ (   )

④ 40 %
⇨ (   )

⑤ 56 %
⇨ (   )

⑥ 78 %
⇨ (   )

⑦ 85 %
⇨ (   )

⑧ 131 %
⇨ (   )

⑨ 263 %
⇨ (   )

○ 백분율을 소수로 나타내어 보시오.

⑩ 7 %
⇨ (   )

⑪ 19 %
⇨ (   )

⑫ 30 %
⇨ (   )

⑬ 48 %
⇨ (   )

⑭ 60 %
⇨ (   )

⑮ 82 %
⇨ (   )

⑯ 94 %
⇨ (   )

⑰ 105 %
⇨ (   )

⑱ 370 %
⇨ (   )

1 띠그래프

정답 • 25쪽

○ 윤아네 학교 6학년 학생들의 취미 활동을 조사하여 나타낸 표입니다. 물음에 답하시오.

취미 활동별 학생 수

취미 활동	게임	운동	독서	기타	합계
학생 수(명)	28	24	20	8	80
백분율(%)	35		25		100

① ☐ 안에 알맞은 수를 써넣으시오.

- 게임: $\dfrac{28}{80} \times 100 = 35(\%)$
- 운동: $\dfrac{24}{80} \times 100 = \boxed{}(\%)$

- 독서: $\dfrac{20}{80} \times 100 = 25(\%)$
- 기타: $\dfrac{8}{80} \times 100 = \boxed{}(\%)$

취미 활동별 학생 수

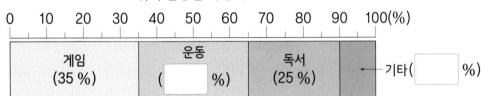

② 독서가 취미 활동인 학생 수는 전체의 몇 %입니까?

(   )

③ 가장 많은 학생의 취미 활동은 무엇입니까?

(   )

④ 게임 또는 운동이 취미 활동인 학생 수는 전체의 몇 %입니까?

(   )

2 띠그래프로 나타내기

정답 • 25쪽

○ 주영이네 학교 학생들이 가고 싶은 체험 학습 장소를 조사하여 나타낸 표입니다. 물음에 답하시오.

체험 학습 장소별 학생 수

장소	놀이 공원	해양 체험관	문화 유적지	기타	합계
학생 수(명)	160	100	80	60	400
백분율(%)					

❶ 전체 학생 수에 대한 가고 싶은 체험 학습 장소별 학생 수의 백분율을 구하여 위 표를 완성해 보시오.

❷ 각 항목의 백분율을 모두 더하면 몇 %입니까?

(   )

❸ 띠그래프로 나타내어 보시오.

체험 학습 장소별 학생 수

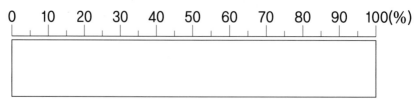

3 원그래프

정답 · 26쪽

○ 준호네 마을의 지난주 재활용품별 배출량을 조사하여 나타낸 표입니다. 물음에 답하시오.

재활용품별 배출량

종류	종이류	플라스틱류	병류	비닐류	합계
배출량(kg)	210	240	90	60	600
백분율(%)	35			10	100

① ☐ 안에 알맞은 수를 써넣으시오.

- 종이류: $\dfrac{210}{600} \times 100 = 35(\%)$

- 플라스틱류: $\dfrac{240}{600} \times 100 = \boxed{}(\%)$

- 병류: $\dfrac{90}{600} \times 100 = \boxed{}(\%)$

- 비닐류: $\dfrac{60}{600} \times 100 = 10(\%)$

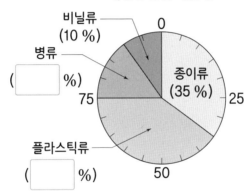

재활용품별 배출량

② 비율이 15 %인 재활용품의 종류는 무엇입니까?

( )

③ 배출량이 많은 재활용품부터 순서대로 써 보시오.

( )

④ 플라스틱류 배출량은 비닐류 배출량의 몇 배입니까?

( )

4 원그래프로 나타내기

정답 · 26쪽

○ 어느 장난감 가게에 있는 장난감을 조사하여 나타낸 표입니다. 물음에 답하시오.

종류별 장난감 수

종류	인형	로봇	자동차	기타	합계
장난감 수(개)	84	72	48	36	240
백분율(%)					

① 전체 장난감 수에 대한 종류별 장난감 수의 백분율을 구하여 위 표를 완성해 보시오.

② 각 항목의 백분율을 모두 더하면 몇 %입니까?

(   )

③ 원그래프로 나타내어 보시오.

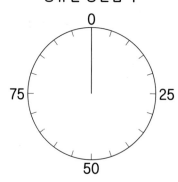

종류별 장난감 수

1 1 m³와 1 cm³의 관계

정답 · 26쪽

○ ☐ 안에 알맞은 수를 써넣으시오.

❶ 3 m³ = [   ] cm³

❷ 7 m³ = [   ] cm³

❸ 11 m³ = [   ] cm³

❹ 14 m³ = [   ] cm³

❺ 27 m³ = [   ] cm³

❻ 2.8 m³ = [   ] cm³

❼ 3.5 m³ = [   ] cm³

❽ 4000000 cm³ = [   ] m³

❾ 6000000 cm³ = [   ] m³

❿ 13000000 cm³ = [   ] m³

⓫ 20000000 cm³ = [   ] m³

⓬ 37000000 cm³ = [   ] m³

⓭ 3900000 cm³ = [   ] m³

⓮ 4300000 cm³ = [   ] m³

직육면체의 부피

○ 직육면체의 부피는 몇 cm³인지 구해 보시오.

①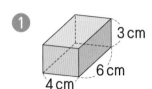
3 cm
6 cm
4 cm
(   )

②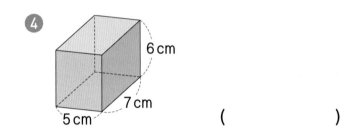
3 cm
9 cm
7 cm
(   )

③
4 cm
4 cm
8 cm
(   )

④
6 cm
7 cm
5 cm
(   )

○ 직육면체의 부피는 몇 m³인지 구해 보시오.

⑤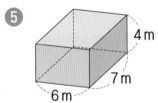
4 m
7 m
6 m
(   )

⑥
5 m
8 m
2 m
(   )

⑦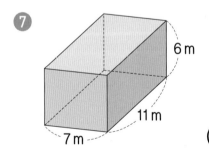
6 m
11 m
7 m
(   )

⑧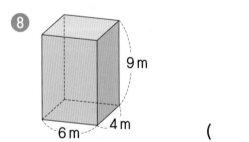
9 m
6 m
4 m
(   )

3 정육면체의 부피

정답 · 26쪽

○ 정육면체의 부피는 몇 cm³인지 구해 보시오.

❶ 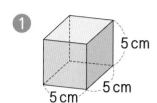 5 cm, 5 cm, 5 cm

(   )

❷ 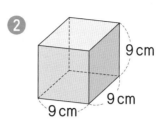 9 cm, 9 cm, 9 cm

(   )

❸ 12 cm, 12 cm, 12 cm

(   )

❹ 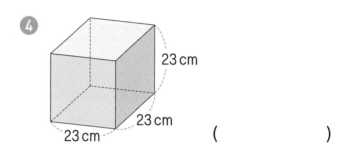 23 cm, 23 cm, 23 cm

(   )

○ 정육면체의 부피는 몇 m³인지 구해 보시오.

❺ 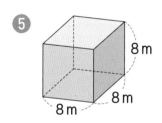 8 m, 8 m, 8 m

(   )

❻ 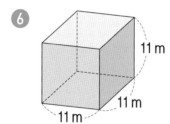 11 m, 11 m, 11 m

(   )

❼ 16 m, 16 m, 16 m

(   )

❽ 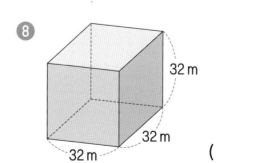 32 m, 32 m, 32 m

(   )

4 직육면체의 겉넓이

정답 · 26쪽

○ 직육면체의 겉넓이는 몇 cm²인지 구해 보시오.

①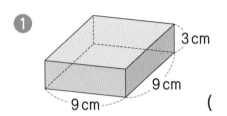
(   )

②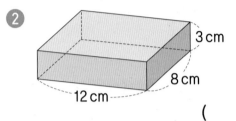
(   )

③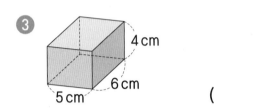
(   )

④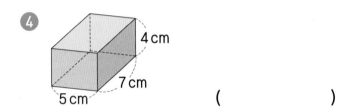
(   )

⑤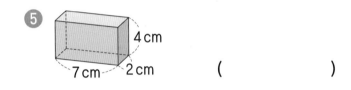
(   )

⑥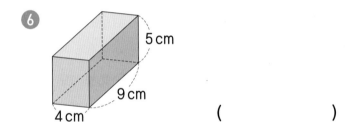
(   )

⑦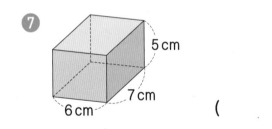
(   )

⑧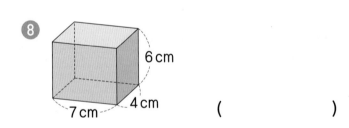
(   )

⑨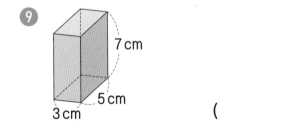
(   )

⑩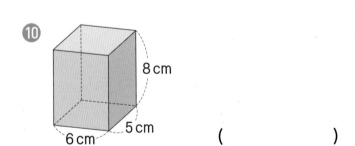
(   )

5 정육면체의 겉넓이

정답 • 26쪽

○ 정육면체의 겉넓이는 몇 cm²인지 구해 보시오.

❶ 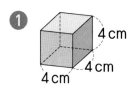 4 cm / 4 cm / 4 cm

(   )

❷ 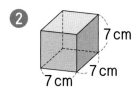 7 cm / 7 cm / 7 cm

(   )

❸ 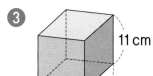 11 cm / 11 cm / 11 cm

(   )

❹ 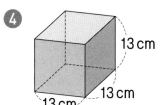 13 cm / 13 cm / 13 cm

(   )

❺ 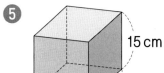 15 cm / 15 cm / 15 cm

(   )

❻ 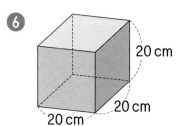 20 cm / 20 cm / 20 cm

(   )

❼ 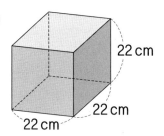 22 cm / 22 cm / 22 cm

(   )

❽ 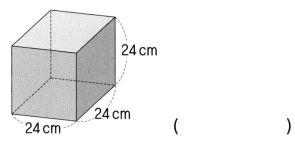 24 cm / 24 cm / 24 cm

(   )

❾ 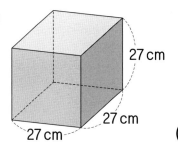 27 cm / 27 cm / 27 cm

(   )

❿ 32 cm / 32 cm / 32 cm

(   )

초등수학
6·1

개념 +PLUS 연산 라이트

정답

정답 QR 코드

책 속의 가접 별책 (특허 제 0557442호)
정답'은 본책에서 쉽게 분리할 수 있도록 제작되었으므로
통 과정에서 분리될 수 있으나 파본이 아닌 정상제품입니다.

개념 + 연산

정답

초등수학

11단계

6·1

1. 분수의 나눗셈

① (자연수) ÷ (자연수)의 몫을 분수로 나타내기

1일차

08쪽 ❶ 계산 결과를 대분수로 나타내지 않아도 정답으로 인정합니다.

❶ $\dfrac{1}{2}$

❷ $\dfrac{1}{5}$

❸ $\dfrac{1}{7}$

❹ $\dfrac{2}{5}$

❺ $\dfrac{2}{9}$

❻ $1\dfrac{1}{2}$

❼ $\dfrac{3}{4}$

❽ $\dfrac{3}{11}$

❾ $1\dfrac{1}{3}$

❿ $\dfrac{4}{7}$

⓫ $\dfrac{4}{9}$

⓬ $1\dfrac{2}{3}$

⓭ $\dfrac{5}{8}$

⓮ $\dfrac{6}{17}$

09쪽

⓯ $\dfrac{6}{19}$

⓰ $3\dfrac{1}{2}$

⓱ $1\dfrac{2}{5}$

⓲ $\dfrac{7}{8}$

⓳ $\dfrac{7}{15}$

⓴ $2\dfrac{2}{3}$

㉑ $1\dfrac{3}{5}$

㉒ $2\dfrac{1}{4}$

㉓ $1\dfrac{1}{8}$

㉔ $1\dfrac{3}{7}$

㉕ $\dfrac{10}{23}$

㉖ $2\dfrac{3}{4}$

㉗ $\dfrac{11}{19}$

㉘ $1\dfrac{5}{7}$

㉙ $3\dfrac{1}{4}$

㉚ $4\dfrac{2}{3}$

㉛ $7\dfrac{1}{2}$

㉜ $1\dfrac{7}{9}$

㉝ $3\dfrac{2}{5}$

㉞ $\dfrac{17}{21}$

㉟ $2\dfrac{4}{7}$

2일차

10쪽 ❶ 계산 결과를 대분수로 나타내지 않아도 정답으로 인정합니다.

❶ $\dfrac{1}{3}$

❷ $\dfrac{1}{6}$

❸ $\dfrac{2}{7}$

❹ $\dfrac{2}{11}$

❺ $\dfrac{3}{8}$

❻ $\dfrac{3}{10}$

❼ $\dfrac{4}{11}$

❽ $2\dfrac{1}{2}$

❾ $\dfrac{5}{9}$

❿ $\dfrac{6}{7}$

⓫ $\dfrac{6}{13}$

⓬ $1\dfrac{3}{4}$

⓭ $\dfrac{7}{12}$

⓮ $1\dfrac{1}{7}$

⓯ $\dfrac{8}{21}$

⓰ $1\dfrac{4}{5}$

⓱ $\dfrac{9}{17}$

⓲ $3\dfrac{1}{3}$

⓳ $\dfrac{10}{19}$

⓴ $\dfrac{10}{21}$

㉑ $2\dfrac{1}{5}$

11쪽

㉒ $1\dfrac{5}{6}$

㉓ $2\dfrac{2}{5}$

㉔ $1\dfrac{1}{11}$

㉕ $\dfrac{12}{13}$

㉖ $\dfrac{12}{19}$

㉗ $6\dfrac{1}{2}$

㉘ $4\dfrac{1}{3}$

㉙ $\dfrac{13}{15}$

㉚ $2\dfrac{4}{5}$

㉛ $1\dfrac{5}{9}$

㉜ $\dfrac{14}{23}$

㉝ $3\dfrac{3}{4}$

㉞ $2\dfrac{1}{7}$

㉟ $\dfrac{15}{16}$

㊱ $3\dfrac{1}{5}$

㊲ $2\dfrac{2}{7}$

㊳ $\dfrac{16}{25}$

㊴ $5\dfrac{2}{3}$

㊵ $4\dfrac{1}{4}$

㊶ $\dfrac{17}{23}$

㊷ $3\dfrac{3}{5}$

계산력 상승! 헛둘! 헛둘!

② 분자가 자연수의 배수인 (진분수)÷(자연수)

3일차

12쪽

1. $\dfrac{1}{3}$
2. $\dfrac{1}{4}$
3. $\dfrac{1}{5}$
4. $\dfrac{1}{5}$
5. $\dfrac{1}{5}$
6. $\dfrac{1}{3}$
7. $\dfrac{1}{6}$

8. $\dfrac{2}{7}$
9. $\dfrac{3}{7}$
10. $\dfrac{2}{7}$
11. $\dfrac{1}{8}$
12. $\dfrac{1}{8}$
13. $\dfrac{3}{8}$
14. $\dfrac{2}{9}$

13쪽

15. $\dfrac{1}{9}$
16. $\dfrac{4}{9}$
17. $\dfrac{2}{9}$
18. $\dfrac{3}{10}$
19. $\dfrac{3}{10}$
20. $\dfrac{4}{11}$
21. $\dfrac{3}{11}$

22. $\dfrac{2}{11}$
23. $\dfrac{1}{3}$
24. $\dfrac{1}{6}$
25. $\dfrac{2}{13}$
26. $\dfrac{2}{13}$
27. $\dfrac{3}{14}$
28. $\dfrac{3}{14}$

29. $\dfrac{1}{5}$
30. $\dfrac{1}{15}$
31. $\dfrac{3}{16}$
32. $\dfrac{1}{8}$
33. $\dfrac{2}{17}$
34. $\dfrac{3}{17}$
35. $\dfrac{1}{9}$

4일차

14쪽

1. $\dfrac{1}{6}$
2. $\dfrac{1}{7}$
3. $\dfrac{1}{7}$
4. $\dfrac{3}{7}$
5. $\dfrac{1}{4}$
6. $\dfrac{1}{4}$
7. $\dfrac{2}{9}$

8. $\dfrac{1}{9}$
9. $\dfrac{1}{5}$
10. $\dfrac{1}{10}$
11. $\dfrac{3}{11}$
12. $\dfrac{2}{11}$
13. $\dfrac{5}{11}$
14. $\dfrac{1}{12}$

15. $\dfrac{1}{6}$
16. $\dfrac{5}{12}$
17. $\dfrac{2}{13}$
18. $\dfrac{3}{13}$
19. $\dfrac{3}{13}$
20. $\dfrac{2}{13}$
21. $\dfrac{1}{7}$

15쪽

22. $\dfrac{1}{14}$
23. $\dfrac{1}{7}$
24. $\dfrac{1}{14}$
25. $\dfrac{2}{15}$
26. $\dfrac{4}{15}$
27. $\dfrac{2}{15}$
28. $\dfrac{2}{15}$

29. $\dfrac{1}{8}$
30. $\dfrac{1}{8}$
31. $\dfrac{1}{16}$
32. $\dfrac{3}{17}$
33. $\dfrac{4}{17}$
34. $\dfrac{2}{17}$
35. $\dfrac{2}{17}$

36. $\dfrac{1}{9}$
37. $\dfrac{5}{18}$
38. $\dfrac{2}{19}$
39. $\dfrac{4}{19}$
40. $\dfrac{6}{19}$
41. $\dfrac{1}{10}$
42. $\dfrac{1}{5}$

③ 분자가 자연수의 배수가 아닌 (진분수)÷(자연수)

5일차

16쪽

1. $\dfrac{1}{8}$
2. $\dfrac{1}{6}$
3. $\dfrac{2}{9}$
4. $\dfrac{1}{12}$
5. $\dfrac{3}{16}$
6. $\dfrac{1}{10}$
7. $\dfrac{3}{10}$

8. $\dfrac{1}{10}$
9. $\dfrac{1}{42}$
10. $\dfrac{5}{12}$
11. $\dfrac{1}{12}$
12. $\dfrac{1}{63}$
13. $\dfrac{2}{35}$
14. $\dfrac{1}{21}$

17쪽

15. $\dfrac{1}{21}$
16. $\dfrac{3}{32}$
17. $\dfrac{1}{16}$
18. $\dfrac{1}{16}$
19. $\dfrac{7}{88}$
20. $\dfrac{1}{36}$
21. $\dfrac{2}{63}$

22. $\dfrac{2}{45}$
23. $\dfrac{1}{20}$
24. $\dfrac{7}{40}$
25. $\dfrac{1}{20}$
26. $\dfrac{4}{55}$
27. $\dfrac{2}{33}$
28. $\dfrac{3}{22}$

29. $\dfrac{1}{36}$
30. $\dfrac{2}{91}$
31. $\dfrac{3}{26}$
32. $\dfrac{9}{28}$
33. $\dfrac{7}{60}$
34. $\dfrac{1}{30}$
35. $\dfrac{1}{48}$

18쪽

❶ $\frac{1}{10}$ ❽ $\frac{1}{15}$ ⓯ $\frac{2}{49}$

❷ $\frac{1}{12}$ ❾ $\frac{2}{35}$ ⓰ $\frac{3}{56}$

❸ $\frac{1}{6}$ ❿ $\frac{1}{15}$ ⓱ $\frac{1}{14}$

❹ $\frac{1}{8}$ ⑪ $\frac{2}{15}$ ⓲ $\frac{1}{28}$

❺ $\frac{3}{8}$ ⑫ $\frac{2}{25}$ ⓳ $\frac{1}{24}$

❻ $\frac{1}{8}$ ⑬ $\frac{5}{18}$ ⓴ $\frac{1}{32}$

❼ $\frac{1}{12}$ ⑭ $\frac{1}{18}$ ㉑ $\frac{5}{88}$

19쪽

㉒ $\frac{7}{40}$ ㉙ $\frac{1}{33}$ ㊱ $\frac{5}{42}$

㉓ $\frac{2}{27}$ ㉚ $\frac{5}{22}$ ㊲ $\frac{3}{28}$

㉔ $\frac{1}{27}$ ㉛ $\frac{1}{24}$ ㊳ $\frac{13}{42}$

㉕ $\frac{1}{18}$ ㉜ $\frac{7}{36}$ ㊴ $\frac{1}{30}$

㉖ $\frac{1}{40}$ ㉝ $\frac{1}{26}$ ㊵ $\frac{1}{30}$

㉗ $\frac{3}{20}$ ㉞ $\frac{9}{52}$ ㊶ $\frac{1}{48}$

㉘ $\frac{3}{77}$ ㉟ $\frac{1}{26}$ ㊷ $\frac{3}{64}$

❶ ~ ❸ 다르게 풀기

20쪽 ❗ 계산 결과를 대분수로 나타내지 않아도 정답으로 인정합니다.

❶ $\frac{3}{7}$ ❺ $\frac{4}{13}$

❷ $\frac{1}{5}$ ❻ $2\frac{3}{5}$

❸ $\frac{5}{21}$ ❼ $\frac{4}{45}$

❹ $\frac{1}{16}$ ❽ $\frac{4}{21}$

21쪽

❾ $\frac{1}{3}$ ⑬ $\frac{1}{18}$

❿ $\frac{6}{11}$ ⑭ $\frac{2}{51}$

⑪ $\frac{4}{15}$ ⑮ $4\frac{3}{4}$

⑫ $\frac{2}{11}$ ⑯ $\frac{6}{25}$

⑰ $\frac{3}{4}$, 5, $\frac{3}{20}$

❹ 분자가 자연수의 배수인 (가분수)÷(자연수)

22쪽

❶ $\frac{1}{2}$ ❽ $\frac{4}{5}$

❷ $\frac{1}{3}$ ❾ $\frac{1}{6}$

❸ $\frac{1}{4}$ ❿ $\frac{2}{7}$

❹ $\frac{3}{4}$ ⑪ $\frac{4}{7}$

❺ $\frac{2}{5}$ ⑫ $\frac{5}{7}$

❻ $\frac{4}{5}$ ⑬ $\frac{5}{7}$

❼ $\frac{2}{5}$ ⑭ $\frac{4}{7}$

23쪽

⑮ $\frac{1}{8}$ ㉒ $\frac{3}{11}$ ㉙ $\frac{5}{12}$

⑯ $\frac{3}{8}$ ㉓ $\frac{3}{11}$ ㉚ $\frac{7}{13}$

⑰ $\frac{7}{9}$ ㉔ $\frac{2}{11}$ ㉛ $\frac{3}{13}$

⑱ $\frac{2}{9}$ ㉕ $\frac{2}{11}$ ㉜ $\frac{2}{13}$

⑲ $\frac{5}{9}$ ㉖ $\frac{4}{11}$ ㉝ $\frac{5}{14}$

⑳ $\frac{4}{9}$ ㉗ $\frac{4}{11}$ ㉞ $\frac{4}{15}$

㉑ $\frac{9}{10}$ ㉘ $\frac{1}{12}$ ㉟ $\frac{2}{15}$

24쪽

1. $\dfrac{1}{2}$
2. $\dfrac{2}{3}$
3. $\dfrac{3}{4}$
4. $\dfrac{3}{4}$
5. $\dfrac{4}{5}$
6. $\dfrac{3}{5}$
7. $\dfrac{2}{5}$
8. $\dfrac{3}{5}$
9. $\dfrac{3}{7}$
10. $\dfrac{2}{7}$
11. $\dfrac{2}{7}$
12. $\dfrac{3}{7}$
13. $\dfrac{4}{7}$
14. $\dfrac{5}{7}$
15. $\dfrac{3}{8}$
16. $\dfrac{5}{8}$
17. $\dfrac{1}{9}$
18. $\dfrac{4}{9}$
19. $\dfrac{2}{9}$
20. $\dfrac{7}{9}$
21. $\dfrac{5}{9}$

25쪽

22. $\dfrac{1}{10}$
23. $\dfrac{2}{11}$
24. $\dfrac{7}{11}$
25. $\dfrac{4}{11}$
26. $\dfrac{10}{11}$
27. $\dfrac{3}{11}$
28. $\dfrac{8}{11}$
29. $\dfrac{4}{11}$
30. $\dfrac{6}{11}$
31. $\dfrac{2}{13}$
32. $\dfrac{5}{13}$
33. $\dfrac{8}{13}$
34. $\dfrac{4}{13}$
35. $\dfrac{3}{13}$
36. $\dfrac{5}{13}$
37. $\dfrac{3}{14}$
38. $\dfrac{9}{14}$
39. $\dfrac{2}{15}$
40. $\dfrac{2}{15}$
41. $\dfrac{4}{15}$
42. $\dfrac{8}{15}$

⑤ 분자가 자연수의 배수가 아닌 (가분수)÷(자연수)

26쪽

1. $\dfrac{3}{4}$
2. $\dfrac{3}{8}$
3. $\dfrac{5}{8}$
4. $1\dfrac{1}{6}$
5. $\dfrac{4}{9}$
6. $\dfrac{5}{9}$
7. $1\dfrac{1}{6}$
8. $\dfrac{7}{15}$
9. $\dfrac{4}{9}$
10. $\dfrac{7}{12}$
11. $\dfrac{9}{20}$
12. $\dfrac{9}{28}$
13. $\dfrac{11}{12}$
14. $\dfrac{3}{20}$

27쪽

15. $\dfrac{1}{10}$
16. $\dfrac{1}{10}$
17. $\dfrac{4}{15}$
18. $\dfrac{3}{10}$
19. $\dfrac{7}{48}$
20. $\dfrac{7}{60}$
21. $\dfrac{1}{12}$
22. $\dfrac{2}{21}$
23. $\dfrac{3}{28}$
24. $\dfrac{1}{14}$
25. $\dfrac{6}{35}$
26. $\dfrac{9}{32}$
27. $\dfrac{1}{24}$
28. $\dfrac{11}{45}$
29. $\dfrac{13}{63}$
30. $\dfrac{8}{63}$
31. $\dfrac{1}{20}$
32. $\dfrac{17}{80}$
33. $\dfrac{1}{22}$
34. $\dfrac{5}{33}$
35. $\dfrac{5}{36}$

28쪽

1. $\dfrac{5}{6}$
2. $\dfrac{7}{10}$
3. $\dfrac{4}{15}$
4. $\dfrac{5}{21}$
5. $\dfrac{1}{6}$
6. $\dfrac{7}{9}$
7. $\dfrac{2}{9}$
8. $\dfrac{4}{15}$
9. $\dfrac{7}{16}$
10. $\dfrac{1}{8}$
11. $\dfrac{3}{8}$
12. $\dfrac{11}{20}$
13. $\dfrac{3}{8}$
14. $\dfrac{7}{15}$
15. $\dfrac{1}{10}$
16. $\dfrac{3}{20}$
17. $\dfrac{3}{10}$
18. $\dfrac{6}{25}$
19. $\dfrac{7}{54}$
20. $\dfrac{11}{24}$
21. $\dfrac{1}{12}$

29쪽

22. $\dfrac{8}{35}$
23. $\dfrac{3}{35}$
24. $\dfrac{1}{14}$
25. $\dfrac{3}{28}$
26. $\dfrac{3}{16}$
27. $\dfrac{11}{48}$
28. $\dfrac{1}{24}$
29. $\dfrac{5}{16}$
30. $\dfrac{1}{16}$
31. $\dfrac{10}{63}$
32. $\dfrac{5}{36}$
33. $\dfrac{7}{54}$
34. $\dfrac{8}{45}$
35. $\dfrac{7}{18}$
36. $\dfrac{11}{70}$
37. $\dfrac{1}{30}$
38. $\dfrac{3}{55}$
39. $\dfrac{7}{55}$
40. $\dfrac{8}{77}$
41. $\dfrac{1}{36}$
42. $\dfrac{1}{24}$

⑥ (대분수)÷(자연수)

12일 차

30쪽

① $\dfrac{3}{4}$

② $\dfrac{2}{3}$

③ $\dfrac{5}{9}$

④ $\dfrac{5}{8}$

⑤ $\dfrac{2}{5}$

⑥ $\dfrac{3}{5}$

⑦ $\dfrac{3}{10}$

⑧ $\dfrac{1}{12}$

⑨ $\dfrac{11}{12}$

⑩ $\dfrac{5}{14}$

⑪ $\dfrac{2}{9}$

⑫ $\dfrac{4}{9}$

⑬ $\dfrac{3}{5}$

⑭ $\dfrac{1}{5}$

31쪽

⑮ $\dfrac{17}{18}$

⑯ $\dfrac{4}{7}$

⑰ $1\dfrac{5}{16}$

⑱ $\dfrac{4}{9}$

⑲ $1\dfrac{2}{9}$

⑳ $\dfrac{5}{9}$

㉑ $\dfrac{1}{6}$

㉒ $\dfrac{3}{4}$

㉓ $1\dfrac{7}{10}$

㉔ $\dfrac{5}{7}$

㉕ $\dfrac{3}{16}$

㉖ $\dfrac{14}{27}$

㉗ $1\dfrac{1}{5}$

㉘ $2\dfrac{2}{7}$

㉙ $1\dfrac{1}{15}$

㉚ $2\dfrac{9}{10}$

㉛ $1\dfrac{2}{3}$

㉜ $1\dfrac{2}{9}$

㉝ $1\dfrac{5}{6}$

㉞ $\dfrac{4}{5}$

㉟ $3\dfrac{1}{4}$

13일 차

32쪽 ❶ 계산 결과를 대분수로 나타내지 않아도 정답으로 인정합니다.

① $\dfrac{1}{2}$

② $\dfrac{4}{9}$

③ $\dfrac{7}{8}$

④ $\dfrac{7}{16}$

⑤ $\dfrac{7}{20}$

⑥ $\dfrac{1}{5}$

⑦ $\dfrac{4}{7}$

⑧ $\dfrac{3}{14}$

⑨ $\dfrac{3}{8}$

⑩ $\dfrac{13}{18}$

⑪ $\dfrac{1}{4}$

⑫ $1\dfrac{1}{3}$

⑬ $\dfrac{1}{4}$

⑭ $\dfrac{2}{5}$

⑮ $\dfrac{13}{35}$

⑯ $1\dfrac{5}{12}$

⑰ $\dfrac{19}{32}$

⑱ $\dfrac{11}{27}$

⑲ $\dfrac{5}{6}$

⑳ $1\dfrac{1}{4}$

㉑ $1\dfrac{9}{10}$

33쪽

㉒ $\dfrac{2}{7}$

㉓ $1\dfrac{1}{8}$

㉔ $\dfrac{17}{18}$

㉕ $\dfrac{1}{6}$

㉖ $\dfrac{3}{5}$

㉗ $2\dfrac{1}{5}$

㉘ $1\dfrac{4}{7}$

㉙ $1\dfrac{8}{9}$

㉚ $1\dfrac{7}{16}$

㉛ $\dfrac{5}{6}$

㉜ $\dfrac{13}{14}$

㉝ $\dfrac{5}{6}$

㉞ $\dfrac{3}{8}$

㉟ $1\dfrac{2}{7}$

㊱ $1\dfrac{5}{9}$

㊲ $2\dfrac{2}{5}$

㊳ $\dfrac{13}{45}$

㊴ $2\dfrac{1}{6}$

㊵ $1\dfrac{8}{21}$

㊶ $1\dfrac{4}{7}$

㊷ $\dfrac{7}{8}$

④ ~ ⑥ 다르게 풀기

14일 차

34쪽

① $\dfrac{2}{5}$

② $\dfrac{1}{8}$

③ $\dfrac{4}{9}$

④ $\dfrac{13}{21}$

⑤ $\dfrac{7}{15}$

⑥ $\dfrac{3}{11}$

⑦ $1\dfrac{5}{8}$

⑧ $\dfrac{3}{8}$

35쪽

⑨ $\dfrac{3}{7}$

⑩ $\dfrac{3}{16}$

⑪ $\dfrac{3}{8}$

⑫ $\dfrac{9}{20}$

⑬ $\dfrac{4}{9}$

⑭ $1\dfrac{2}{3}$

⑮ $3\dfrac{5}{12}$

⑯ $\dfrac{5}{12}$

⑰ $5\dfrac{3}{8}$, 3 , $1\dfrac{19}{24}$

비법 강의 외우면 **빨라지는 계산 비법**

15일 차

36쪽

① $\dfrac{1}{60}$, $\dfrac{1}{60}$

② $\dfrac{13}{60}$, $\dfrac{13}{60}$

③ $\dfrac{29}{60}$, $\dfrac{29}{60}$

④ $\dfrac{7}{60}$, $\dfrac{7}{60}$

⑤ $\dfrac{19}{60}$, $\dfrac{19}{60}$

⑥ $\dfrac{37}{60}$, $\dfrac{37}{60}$

37쪽

⑦ $\dfrac{1}{20}$, $\dfrac{1}{20}$

⑧ $\dfrac{1}{6}$, $\dfrac{1}{6}$

⑨ $\dfrac{1}{4}$, $\dfrac{1}{4}$

⑩ $\dfrac{1}{2}$, $\dfrac{1}{2}$

⑪ $\dfrac{3}{4}$, $\dfrac{3}{4}$

⑫ $\dfrac{1}{15}$, $\dfrac{1}{15}$

⑬ $\dfrac{1}{5}$, $\dfrac{1}{5}$

⑭ $\dfrac{1}{3}$, $\dfrac{1}{3}$

⑮ $\dfrac{3}{5}$, $\dfrac{3}{5}$

⑯ $\dfrac{5}{6}$, $\dfrac{5}{6}$

비법 강의 초등에서 푸는 **방정식 계산 비법**

16일 차

38쪽 ❶ 계산 결과를 대분수로 나타내지 않아도 정답으로 인정합니다.

① $\dfrac{2}{7}$, $\dfrac{2}{7}$

② $\dfrac{1}{9}$, $\dfrac{1}{9}$

③ $\dfrac{2}{25}$, $\dfrac{2}{25}$

④ $\dfrac{5}{6}$, $\dfrac{5}{6}$

⑤ $2\dfrac{1}{4}$, $2\dfrac{1}{4}$

⑥ $\dfrac{3}{7}$, $\dfrac{3}{7}$

⑦ $\dfrac{4}{25}$, $\dfrac{4}{25}$

⑧ $\dfrac{3}{8}$, $\dfrac{3}{8}$

39쪽

⑨ $\dfrac{3}{5}$, $\dfrac{3}{5}$

⑩ $\dfrac{4}{13}$, $\dfrac{4}{13}$

⑪ $\dfrac{7}{40}$, $\dfrac{7}{40}$

⑫ $\dfrac{5}{7}$, $\dfrac{5}{7}$

⑬ $\dfrac{4}{7}$, $\dfrac{4}{7}$

⑭ $3\dfrac{1}{7}$, $3\dfrac{1}{7}$

⑮ $\dfrac{2}{19}$, $\dfrac{2}{19}$

⑯ $\dfrac{11}{60}$, $\dfrac{11}{60}$

⑰ $\dfrac{55}{72}$, $\dfrac{55}{72}$

⑱ $\dfrac{23}{44}$, $\dfrac{23}{44}$

평가 1. 분수의 나눗셈

17일 차

40쪽 ❶ 계산 결과를 대분수로 나타내지 않아도 정답으로 인정합니다.

1 $\dfrac{5}{7}$

2 $\dfrac{2}{5}$

3 $3\dfrac{2}{7}$

4 $2\dfrac{1}{12}$

5 $\dfrac{1}{7}$

6 $\dfrac{2}{11}$

7 $\dfrac{3}{19}$

8 $\dfrac{1}{15}$

9 $\dfrac{3}{56}$

10 $\dfrac{3}{26}$

11 $\dfrac{3}{5}$

12 $\dfrac{7}{11}$

13 $\dfrac{5}{16}$

14 $\dfrac{10}{21}$

41쪽

15 $\dfrac{8}{21}$

16 $\dfrac{1}{33}$

17 $\dfrac{5}{28}$

18 $\dfrac{8}{9}$

19 $1\dfrac{3}{4}$

20 $1\dfrac{1}{12}$

21 $1\dfrac{1}{9}$

22 $\dfrac{6}{13}$

23 $\dfrac{3}{32}$

24 $\dfrac{1}{24}$

25 $1\dfrac{1}{12}$

🔗 틀린 문제는 클리닉 북에서 보충할 수 있습니다.

1 1쪽	5 2쪽	8 3쪽	12 4쪽	15 5쪽	19 6쪽	21 1쪽	25 6쪽
2 1쪽	6 2쪽	9 3쪽	13 4쪽	16 5쪽	20 6쪽	22 2쪽	
3 1쪽	7 2쪽	10 3쪽	14 5쪽	17 6쪽		23 3쪽	
4 1쪽		11 4쪽		18 6쪽		24 5쪽	

2. 각기둥과 각뿔

① 각기둥

1일차

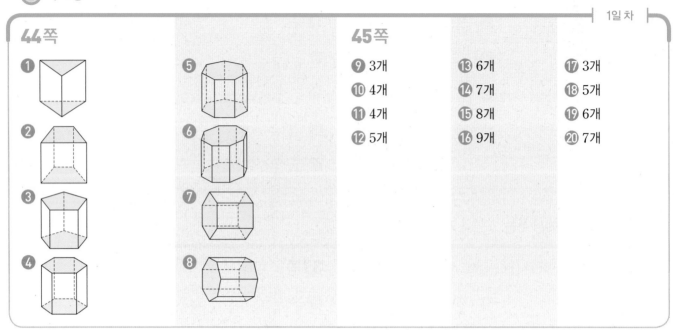

44쪽

❶ ❷ ❸ ❹ ❺ ❻ ❼ ❽

45쪽

❾ 3개   ⓭ 6개   ⓱ 3개
❿ 4개   ⓮ 7개   ⓲ 5개
⓫ 4개   ⓯ 8개   ⓳ 6개
⓬ 5개   ⓰ 9개   ⓴ 7개

② 각기둥의 이름과 구성 요소

2일차

46쪽

❶ 삼각형, 삼각기둥   ❹ 육각형, 육각기둥
❷ 사각형, 사각기둥   ❺ 칠각형, 칠각기둥
❸ 오각형, 오각기둥   ❻ 팔각형, 팔각기둥

47쪽

❼ 3, 6, 5, 9   ❿ 6, 12, 8, 18
❽ 4, 8, 6, 12   ⓫ 7, 14, 9, 21
❾ 5, 10, 7, 15   ⓬ 8, 16, 10, 24

③ 각기둥의 전개도

3일차

48쪽

❶ (○)(   )
❷ (   )(○)
❸ (○)(   )
❹ (   )(○)

49쪽

❺ (   )(○)(   )
❻ (   )(○)(   )
❼ (   )(   )(○)
❽ (   )(○)(   )

4 각뿔

50쪽

❶

❷

❸

❹

❺

❻

❼

❽

51쪽

❾ 3개

❿ 4개

⓫ 5개

⓬ 6개

⓭ 3개

⓮ 4개

⓯ 5개

⓰ 7개

⓱ 8개

⓲ 9개

⓳ 10개

⓴ 12개

5 각뿔의 이름과 구성 요소

52쪽

❶ 삼각형, 삼각뿔

❷ 사각형, 사각뿔

❸ 오각형, 오각뿔

❹ 육각형, 육각뿔

❺ 칠각형, 칠각뿔

❻ 팔각형, 팔각뿔

53쪽

❼ 3, 4, 4, 6

❽ 4, 5, 5, 8

❾ 5, 6, 6, 10

❿ 6, 7, 7, 12

⓫ 7, 8, 8, 14

⓬ 8, 9, 9, 16

평가   2. 각기둥과 각뿔

54쪽

1

2

3

4

5 4개

6 6개

7 7개

8 사각기둥

9 육각기둥

10 칠각기둥

11 4, 8, 6, 12

12 9, 18, 11, 27

55쪽

13 삼각뿔

14 오각뿔

15 팔각뿔

16 5, 6, 6, 10

17 10, 11, 11, 20

18 (   ) (○)

19 (○) (   )

20 (   ) (○)

🔗 틀린 문제는 클리닉 북에서 보충할 수 있습니다.

1 7쪽	5 10쪽	8 8쪽	11 8쪽	13 11쪽	16 11쪽	18 9쪽
2 7쪽	6 10쪽	9 8쪽	12 8쪽	14 11쪽	17 11쪽	19 9쪽
3 7쪽	7 10쪽	10 8쪽		15 11쪽		20 9쪽
4 7쪽						

3. 소수의 나눗셈

1 자연수의 나눗셈을 이용한 (소수)÷(자연수)

1일차

58쪽

❶ 10.1, 1.01
❷ 14.4, 1.44
❸ 11.1, 1.11
❹ 10.2, 1.02
❺ 21.4, 2.14

❻ 11.1, 1.11
❼ 21.2, 2.12
❽ 22.1, 2.21
❾ 44.3, 4.43
❿ 32.1, 3.21

59쪽

⓫ 121, 12.1, 1.21
⓬ 131, 13.1, 1.31
⓭ 113, 11.3, 1.13
⓮ 122, 12.2, 1.22
⓯ 112, 11.2, 1.12

⓰ 242, 24.2, 2.42
⓱ 203, 20.3, 2.03
⓲ 334, 33.4, 3.34
⓳ 231, 23.1, 2.31
⓴ 403, 40.3, 4.03

㉑ 422, 42.2, 4.22
㉒ 212, 21.2, 2.12
㉓ 101, 10.1, 1.01
㉔ 312, 31.2, 3.12
㉕ 331, 33.1, 3.31

2일차

60쪽

❶ 104, 10.4, 1.04
❷ 112, 11.2, 1.12
❸ 133, 13.3, 1.33
❹ 142, 14.2, 1.42
❺ 101, 10.1, 1.01

❻ 112, 11.2, 1.12
❼ 131, 13.1, 1.31
❽ 212, 21.2, 2.12
❾ 223, 22.3, 2.23
❿ 234, 23.4, 2.34

⓫ 121, 12.1, 1.21
⓬ 243, 24.3, 2.43
⓭ 122, 12.2, 1.22
⓮ 304, 30.4, 3.04
⓯ 213, 21.3, 2.13

61쪽

⓰ 221, 22.1, 2.21
⓱ 333, 33.3, 3.33
⓲ 341, 34.1, 3.41
⓳ 233, 23.3, 2.33
⓴ 111, 11.1, 1.11

㉑ 201, 20.1, 2.01
㉒ 411, 41.1, 4.11
㉓ 424, 42.4, 4.24
㉔ 431, 43.1, 4.31
㉕ 442, 44.2, 4.42

㉖ 222, 22.2, 2.22
㉗ 302, 30.2, 3.02
㉘ 313, 31.3, 3.13
㉙ 322, 32.2, 3.22
㉚ 333, 33.3, 3.33

2 각 자리에서 나누어떨어지지 않는 (소수)÷(자연수)

3일차

62쪽

❶ 1.7
❷ 1.8
❸ 11.6
❹ 12.3

❺ 1.76
❻ 2.49
❼ 4.16
❽ 13.44

63쪽

❾ 1.6
❿ 2.6
⓫ 3.4
⓬ 4.7
⓭ 15.9
⓮ 14.7
⓯ 15.4

⓰ 17.5
⓱ 14.7
⓲ 13.4
⓳ 1.84
⓴ 2.58
㉑ 6.98
㉒ 7.49

㉓ 5.63
㉔ 5.83
㉕ 7.32
㉖ 14.55
㉗ 13.43
㉘ 12.87
㉙ 16.42

64쪽

❶ 1.4 ❺ 12.2 ❾ 8.55
❷ 1.7 ❻ 1.85 ❿ 3.61
❸ 5.2 ❼ 3.64 ⓫ 12.79
❹ 26.7 ❽ 4.13 ⓬ 26.58

65쪽

⓭ 1.7 ⓴ 13.8 ㉗ 4.72
⓮ 1.4 ㉑ 12.3 ㉘ 7.63
⓯ 1.9 ㉒ 12.2 ㉙ 7.53
⓰ 3.2 ㉓ 1.45 ㉚ 13.67
⓱ 12.8 ㉔ 1.23 ㉛ 17.45
⓲ 24.6 ㉕ 3.95 ㉜ 12.37
⓳ 13.5 ㉖ 5.71 ㉝ 22.79

③ 몫이 1보다 작은 소수인 (소수)÷(자연수)

66쪽

❶ 0.23 ❺ 0.72
❷ 0.41 ❻ 0.64
❸ 0.57 ❼ 0.93
❹ 0.87 ❽ 0.83

67쪽

❾ 0.13 ⓰ 0.82 ㉓ 0.86
❿ 0.16 ⓱ 0.69 ㉔ 0.63
⓫ 0.76 ⓲ 0.48 ㉕ 0.89
⓬ 0.39 ⓳ 0.68 ㉖ 0.86
⓭ 0.85 ⓴ 0.52 ㉗ 0.88
⓮ 0.64 ㉑ 0.69 ㉘ 0.82
⓯ 0.42 ㉒ 0.63 ㉙ 0.92

68쪽

❶ 0.14 ❺ 0.86 ❾ 0.84
❷ 0.23 ❻ 0.43 ❿ 0.88
❸ 0.51 ❼ 0.62 ⓫ 0.89
❹ 0.35 ❽ 0.49 ⓬ 0.93

69쪽

⓭ 0.24 ⓴ 0.38 ㉗ 0.55
⓮ 0.27 ㉑ 0.32 ㉘ 0.88
⓯ 0.19 ㉒ 0.77 ㉙ 0.83
⓰ 0.63 ㉓ 0.49 ㉚ 0.66
⓱ 0.27 ㉔ 0.96 ㉛ 0.91
⓲ 0.58 ㉕ 0.85 ㉜ 0.93
⓳ 0.53 ㉖ 0.73 ㉝ 0.94

① ~ ③ 다르게 풀기

70쪽

❶ 14.3 ❻ 0.37
❷ 0.13 ❼ 13.4
❸ 1.6 ❽ 3.28
❹ 10.1 ❾ 3.32
❺ 1.8 ❿ 0.62

71쪽

⓫ 2.01 ⓯ 13.68
⓬ 0.23 ⓰ 0.97
⓭ 2.48 ⓱ 11.3
⓮ 0.57 ⓲ 41.2
⓳ 35.1, 3, 11.7

④ 소수점 아래 0을 내려 계산해야 하는 (소수) ÷ (자연수)

8일 차

72쪽

❶ 0.15
❷ 0.32
❸ 0.55
❹ 0.75
❺ 1.15
❻ 1.48
❼ 1.35
❽ 3.85

73쪽

❾ 0.25
❿ 0.14
⓫ 0.15
⓬ 0.35
⓭ 0.25
⓮ 0.35
⓯ 0.65
⓰ 0.35
⓱ 0.85
⓲ 0.45
⓳ 0.65
⓴ 0.92
㉑ 0.85
㉒ 0.95
㉓ 1.54
㉔ 2.15
㉕ 1.45
㉖ 1.15
㉗ 2.22
㉘ 3.65
㉙ 7.85

9일 차

74쪽

❶ 0.35
❷ 0.15
❸ 0.34
❹ 0.44
❺ 0.86
❻ 0.96
❼ 0.85
❽ 1.15
❾ 3.55
❿ 2.45
⓫ 2.26
⓬ 3.75

75쪽

⓭ 0.16
⓮ 0.45
⓯ 0.24
⓰ 0.75
⓱ 0.45
⓲ 0.46
⓳ 0.45
⓴ 0.62
㉑ 0.55
㉒ 0.95
㉓ 0.82
㉔ 0.55
㉕ 0.95
㉖ 1.34
㉗ 1.25
㉘ 3.85
㉙ 2.35
㉚ 1.98
㉛ 5.35
㉜ 4.65
㉝ 8.45

⑤ 몫의 소수 첫째 자리에 0이 있는 (소수) ÷ (자연수)

10일 차

76쪽

❶ 1.08
❷ 1.05
❸ 1.05
❹ 2.04
❺ 0.05
❻ 1.05
❼ 3.06
❽ 3.05

77쪽

❾ 1.06
❿ 1.07
⓫ 1.04
⓬ 1.03
⓭ 1.08
⓮ 1.07
⓯ 1.04
⓰ 7.06
⓱ 6.04
⓲ 5.07
⓳ 5.03
⓴ 6.03
㉑ 6.04
㉒ 5.05
㉓ 0.04
㉔ 1.08
㉕ 1.05
㉖ 3.05
㉗ 6.05
㉘ 7.04
㉙ 8.05

11일 차

78쪽

❶ 1.04
❷ 2.07
❸ 1.07
❹ 2.06
❺ 2.07
❻ 4.08
❼ 4.09
❽ 5.07
❾ 0.05
❿ 4.05
⓫ 5.05
⓬ 9.05

79쪽

⓭ 1.09
⓮ 1.06
⓯ 1.07
⓰ 2.04
⓱ 3.09
⓲ 1.04
⓳ 3.05
⓴ 3.04
㉑ 9.07
㉒ 7.08
㉓ 6.05
㉔ 7.06
㉕ 6.09
㉖ 6.04
㉗ 0.05
㉘ 1.05
㉙ 1.06
㉚ 9.05
㉛ 8.05
㉜ 8.06
㉝ 7.05

⑥ (자연수)÷(자연수)의 몫을 소수로 나타내기

12일 차

80쪽

❶ 1.5
❷ 0.3
❸ 2.5
❹ 1.2
❺ 4.5
❻ 0.75
❼ 1.75
❽ 2.25

81쪽

❾ 0.6
❿ 2.5
⓫ 0.3
⓬ 0.2
⓭ 1.6
⓮ 5.5
⓯ 0.8
⓰ 3.5
⓱ 7.5
⓲ 1.5
⓳ 8.4
⓴ 3.2
㉑ 9.5
㉒ 5.5
㉓ 0.15
㉔ 1.75
㉕ 0.34
㉖ 2.25
㉗ 5.25
㉘ 3.75
㉙ 6.25

13일 차

82쪽

❶ 0.5
❷ 3.5
❸ 0.4
❹ 2.2
❺ 1.5
❻ 6.5
❼ 3.5
❽ 7.5
❾ 0.25
❿ 4.75
⓫ 2.75
⓬ 7.25

83쪽

⓭ 0.5
⓮ 1.5
⓯ 0.4
⓰ 4.5
⓱ 2.4
⓲ 2.5
⓳ 1.5
⓴ 4.8
㉑ 8.5
㉒ 2.5
㉓ 5.5
㉔ 6.5
㉕ 3.5
㉖ 6.5
㉗ 0.35
㉘ 1.25
㉙ 0.26
㉚ 3.75
㉛ 6.25
㉜ 6.75
㉝ 5.25

④ ~ ⑥ 다르게 풀기

14일 차

84쪽

❶ 1.05
❷ 0.12
❸ 2.5
❹ 1.06
❺ 0.26
❻ 2.95
❼ 0.32
❽ 2.07
❾ 5.25
❿ 0.55

85쪽

⓫ 0.8
⓬ 2.05
⓭ 2.45
⓮ 1.75
⓯ 1.07
⓰ 1.55
⓱ 0.16
⓲ 0.65
⓳ 4.2, 4, 1.05

비법 강의 초등에서 푸는 방정식 계산 비법

15일 차

86쪽

❶ 12.2, 12.2
❷ 1.6, 1.6
❸ 0.27, 0.27
❹ 1.45, 1.45
❺ 1.06, 1.06
❻ 3.01, 3.01
❼ 1.7, 1.7
❽ 0.38, 0.38
❾ 3.15, 3.15
❿ 1.5, 1.5

87쪽

⓫ 12.3, 12.3
⓬ 14.4, 14.4
⓭ 0.12, 0.12
⓮ 1.24, 1.24
⓯ 1.04, 1.04
⓰ 0.6, 0.6
⓱ 2.02, 2.02
⓲ 3.68, 3.68
⓳ 0.94, 0.94
⓴ 0.65, 0.65
㉑ 3.07, 3.07
㉒ 0.96, 0.96

16일차

88쪽

1 1.24	6 0.95
2 1.7	7 3.65
3 2.2	8 4.03
4 0.23	9 3.05
5 0.83	10 1.5
	11 0.28

89쪽

12 20.3	21 12.43
13 1.7	22 0.84
14 5.53	23 3.65
15 0.58	24 3.05
16 0.74	25 4.5
17 0.45	
18 1.55	
19 1.08	
20 0.2	

🔗 틀린 문제는 클리닉 북에서 보충할 수 있습니다.

1	13쪽	4	15쪽	6	16쪽	9	17쪽
2	14쪽	5	15쪽	7	16쪽	10	18쪽
3	14쪽			8	17쪽	11	18쪽

12	13쪽	17	16쪽	21	14쪽
13	14쪽	18	16쪽	22	15쪽
14	14쪽	19	17쪽	23	16쪽
15	15쪽	20	18쪽	24	17쪽
16	15쪽			25	18쪽

4. 비와 비율

① 비로 나타내기

1일차

92쪽

❶ 3, 4
❷ 5, 2
❸ 7, 3
❹ 2, 9

93쪽

❺ 2 : 5	⓬ 4 : 9	⓳ 5 : 11
❻ 3 : 2	⓭ 6 : 1	⓴ 13 : 14
❼ 4 : 7	⓮ 7 : 3	㉑ 5 : 8
❽ 5 : 4	⓯ 8 : 5	㉒ 7 : 4
❾ 7 : 11	⓰ 8 : 3	㉓ 8 : 13
❿ 9 : 7	⓱ 3 : 5	㉔ 9 : 2
⓫ 3 : 5	⓲ 2 : 7	㉕ 12 : 11

2일차

94쪽

❶ 2 : 1	❽ 9 : 14	⓯ 8 : 3
❷ 3 : 5	❾ 10 : 7	⓰ 8 : 9
❸ 3 : 7	❿ 11 : 8	⓱ 9 : 11
❹ 4 : 9	⓫ 3 : 2	⓲ 10 : 13
❺ 5 : 2	⓬ 4 : 5	⓳ 11 : 5
❻ 8 : 3	⓭ 5 : 9	⓴ 12 : 17
❼ 8 : 13	⓮ 7 : 12	㉑ 13 : 10

95쪽

㉒ 5 : 6	㉙ 16 : 13	㊱ 8 : 15
㉓ 9 : 7	㉚ 5 : 14	㊲ 9 : 16
㉔ 13 : 8	㉛ 21 : 17	㊳ 10 : 3
㉕ 7 : 8	㉜ 4 : 3	㊴ 11 : 14
㉖ 4 : 9	㉝ 5 : 17	㊵ 12 : 5
㉗ 9 : 11	㉞ 6 : 7	㊶ 15 : 4
㉘ 5 : 12	㉟ 7 : 8	㊷ 17 : 6

② 비율을 분수나 소수로 나타내기

3일 차

96쪽

❶ $\frac{2}{3}$

❷ $\frac{4}{9}$

❸ $\frac{5}{8}$

❹ $\frac{3}{7}$

❺ $\frac{9}{18}\left(=\frac{1}{2}\right)$

❻ $\frac{2}{5}$

❼ $\frac{5}{9}$

❽ $\frac{11}{8}\left(=1\frac{3}{8}\right)$

❾ $\frac{3}{5}$

❿ $\frac{6}{8}\left(=\frac{3}{4}\right)$

⓫ $\frac{20}{11}\left(=1\frac{9}{11}\right)$

⓬ $\frac{3}{4}$

⓭ $\frac{7}{10}$

⓮ $\frac{8}{12}\left(=\frac{2}{3}\right)$

97쪽

⓯ 0.2

⓰ 0.5

⓱ 0.25

⓲ 3.5

⓳ 0.25

⓴ 0.3

㉑ 0.5

㉒ 0.45

㉓ 0.04

㉔ 0.5

㉕ 0.2

㉖ 0.25

㉗ 2.4

㉘ 2.5

㉙ 0.125

㉚ 0.5

㉛ 0.35

㉜ 0.5

㉝ 0.75

㉞ 0.85

㉟ 4.5

4일 차

98쪽

❶ $\frac{3}{4}$

❷ $\frac{5}{10}\left(=\frac{1}{2}\right)$

❸ $\frac{6}{7}$

❹ $\frac{9}{5}\left(=1\frac{4}{5}\right)$

❺ $\frac{2}{7}$

❻ $\frac{3}{9}\left(=\frac{1}{3}\right)$

❼ $\frac{10}{11}$

❽ $\frac{12}{13}$

❾ $\frac{4}{25}$

❿ $\frac{10}{9}\left(=1\frac{1}{9}\right)$

⓫ $\frac{12}{15}\left(=\frac{4}{5}\right)$

⓬ $\frac{13}{20}$

⓭ $\frac{8}{5}\left(=1\frac{3}{5}\right)$

⓮ $\frac{4}{7}$

⓯ $\frac{11}{13}$

⓰ $\frac{12}{16}\left(=\frac{3}{4}\right)$

⓱ $\frac{5}{9}$

⓲ $\frac{7}{14}\left(=\frac{1}{2}\right)$

⓳ $\frac{8}{7}\left(=1\frac{1}{7}\right)$

⓴ $\frac{12}{17}$

㉑ $\frac{15}{20}\left(=\frac{3}{4}\right)$

99쪽

㉒ 0.05

㉓ 1.25

㉔ 0.2

㉕ 0.5

㉖ 0.2

㉗ 0.25

㉘ 0.35

㉙ 8.5

㉚ 0.2

㉛ 0.5

㉜ 1.375

㉝ 0.72

㉞ 0.75

㉟ 1.5

㊱ 0.4

㊲ 0.45

㊳ 0.16

㊴ 0.2

㊵ 0.625

㊶ 0.6

㊷ 0.52

③ 비율을 백분율로 나타내기

5일 차

100쪽

❶ 3 %

❷ 9 %

❸ 17 %

❹ 20 %

❺ 26 %

❻ 32 %

❼ 40 %

❽ 41 %

❾ 60 %

❿ 75 %

⓫ 81 %

⓬ 94 %

⓭ 143 %

⓮ 170 %

101쪽

⓯ 50 %

⓰ 75 %

⓱ 20 %

⓲ 40 %

⓳ 60 %

⓴ 25 %

㉑ 30 %

㉒ 170 %

㉓ 80 %

㉔ 45 %

㉕ 55 %

㉖ 150 %

㉗ 32 %

㉘ 52 %

㉙ 160 %

㉚ 70 %

㉛ 85 %

㉜ 46 %

㉝ 69 %

㉞ 185 %

㉟ 16 %

102쪽

❶ 7 %
❷ 19 %
❸ 25 %
❹ 30 %
❺ 35 %
❻ 42 %
❼ 50 %

❽ 57 %
❾ 68 %
❿ 78 %
⓫ 80 %
⓬ 90 %
⓭ 93 %
⓮ 140 %

⓯ 150 %
⓰ 154 %
⓱ 160 %
⓲ 171 %
⓳ 205 %
⓴ 216 %
㉑ 320 %

103쪽

㉒ 80 %
㉓ 75 %
㉔ 60 %
㉕ 210 %
㉖ 85 %
㉗ 175 %
㉘ 36 %

㉙ 120 %
㉚ 164 %
㉛ 30 %
㉜ 40 %
㉝ 20 %
㉞ 45 %
㉟ 65 %

㊱ 78 %
㊲ 140 %
㊳ 150 %
㊴ 83 %
㊵ 195 %
㊶ 8 %
㊷ 120 %

④ 백분율을 분수나 소수로 나타내기

104쪽

❶ $\frac{3}{100}$

❷ $\frac{8}{100}\left(=\frac{2}{25}\right)$

❸ $\frac{13}{100}$

❹ $\frac{20}{100}\left(=\frac{1}{5}\right)$

❺ $\frac{25}{100}\left(=\frac{1}{4}\right)$

❻ $\frac{39}{100}$

❼ $\frac{42}{100}\left(=\frac{21}{50}\right)$

❽ $\frac{50}{100}\left(=\frac{1}{2}\right)$

❾ $\frac{62}{100}\left(=\frac{31}{50}\right)$

❿ $\frac{76}{100}\left(=\frac{19}{25}\right)$

⓫ $\frac{85}{100}\left(=\frac{17}{20}\right)$

⓬ $\frac{96}{100}\left(=\frac{24}{25}\right)$

⓭ $\frac{140}{100}\left(=\frac{7}{5}=1\frac{2}{5}\right)$

⓮ $\frac{230}{100}\left(=\frac{23}{10}=2\frac{3}{10}\right)$

105쪽

⓯ 0.04
⓰ 0.09
⓱ 0.1
⓲ 0.12
⓳ 0.27
⓴ 0.3
㉑ 0.34

㉒ 0.41
㉓ 0.45
㉔ 0.5
㉕ 0.53
㉖ 0.6
㉗ 0.68
㉘ 0.75

㉙ 0.8
㉚ 0.86
㉛ 0.91
㉜ 0.94
㉝ 1.05
㉞ 1.2
㉟ 2.75

106쪽

❶ $\frac{7}{100}$

❷ $\frac{10}{100}\left(=\frac{1}{10}\right)$

❸ $\frac{15}{100}\left(=\frac{3}{20}\right)$

❹ $\frac{23}{100}$

❺ $\frac{28}{100}\left(=\frac{7}{25}\right)$

❻ $\frac{30}{100}\left(=\frac{3}{10}\right)$

❼ $\frac{37}{100}$

❽ $\frac{48}{100}\left(=\frac{12}{25}\right)$

❾ $\frac{51}{100}$

❿ $\frac{54}{100}\left(=\frac{27}{50}\right)$

⓫ $\frac{60}{100}\left(=\frac{3}{5}\right)$

⓬ $\frac{67}{100}$

⓭ $\frac{75}{100}\left(=\frac{3}{4}\right)$

⓮ $\frac{80}{100}\left(=\frac{4}{5}\right)$

⓯ $\frac{86}{100}\left(=\frac{43}{50}\right)$

⓰ $\frac{92}{100}\left(=\frac{23}{25}\right)$

⓱ $\frac{98}{100}\left(=\frac{49}{50}\right)$

⓲ $\frac{103}{100}\left(=1\frac{3}{100}\right)$

⓳ $\frac{161}{100}\left(=1\frac{61}{100}\right)$

⓴ $\frac{279}{100}\left(=2\frac{79}{100}\right)$

㉑ $\frac{347}{100}\left(=3\frac{47}{100}\right)$

107쪽

㉒ 0.06
㉓ 0.11
㉔ 0.2
㉕ 0.28
㉖ 0.35
㉗ 0.39
㉘ 0.4

㉙ 0.46
㉚ 0.52
㉛ 0.58
㉜ 0.67
㉝ 0.7
㉞ 0.76
㉟ 0.83

㊱ 0.85
㊲ 0.9
㊳ 0.98
㊴ 1.07
㊵ 1.3
㊶ 2.16
㊷ 3.4

9일차

108쪽

1   4, 3

2   3, 4

3   4, 3

4   5 : 8

5   13 : 7

6   6 : 11

7   $\dfrac{2}{9}$

8   $\dfrac{6}{14}\left(=\dfrac{3}{7}\right)$

9   $\dfrac{28}{12}\left(=\dfrac{7}{3}=2\dfrac{1}{3}\right)$

10   0.4

11   0.32

12   1.4

109쪽

13   23 %

14   70 %

15   152 %

16   60 %

17   35 %

18   44 %

19   160 %

20   $\dfrac{2}{100}\left(=\dfrac{1}{50}\right)$

21   $\dfrac{36}{100}\left(=\dfrac{9}{25}\right)$

22   $\dfrac{120}{100}\left(=\dfrac{6}{5}=1\dfrac{1}{5}\right)$

23   0.07

24   0.43

25   2.1

🔗 틀린 문제는 클리닉 북에서 보충할 수 있습니다.

1	19쪽	4	19쪽	7	20쪽	10	20쪽	13	21쪽	17 21쪽 20 22쪽 23 22쪽
2	19쪽	5	19쪽	8	20쪽	11	20쪽	14	21쪽	18 21쪽 21 22쪽 24 22쪽
3	19쪽	6	19쪽	9	20쪽	12	20쪽	15	21쪽	19 21쪽 22 22쪽 25 22쪽
								16	21쪽	

5. 여러 가지 그래프

1 띠그래프

1일차

112쪽

❶ 30, 20

❷ 30, 20

113쪽

❸ 30, 35 / 30, 35

❹ 20 %

❺ 겨울

❻ 2배

2 띠그래프로 나타내기

2일차

114쪽

❶ 30, 10

❷ 100 %

❸

수강하는 강좌별 학생 수

0 10 20 30 40 50 60 70 80 90 100(%)

| 컴퓨터 (35 %) | 중국어 (30 %) | 요리 (25 %) | 역사 (10 %) |

115쪽

❹ 40, 30, 20, 10

❺ 100 %

❻

좋아하는 과일별 학생 수

0 10 20 30 40 50 60 70 80 90 100(%)

| 사과 (40 %) | 수박 (30 %) | 오렌지 (20 %) | 기타 (10 %) |

3일 차

③ 원그래프

116쪽

❶ 40, 15

❷ (위에서부터) 15, 40

117쪽

❸ 20, 25 / (위에서부터) 25, 20

❹ 호박

❺ 감자, 오이, 토마토, 호박

❻ 35 %

④ 원그래프로 나타내기

4일 차

118쪽

❶ 15, 10

❷ 100 %

❸ 팔린 종류별 음식 수

119쪽

❹ 35, 30, 20, 15

❺ 100 %

❻ 용돈의 쓰임새별 금액

평가 **5. 여러 가지 그래프**

5일 차

120쪽

1 40, 15

2 40, 15

3 35 %

4 강아지

5 25 %

6 20, 10, 40, 100 /

여행 가고 싶은
나라별 학생 수

7 40, 30, 20, 10, 100 /

조사하고 싶은
문화재별 학생 수

121쪽

8 30, 15

9 (위에서부터) 15, 30

10 흰색

11 노란색, 파란색, 흰색,
보라색

12 2배

13 25, 20, 15, 100 /

좋아하는 음식별 학생 수

14 35, 30, 10, 25, 100 /

성씨별 학생 수

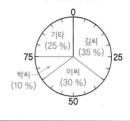

♋ 틀린 문제는 클리닉 북에서 보충할 수 있습니다.

1	23쪽	4	23쪽	6	24쪽		8	25쪽	11	25쪽	13	26쪽
2	23쪽	5	23쪽	7	24쪽		9	25쪽	12	25쪽	14	26쪽
3	23쪽						10	25쪽				

6. 직육면체의 부피와 겉넓이

① 1 m³와 1 cm³의 관계

1일차

124쪽

❶ 2000000
❷ 5000000
❸ 13000000
❹ 25000000
❺ 4
❻ 9
❼ 16

125쪽

❽ 3000000
❾ 6000000
❿ 10000000
⓫ 14000000
⓬ 19000000
⓭ 22000000
⓮ 2700000

⓯ 5
⓰ 8
⓱ 11
⓲ 17
⓳ 21
⓴ 28
㉑ 3.2

2일차

126쪽

❶ 4000000
❷ 8000000
❸ 11000000
❹ 20000000
❺ 32000000
❻ 3500000
❼ 4600000

❽ 2
❾ 7
❿ 13
⓫ 24
⓬ 31
⓭ 3.7
⓮ 5.2

127쪽

⓯ 7000000
⓰ 9000000
⓱ 12000000
⓲ 23000000
⓳ 38000000
⓴ 3900000
㉑ 4500000

㉒ 3
㉓ 6
㉔ 14
㉕ 27
㉖ 35
㉗ 4.6
㉘ 6.8

② 직육면체의 부피

3일차

128쪽

❶ 60 cm³
❷ 64 cm³
❸ 105 cm³
❹ 162 cm³
❺ 336 cm³

129쪽

❻ 45 cm³
❼ 40 cm³
❽ 100 cm³
❾ 120 cm³
❿ 42 cm³

⓫ 216 cm³
⓬ 150 cm³
⓭ 210 cm³
⓮ 300 cm³
⓯ 280 cm³

4일차

130쪽

❶ 90 cm³
❷ 40 cm³
❸ 245 cm³
❹ 126 cm³
❺ 504 cm³

❻ 192 cm³
❼ 120 cm³
❽ 36 cm³
❾ 112 cm³
❿ 360 cm³

131쪽

⓫ 96 m³
⓬ 160 m³
⓭ 60 m³
⓮ 168 m³
⓯ 108 m³

⓰ 120 m³
⓱ 210 m³
⓲ 330 m³
⓳ 336 m³
⓴ 280 m³

132쪽

❶ 49, 64, 81
❷ 324, 361, 400
❸ 8, 27, 64
❹ 216, 343, 512

133쪽

❺ 100
❻ 121
❼ 144
❽ 169
❾ 196
❿ 225
⓫ 256
⓬ 27
⓭ 64
⓮ 125
⓯ 216
⓰ 343
⓱ 512
⓲ 729

③ 정육면체의 부피

134쪽

❶ 27 cm³
❷ 1000 cm³
❸ 4096 cm³
❹ 15625 cm³
❺ 35937 cm³

135쪽

❻ 8 cm³
❼ 729 cm³
❽ 4913 cm³
❾ 12167 cm³
❿ 42875 cm³
⓫ 125 cm³
⓬ 1728 cm³
⓭ 5832 cm³
⓮ 27000 cm³
⓯ 46656 cm³

136쪽

❶ 64 cm³
❷ 1331 cm³
❸ 8000 cm³
❹ 17576 cm³
❺ 29791 cm³
❻ 343 cm³
❼ 2744 cm³
❽ 10648 cm³
❾ 21952 cm³
❿ 39304 cm³

137쪽

⓫ 216 m³
⓬ 2197 m³
⓭ 6859 m³
⓮ 13824 m³
⓯ 32768 m³
⓰ 512 m³
⓱ 3375 m³
⓲ 9261 m³
⓳ 19683 m³
⓴ 64000 m³

④ 직육면체의 겉넓이

138쪽

❶ 104 cm²
❷ 248 cm²
❸ 146 cm²
❹ 180 cm²
❺ 286 cm²

139쪽

❻ 66 cm²
❼ 76 cm²
❽ 148 cm²
❾ 102 cm²
❿ 328 cm²
⓫ 202 cm²
⓬ 112 cm²
⓭ 104 cm²
⓮ 382 cm²
⓯ 314 cm²

140쪽

❶ 212 cm²
❷ 88 cm²
❸ 188 cm²
❹ 144 cm²
❺ 224 cm²
❻ 78 cm²
❼ 142 cm²
❽ 192 cm²
❾ 142 cm²
❿ 254 cm²

141쪽

⓫ 270 cm²
⓬ 126 cm²
⓭ 208 cm²
⓮ 122 cm²
⓯ 292 cm²
⓰ 112 cm²
⓱ 220 cm²
⓲ 302 cm²
⓳ 238 cm²
⓴ 288 cm²

⑤ 정육면체의 겉넓이

142쪽

❶ 24 cm²
❷ 486 cm²
❸ 1350 cm²
❹ 3456 cm²
❺ 6144 cm²

143쪽

❻ 96 cm²
❼ 726 cm²
❽ 1734 cm²
❾ 5046 cm²
❿ 7350 cm²
⓫ 384 cm²
⓬ 1536 cm²
⓭ 2904 cm²
⓮ 6936 cm²
⓯ 9600 cm²

144쪽

❶ 54 cm²
❷ 600 cm²
❸ 2166 cm²
❹ 3750 cm²
❺ 5400 cm²
❻ 216 cm²
❼ 1014 cm²
❽ 2646 cm²
❾ 4374 cm²
❿ 6534 cm²

145쪽

⓫ 150 cm²
⓬ 864 cm²
⓭ 1944 cm²
⓮ 3174 cm²
⓯ 4704 cm²
⓰ 294 cm²
⓱ 1176 cm²
⓲ 2400 cm²
⓳ 4056 cm²
⓴ 5766 cm²

평가   6. 직육면체의 부피와 겉넓이

146쪽

1 4000000
2 13000000
3 26000000
4 7500000
5 9
6 12
7 38
8 5.4
9 60 cm³
10 216 cm³
11 160 m³
12 105 m³

147쪽

13 216 cm³
14 3375 cm³
15 125 m³
16 17576 m³
17 94 cm²
18 234 cm²
19 1734 cm²
20 10584 cm²

🔗 틀린 문제는 클리닉 북에서 보충할 수 있습니다.

1	27쪽	5	27쪽	9	28쪽	11	28쪽	
2	27쪽	6	27쪽	10	28쪽	12	28쪽	
3	27쪽	7	27쪽					
4	27쪽	8	27쪽					

13	29쪽	17	30쪽
14	29쪽	18	30쪽
15	29쪽	19	31쪽
16	29쪽	20	31쪽

1. 분수의 나눗셈

1쪽 1 (자연수)÷(자연수)의 몫을 분수로 나타내기

① $\frac{1}{7}$　② $\frac{1}{4}$　③ $1\frac{1}{2}$

④ $\frac{4}{9}$　⑤ $1\frac{2}{3}$　⑥ $\frac{2}{5}$

⑦ $1\frac{1}{6}$　⑧ $\frac{7}{13}$　⑨ $1\frac{3}{5}$

⑩ $\frac{8}{17}$　⑪ $1\frac{1}{2}$　⑫ $\frac{9}{23}$

⑬ $1\frac{3}{7}$　⑭ $\frac{11}{21}$　⑮ $\frac{2}{3}$

⑯ $\frac{13}{16}$　⑰ $3\frac{1}{2}$　⑱ $\frac{15}{19}$

⑲ $5\frac{1}{3}$　⑳ $\frac{17}{24}$　㉑ $1\frac{7}{11}$

3쪽 3 분자가 자연수의 배수가 아닌 (진분수)÷(자연수)

① $\frac{1}{6}$　② $\frac{1}{15}$　③ $\frac{1}{9}$

④ $\frac{3}{20}$　⑤ $\frac{1}{20}$　⑥ $\frac{2}{25}$

⑦ $\frac{1}{24}$　⑧ $\frac{3}{28}$　⑨ $\frac{3}{28}$

⑩ $\frac{3}{56}$　⑪ $\frac{1}{18}$　⑫ $\frac{2}{27}$

⑬ $\frac{1}{20}$　⑭ $\frac{3}{77}$　⑮ $\frac{5}{44}$

⑯ $\frac{1}{36}$　⑰ $\frac{4}{39}$　⑱ $\frac{6}{65}$

⑲ $\frac{3}{56}$　⑳ $\frac{7}{60}$　㉑ $\frac{1}{48}$

2쪽 2 분자가 자연수의 배수인 (진분수)÷(자연수)

① $\frac{1}{4}$　② $\frac{2}{5}$　③ $\frac{1}{6}$

④ $\frac{2}{7}$　⑤ $\frac{1}{8}$　⑥ $\frac{2}{9}$

⑦ $\frac{4}{9}$　⑧ $\frac{3}{10}$　⑨ $\frac{4}{11}$

⑩ $\frac{2}{11}$　⑪ $\frac{1}{6}$　⑫ $\frac{3}{13}$

⑬ $\frac{2}{13}$　⑭ $\frac{3}{14}$　⑮ $\frac{2}{15}$

⑯ $\frac{5}{16}$　⑰ $\frac{2}{17}$　⑱ $\frac{3}{17}$

⑲ $\frac{1}{6}$　⑳ $\frac{3}{19}$　㉑ $\frac{1}{20}$

4쪽 4 분자가 자연수의 배수인 (가분수)÷(자연수)

① $\frac{1}{2}$　② $\frac{2}{3}$　③ $\frac{3}{4}$

④ $\frac{3}{4}$　⑤ $\frac{4}{5}$　⑥ $\frac{2}{5}$

⑦ $\frac{5}{7}$　⑧ $\frac{1}{7}$　⑨ $\frac{3}{7}$

⑩ $\frac{7}{8}$　⑪ $\frac{4}{9}$　⑫ $\frac{4}{9}$

⑬ $\frac{1}{10}$　⑭ $\frac{8}{11}$　⑮ $\frac{6}{11}$

⑯ $\frac{5}{11}$　⑰ $\frac{6}{13}$　⑱ $\frac{4}{13}$

⑲ $\frac{3}{14}$　⑳ $\frac{4}{15}$　㉑ $\frac{2}{15}$

❶ $\frac{3}{10}$　　❷ $\frac{5}{6}$　　❸ $\frac{1}{6}$

❹ $\frac{9}{16}$　　❺ $\frac{3}{8}$　　❻ $\frac{6}{35}$

❼ $\frac{3}{10}$　　❽ $\frac{7}{24}$　　❾ $\frac{1}{12}$

❿ $\frac{4}{35}$　　⓫ $\frac{12}{35}$　　⓬ $\frac{4}{21}$

⓭ $\frac{5}{16}$　　⓮ $1\frac{1}{16}$　　⓯ $\frac{5}{18}$

⓰ $\frac{14}{45}$　　⓱ $\frac{16}{27}$　　⓲ $\frac{1}{30}$

⓳ $\frac{12}{77}$　　⓴ $\frac{5}{22}$　　㉑ $\frac{7}{36}$

❶ $\frac{5}{6}$　　❷ $\frac{1}{4}$　　❸ $\frac{4}{15}$

❹ $\frac{4}{7}$　　❺ $\frac{13}{36}$　　❻ $\frac{1}{4}$

❼ $\frac{11}{12}$　　❽ $\frac{2}{5}$　　❾ $\frac{7}{24}$

❿ $\frac{5}{6}$　　⓫ $1\frac{1}{7}$　　⓬ $\frac{17}{27}$

⓭ $\frac{7}{12}$　　⓮ $1\frac{1}{10}$　　⓯ $1\frac{1}{6}$

⓰ $2\frac{5}{9}$　　⓱ $1\frac{1}{8}$　　⓲ $\frac{11}{14}$

⓳ $1\frac{11}{12}$　　⓴ $1\frac{2}{9}$　　㉑ $\frac{4}{5}$

2. 각기둥과 각뿔

❶ 　❷ 　❸

❹ 　❺ 　❻

❼ 4개　　❽ 5개　　❾ 6개

❿ 8개　　⓫ 9개　　⓬ 10개

❶ 삼각기둥　　　　❷ 오각기둥

❸ 육각기둥　　　　❹ 팔각기둥

❺ 4, 8, 6, 12　　❻ 6, 12, 8, 18

❼ 7, 14, 9, 21　　❽ 9, 18, 11, 27

❶ (　　) (　　) (◯)

❷ (◯) (　　) (　　)

❸ (　　) (　　) (◯)

❹ (　　) (◯) (　　)

❶ 　❷ 　❸

❹ 　❺ 　❻

❼ 3개　　❽ 5개　　❾ 6개

❿ 7개　　⓫ 9개　　⓬ 10개

1 사각뿔　　　　　　**2** 육각뿔

3 칠각뿔　　　　　　**4** 구각뿔

5 3, 4, 4, 6　　　　**6** 5, 6, 6, 10

7 6, 7, 7, 12　　　　**8** 8, 9, 9, 16

15쪽 3 몫이 1보다 작은 소수인 (소수)÷(자연수)

1 0.38　　**2** 0.43　　**3** 0.72

4 0.65　　**5** 0.76　　**6** 0.58

7 0.63　　**8** 0.96　　**9** 0.84

10 0.17　　**11** 0.84　　**12** 0.53

13 0.93　　**14** 0.54　　**15** 0.87

16 0.87　　**17** 0.89　　**18** 0.93

3. 소수의 나눗셈

13쪽 1 자연수의 나눗셈을 이용한 (소수)÷(자연수)

1 10.4, 1.04　　**2** 13.2, 1.32　　**3** 11.2, 1.12

4 12.3, 1.23　　**5** 11.2, 1.12　　**6** 23.3, 2.33

7 23.4, 2.34　　**8** 12.1, 1.21　　**9** 12.2, 1.22

10 20.3, 2.03　　**11** 31.4, 3.14　　**12** 23.1, 2.31

13 23.3, 2.33　　**14** 20.1, 2.01　　**15** 21.1, 2.11

16 42.3, 4.23　　**17** 21.2, 2.12　　**18** 31.2, 3.12

16쪽 4 소수점 아래 0을 내려 계산해야 하는 (소수)÷(자연수)

1 0.45　　**2** 0.25　　**3** 0.65

4 0.68　　**5** 0.65　　**6** 1.25

7 2.35　　**8** 3.14　　**9** 2.95

10 0.12　　**11** 0.85　　**12** 0.35

13 0.85　　**14** 0.75　　**15** 3.35

16 1.35　　**17** 2.35　　**18** 6.24

17쪽 5 몫의 소수 첫째 자리에 0이 있는 (소수)÷(자연수)

1 1.08　　**2** 2.06　　**3** 1.03

4 3.06　　**5** 3.07　　**6** 3.09

7 0.08　　**8** 1.05　　**9** 4.05

10 1.07　　**11** 3.08　　**12** 1.05

13 4.06　　**14** 3.04　　**15** 5.03

16 1.06　　**17** 6.05　　**18** 9.05

14쪽 2 각 자리에서 나누어떨어지지 않는 (소수)÷(자연수)

1 1.5　　**2** 1.7　　**3** 4.3

4 16.8　　**5** 1.43　　**6** 3.26

7 5.73　　**8** 6.17　　**9** 17.54

10 1.3　　**11** 2.5　　**12** 3.7

13 21.8　　**14** 1.26　　**15** 3.74

16 5.93　　**17** 7.28　　**18** 19.46

18쪽 6 (자연수)÷(자연수)의 몫을 소수로 나타내기

1 0.8　　**2** 2.5　　**3** 0.4

4 2.5　　**5** 4.5　　**6** 3.5

7 0.75　　**8** 2.25　　**9** 3.25

10 0.6　　**11** 1.5　　**12** 0.4

13 3.5　　**14** 4.5　　**15** 3.5

16 2.25　　**17** 0.36　　**18** 4.25

4. 비와 비율

19쪽 1 비로 나타내기

❶ 3, 2　　　　　　❷ 2, 5

❸ 5, 3　　　　　　❹ 3, 4

❺ 2 : 7　　❻ 5 : 8　　❼ 9 : 4

❽ 3 : 1　　❾ 6 : 11　　❿ 8 : 7

⓫ 4 : 5　　⓬ 10 : 7　　⓭ 9 : 14

⓮ 7 : 9　　⓯ 10 : 13　　⓰ 12 : 5

❶ $\frac{9}{100}$　　❷ $\frac{12}{100}\left(=\frac{3}{25}\right)$　　❸ $\frac{27}{100}$

❹ $\frac{40}{100}\left(=\frac{2}{5}\right)$　　❺ $\frac{56}{100}\left(=\frac{14}{25}\right)$　　❻ $\frac{78}{100}\left(=\frac{39}{50}\right)$

❼ $\frac{85}{100}\left(=\frac{17}{20}\right)$　　❽ $\frac{131}{100}\left(=1\frac{31}{100}\right)$　　❾ $\frac{263}{100}\left(=2\frac{63}{100}\right)$

❿ 0.07　　⓫ 0.19　　⓬ 0.3

⓭ 0.48　　⓮ 0.6　　⓯ 0.82

⓰ 0.94　　⓱ 1.05　　⓲ 3.7

20쪽 2 비율을 분수나 소수로 나타내기

❶ $\frac{3}{5}$　　❷ $\frac{4}{8}\left(=\frac{1}{2}\right)$　　❸ $\frac{5}{4}\left(=1\frac{1}{4}\right)$

❹ $\frac{7}{10}$　　❺ $\frac{9}{11}$　　❻ $\frac{10}{12}\left(=\frac{5}{6}\right)$

❼ $\frac{5}{7}$　　❽ $\frac{19}{14}\left(=1\frac{5}{14}\right)$　　❾ $\frac{8}{3}\left(=2\frac{2}{3}\right)$

❿ 0.2　　⓫ 1.75　　⓬ 0.375

⓭ 2.5　　⓮ 0.04　　⓯ 1.75

⓰ 0.12　　⓱ 0.6　　⓲ 0.85

5. 여러 가지 그래프

23쪽 1 띠그래프

❶ 30, 10 / 30, 10

❷ 25 %

❸ 게임

❹ 65 %

21쪽 3 비율을 백분율로 나타내기

❶ 5 %　　❷ 18 %　　❸ 40 %

❹ 63 %　　❺ 190 %　　❻ 207 %

❼ 25 %　　❽ 60 %　　❾ 50 %

❿ 80 %　　⓫ 170 %　　⓬ 60 %

⓭ 35 %　　⓮ 125 %　　⓯ 44 %

⓰ 116 %　　⓱ 70 %　　⓲ 35 %

⓳ 74 %　　⓴ 143 %　　㉑ 7 %

24쪽 2 띠그래프로 나타내기

❶ 40, 25, 20, 15, 100

❷ 100 %

❸

체험 학습 장소별 학생 수

0 10 20 30 40 50 60 70 80 90 100(%)
놀이 공원 (40 %) ∣ 해양 체험관 (25 %) ∣ 문화 유적지 (20 %) ∣ 기타 (15 %)

25쪽 ③ 원그래프

❶ 40, 15 / (위에서부터) 15, 40
❷ 병류
❸ 플라스틱류, 종이류, 병류, 비닐류
❹ 4배

26쪽 ④ 원그래프로 나타내기

❶ 35, 30, 20, 15, 100
❷ 100 %
❸ 종류별 장난감 수

6. 직육면체의 부피와 겉넓이

27쪽 ① 1 m³과 1 cm³의 관계

❶ 3000000
❷ 7000000
❸ 11000000
❹ 14000000
❺ 27000000
❻ 2800000
❼ 3500000
❽ 4
❾ 6
❿ 13
⓫ 20
⓬ 37
⓭ 3.9
⓮ 4.3

28쪽 ② 직육면체의 부피

❶ 72 cm³
❷ 189 cm³
❸ 128 cm³
❹ 210 cm³
❺ 168 m³
❻ 80 m³
❼ 462 m³
❽ 216 m³

29쪽 ③ 정육면체의 부피

❶ 125 cm³
❷ 729 cm³
❸ 1728 cm³
❹ 12167 cm³
❺ 512 m³
❻ 1331 m³
❼ 4096 m³
❽ 32768 m³

30쪽 ④ 직육면체의 겉넓이

❶ 270 cm²
❷ 312 cm²
❸ 148 cm²
❹ 166 cm²
❺ 100 cm²
❻ 202 cm²
❼ 214 cm²
❽ 188 cm²
❾ 142 cm²
❿ 236 cm²

31쪽 ⑤ 정육면체의 겉넓이

❶ 96 cm²
❷ 294 cm²
❸ 726 cm²
❹ 1014 cm²
❺ 1350 cm²
❻ 2400 cm²
❼ 2904 cm²
❽ 3456 cm²
❾ 4374 cm²
❿ 6144 cm²